Rosner

Optimale Vorbereitung auf das Abitur in Mathematik

Verständliche Zusammenfassungen und Basisübungen mit ausführlichen Lösungen

Rosner

Optimale Vorbereitung auf das Abitur in Mathematik

Verständliche Zusammenfassungen und Basisübungen mit ausführlichen Lösungen

Merkur

Verlag Rinteln

Wirtschaftswissenschaftliche Bücherei für Schule und Praxis
Begründet von Handelsschul-Direktor Dipl.-Hdl. Friedrich Hutkap †

Der Verfasser:

Stefan Rosner
Lehrer an der Kaufm. Schule in Schwäbisch Hall
stefan_rosner@hotmail.com

* * * * *

2. Auflage 2017

Gesamtherstellung:

MERKUR VERLAG RINTELN Hutkap GmbH & Co. KG, 31735 Rinteln

E-Mail: info@merkur-verlag.de

lehrer-service@merkur-verlag.de

Internet: www.merkur-verlag.de

ISBN 978-3-8120-0383-4

„Sie müssen das Buch so schreiben, dass alles drin ist, aber man es trotzdem versteht!"
(Aufforderung einer Schülerin)

Vorwort

Liebe Schülerinnen und Schüler,

dieses Buch und die Videos sollen Sie dabei unterstützen,

- sich in den letzten beiden Schuljahren optimal auf Klausuren und auf das Abitur in Mathematik vorzubereiten.
- sich alle Lehrplaninhalte anhand verständlicher und übersichtlicher Stoffzusammenfassungen anzueignen.
- Ihr gewonnenes Wissen anhand von Basisübungen mit ausführlichen Lösungen schnell und prüfungsbezogen zu vertiefen.
- die Abitursaufgaben der vergangenen Jahrgänge zu bearbeiten, da Sie hiermit ein Nachschlagewerk zur Verfügung haben.
- durch Erfolge neue Motivation für das Fach Mathematik zu bekommen.

Liebe Fachkolleginnen und Fachkollegen,

dieses Buch und die Videos sollen Sie dabei unterstützen,

- die zeitintensive Stoffwiederholung, Klausur- und Abiturvorbereitung teilweise aus dem Unterricht auslagern zu können.
- auf diese Weise mehr Zeit für verständnisorientierten Unterricht zu gewinnen.
- sicherzustellen, dass Ihre Schülerinnen und Schüler über ausreichendes Basiswissen verfügen.

NEU

Über 80 Videos des Autoren, in welchen alle Stoffzusammenfassungen nochmals erklärt werden. Zugriff über Kurzadresse oder QR-Code aus dem Buch.

Übersicht: Ablauf der Abiturprüfung in Mathematik

Zu Beginn: SchülerIn erhält alle Aufgabenteile (1 bis 4), jedoch keine Hilfsmittel

Phase 1: Bearbeitung des hilfsmittelfreien Teils

Teil	Thema	Auswahl	Richtzeit	Punkte
1	**Analysis** (50%) **Stochastik** (25%) **Vektorgeometrie** <u>oder</u> **Matrizen** (25%)	keine	ca. 90 min	**30**

Nach endgültiger Abgabe von Teil 1 erhält SchülerIn die Hilfsmittel

Phase 2: Bearbeitung der Teile mit Hilfsmitteln (Taschenrechner + Merkhilfe)

Teil	Thema	Auswahl	Richtzeit	Punkte
2	**Analysis** (ca. 67 %)	keine	ca. 90 min	**30**
	Anwendungsorientierte Analysis (ca. 33 %)	SchülerIn wählt **eine aus drei** Aufgaben aus		
3	**Stochastik**	SchülerIn wählt **eine aus zwei** Aufgaben aus	ca. 45 min	**ca. 15**
4	**Vektorgeometrie** <u>oder</u> **Matrizen**	keine	ca. 45 min	**ca. 15**
			270 min (ges.)	**90** (ges.)

Hinweise

- Die Gesamtpunktzahl für die Teile 3 und 4 beträgt 30 Punkte.
- SchülerIn erhält nur Aufgaben zu dem Wahlgebiet (**Vektorgeometrie** oder Math. Beschreibung von Prozessen durch **Matrizen**) vorgelegt, welches zuvor im Unterricht behandelt wurde.

I. Grundlagen Analysis

1. Funktionen

1.1 Ganzrationale Funktionen (Polynome)

<table>
<tr><th>1. Grades (Geraden)</th><th>2. Grades (Parabeln)</th></tr>
<tr><td>

Hauptform : $\boldsymbol{y = mx + b}$

Steigung aus 2 Punkten: $m = \frac{y_2 - y_1}{x_2 - x_1}$

Punkt-Steigungs-Form (PSF):
$y = m \cdot (x - x_1) + y_1$

Steigungswinkel aus Steigung bestimmen:
$m = \tan(\alpha)$

Parallele Geraden:
$m_1 = m_2$ (gleiche Steigung)

Senkrechte (orthogonale) Geraden:
Steigungen sind negative Kehrwerte voneinander: $m_2 = -\frac{1}{m_1}$ bzw. $m_1 \cdot m_2 = -1$

1. Winkelhalbierende: $y = x \quad (m = 1)$
2. Winkelhalbierende: $y = -x \quad (m = -1)$

</td><td>

Allg.: $\boldsymbol{f(x) = ax^2 + bx + c}$

Scheitelpunkt-Ansatz:
$f(x) = a \cdot (x - x_s)^2 + y_s$ mit $S(x_s \mid y_s)$

$a > 0$: nach oben geöffnet bzw. Verlauf von II nach I

$a < 0$: nach unten geöffnet bzw. Verlauf von III nach IV

Bei Symmetrie zur y-Achse:
$f(x) = ax^2 + c$ (nur gerade Hochzahlen)

</td></tr>
<tr><td>

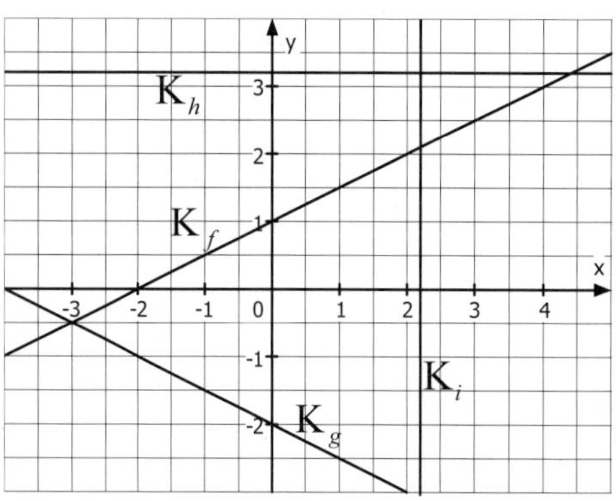

K_f: $y = 0{,}5x + 1$ K_g: $y = -0{,}5x - 2$
K_h: $y = 3{,}2$ K_i: $x = 2{,}2$

</td><td>

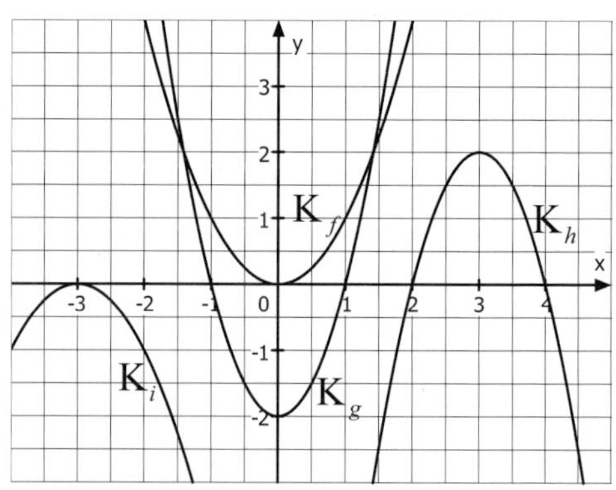

K_f: $f(x) = x^2$ K_g: $g(x) = 2x^2 - 2$
K_h: $h(x) = -2(x-3)^2 + 2$
K_i: $i(x) = -(x+3)^2$

</td></tr>
</table>

www.mvurl.de/vuzo

3. Grades	4. Grades
Allg.: $f(x)=ax^3+bx^2+cx+d$	**Allg.:** $f(x)=ax^4+bx^3+cx^2+dx+e$
$a>0$: Verlauf von III nach I	$a>0$: Verlauf von II nach I
$a<0$: Verlauf von II nach IV	$a<0$: Verlauf von III nach IV
Ansatz bei Symmetrie zum Ursprung: $f(x)=ax^3+cx$ (nur ungerade Hochzahlen)	Ansatz bei Symmetrie zur y-Achse: $f(x)=ax^4+cx^2+e$ (nur gerade Hochzahlen)
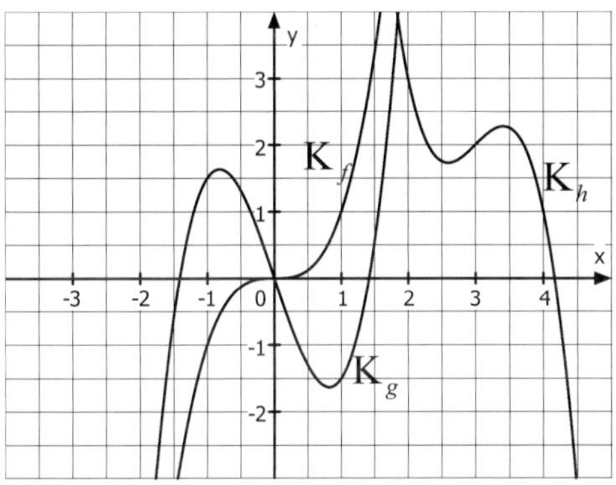	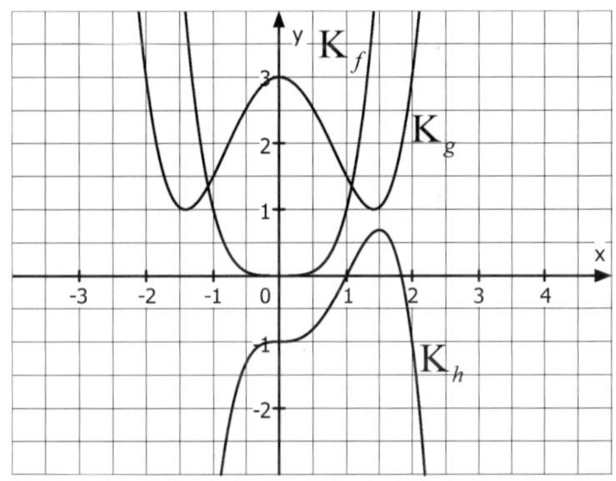
K_f: $f(x)=x^3$ K_g: $g(x)=1,5x^3-3x$ K_h: $h(x)=-2x^3+18x^2-53x+53$	K_f: $f(x)=x^4$ K_g: $g(x)=0,5x^4-2x^2+3$ K_h: $h(x)=-x^4+2x^3-1$

Die Quadranten

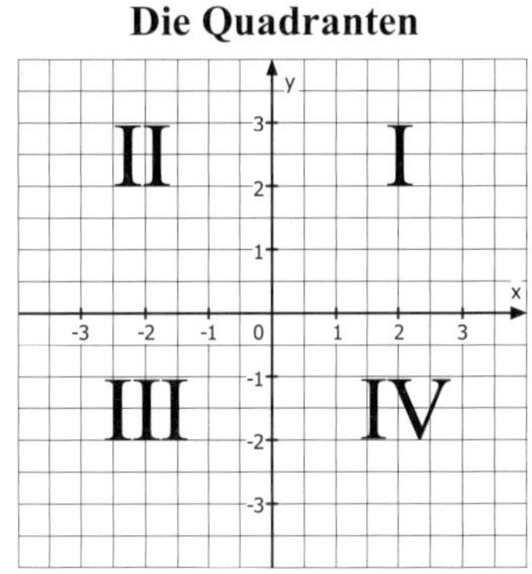

Tipp (für alle ganzrationalen Funktionen)
$\boldsymbol{a>0}$: Verlauf von ... nach **I** („endet **oben**")
$\boldsymbol{a<0}$: Verlauf von ... nach **IV** („endet **unten**")

1.2 Der Nullstellenansatz und die Vielfachheit von Nullstellen

Beispiele

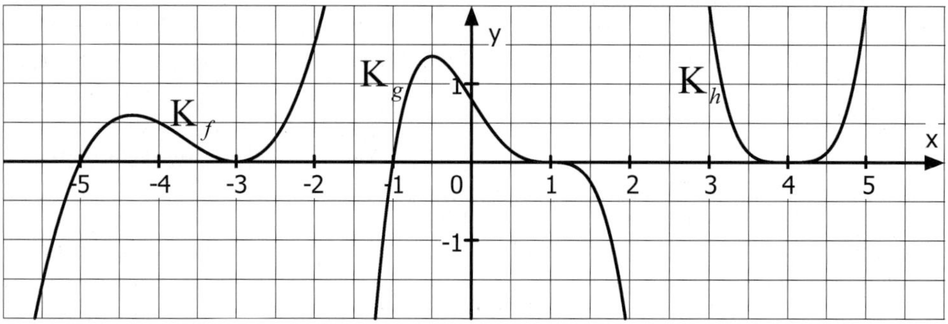

$K_f: f(x) = 0{,}5 \cdot (x+5) \cdot (x+3)^2$ $K_g: g(x) = -0{,}8 \cdot (x+1) \cdot (x-1)^3$ $K_h: h(x) = 2 \cdot (x-4)^4$

Aufbau des Nullstellenansatzes (am Beispiel)

$$g(x) = -0{,}8 \cdot (x+1) \cdot (x-1)^3$$

Verlauf von III nach IV	$x_0 = -1$ ist einfache Nullstelle	$x_{1/2/3} = +1$ ist dreifache Nullstelle

www.mvurl.de/rf6n

Übersicht (für ganzrationale Funktionen)

Vielfachheit Nullstelle	Faktor im Nullstellenansatz	Skizze	Beschreibung
Einfache Nullstelle: x_0	$f(x) = \ldots \cdot (x - x_0) \cdot \ldots$	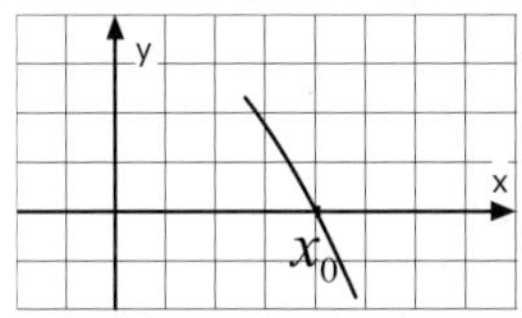	Schaubild **schneidet** x-Achse (mit Vorzeichenwechsel VZW)
Doppelte Nullstelle: x_0	$f(x) = \ldots \cdot (x - x_0)^2 \cdot \ldots$	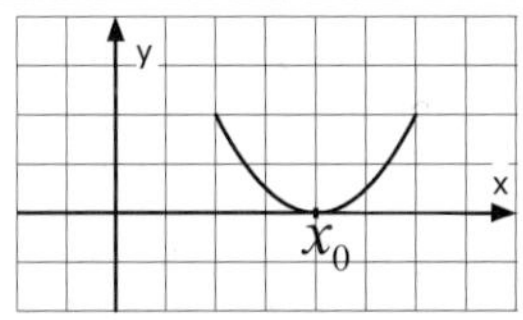	Schaubild **berührt** x-Achse (ohne VZW)
Dreifache Nullstelle: x_0	$f(x) = \ldots \cdot (x - x_0)^3 \cdot \ldots$	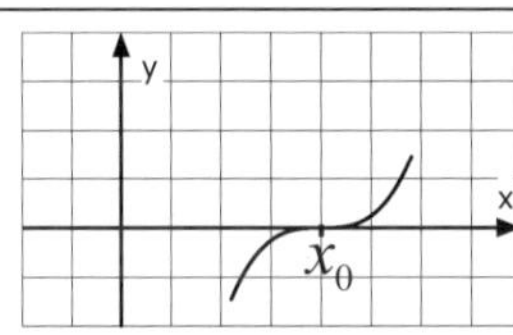	Schaubild **schneidet** und **berührt** x-Achse (mit VZW)
Vierfache Nullstelle: x_0	$f(x) = \ldots \cdot (x - x_0)^4 \cdot \ldots$	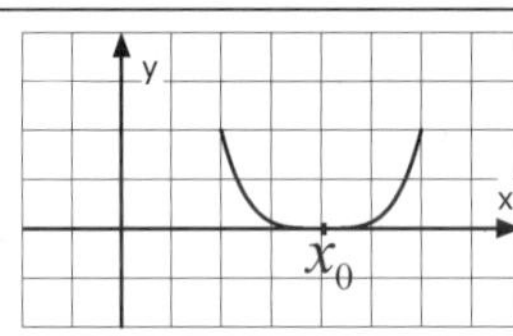	Schaubild **berührt** x-Achse (ohne VZW) („breiter“ geformt als doppelte Nullstelle)

1.3 Exponentialfunktionen

1. Verlauf : $f(x) = e^x$

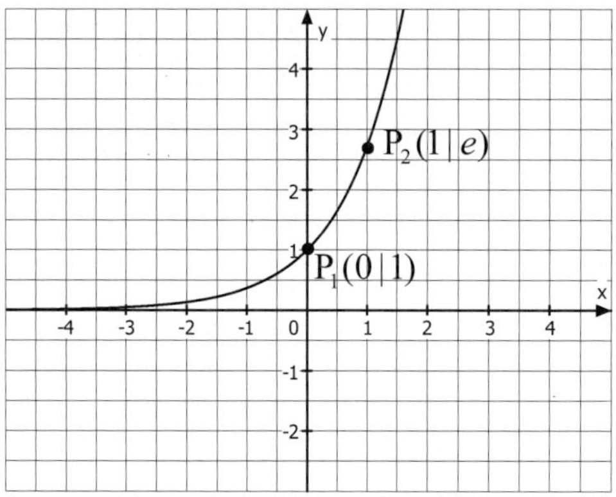

2. Spiegelungen

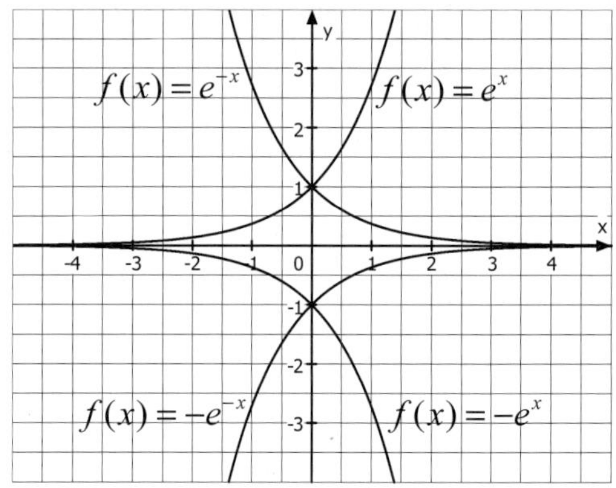

3. Koeffizienten in : $f(x) = a \cdot e^{b \cdot (x-c)} + d$

a **- Streckung / Stauchung in *y*-Richtung**
$a > 1$: „steiler“
$0 < a < 1$: „flacher“
($a < 0$: an der x-Achse gespiegelt)

b **- ansteigendes oder fallendes Schaubild**
$b > 0$: ansteigendes Schaubild
$b < 0$: fallendes Schaubild (bzw. an der y-Achse gespiegelt)

c **- Verschiebung in *x*-Richtung**
$c > 0$: nach rechts
$c < 0$: nach links

d **- Verschiebung in *y*-Richtung**
($y = d$ ist Asymptote)
$d > 0$: nach oben
$d < 0$: nach unten

Vorsicht beim Koeffizienten *c*

Das Schaubild zu $f(x) = e^{x-3}$ wurde um 3 Einheiten nach *rechts* verschoben!
Der Koeffizient c hat hier den Wert $+3$, das Minuszeichen kommt vom allgemeinen Ansatz der Funktion.

Entsprechend $f(x) = e^{x+2}$: Verschiebung um 2 nach *links*!

www.mvurl.de/1dvb

4. Asymptoten (Näherungsgeraden)

Beispielfunktion	Asymptote	Schaubilder
$f(x) = e^x$	$y = 0$ (x – Achse) für $x \to -\infty$	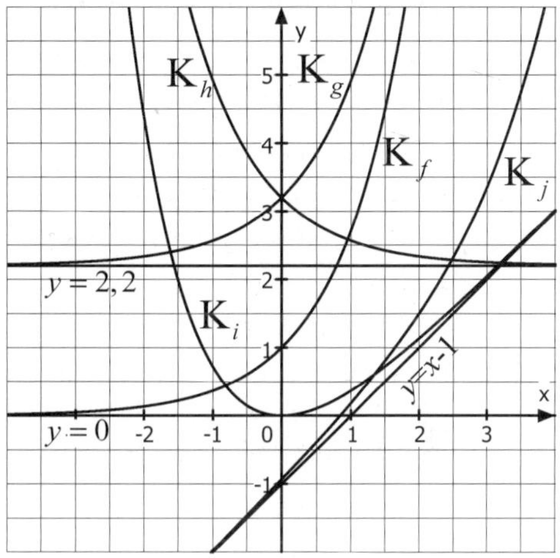
$g(x) = e^x + 2,2$	$y = 2,2$ für $x \to -\infty$	
$h(x) = e^{-x} + 2,2$	$y = 2,2$ für $x \to +\infty$	
$i(x) = e^{-x} + x - 1$	$y = x - 1$ für $x \to +\infty$	
$j(x) = 0,5e^{x-2} + x - 1$	$y = x - 1$ für $x \to -\infty$	

1. Regel (Asymptotengleichung): $y =$ „Exponentialgleichung ohne $e^{...x}$"
Man erhält die Asymptotengleichung, indem man die Gleichung der Exponentialfunktion schlicht übernimmt, jedoch hierbei auf den Summanden im Funktionsterm, der $e^{...x}$ enthält (dieser strebt gegen 0), verzichtet.

2. Regel (Annäherungsrichtung): Bei $e^{„+x“}$ für $x \to -\infty$ bzw. **bei $e^{„-x“}$ für $x \to +\infty$**
Die Annäherungsrichtung wird durch den Summanden im Funktionsterm, der $e^{...x}$ enthält, festgelegt: Steht vor dem x im Exponenten ein Pluszeichen, so nähert sich die Asymptote für große negative x-Werte („links“ im Koordinatensystem) dem Schaubild an.
Steht hier hingegen ein Minuszeichen, so findet die Annäherung bei großen positiven x-Werten („rechts“ im Koordinatensystem) statt.

5. Anwendungen

Wachstumsvorgänge werden oft mit dem Typ $f(x) = e^{„+x“}$ modelliert, Zerfallsvorgänge hingegen mit $f(x) = e^{„-x“}$.

2 Rosner - ISBN 978-3-8120-0383-4

1.4 Trigonometrische Funktionen

1. Verlauf

$f(x) = \sin(x)$

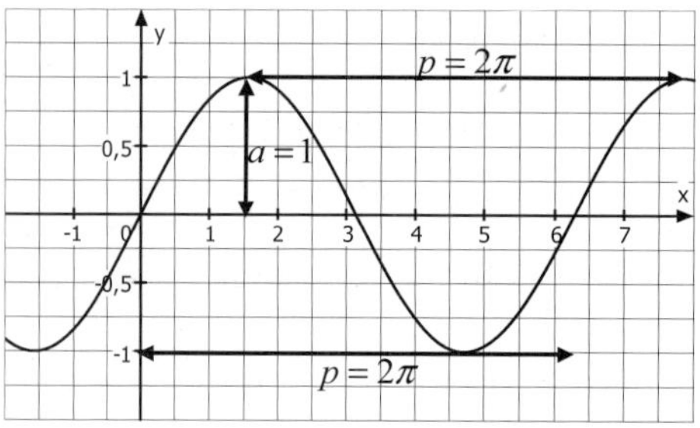

$f(x) = \cos(x)$

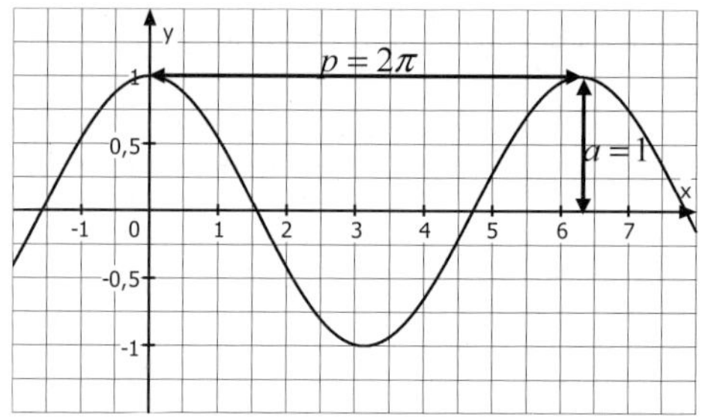

2. Koeffizienten: $f(x) = a \cdot \sin\big(b \cdot (x - c)\big) + d$ und $f(x) = a \cdot \cos\big(b \cdot (x - c)\big) + d$

***a* - Amplitude**
($|a|$, also „Zahl a ohne Vorzeichen“, gibt max. Abstand zur „Mittellinie“ an)
(Streckung in y-Richtung)

($a < 0$: an der x-Achse gespiegelt)

$\left(a = \frac{y_{\max} - y_{\min}}{2} \right)$

***b* - entscheidet Periodenlänge**
(„Dauer eines Durchlaufes“)
$\left(\text{Streckung in } x\text{-Richtung um } \frac{1}{b} \right)$

$b = \frac{2\pi}{p}$ (p entspricht der Periodenlänge)

***c* - Verschiebung in x-Richtung**

$c > 0$: nach rechts
$c < 0$: nach links

***d* - Verschiebung in y - Richtung**
(„Höhe der Mittellinie“)

$d > 0$: nach oben
$d < 0$: nach unten

$\left(d = \frac{y_{\max} + y_{\min}}{2} \right)$

Vorsicht beim Koeffizienten *c*

Das Schaubild zu $f(x) = \sin(x - 3)$ wurde um 3 Einheiten nach *rechts* verschoben!
Der Koeffizient c hat den Wert $+3$, das Minuszeichen kommt vom allgemeinen Ansatz der Funktion.

Entsprechend $f(x) = \sin(x + 2)$: Verschiebung um 2 nach *links*!

www.mvurl.de/kjvm

Beispiel 1 (Zusätzlich ist das Schaubild von $f(x) = \sin(x)$ gestrichelt eingezeichnet.)

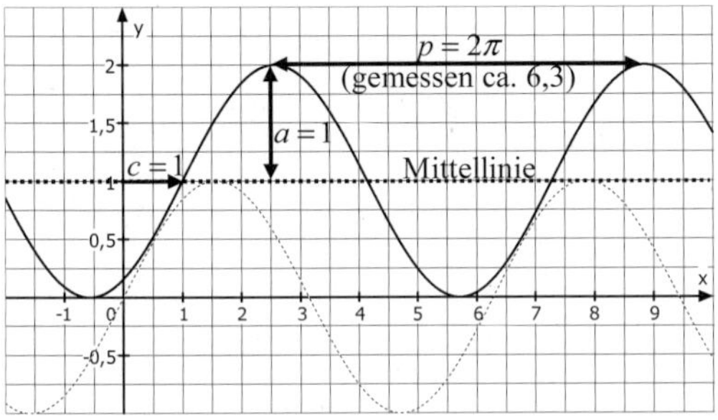

$\Rightarrow f(x) = \sin(x-1)+1$

$\left(\text{Alternativ: } f(x) = \cos(x-2{,}57)+1\right)$

Mit $\boldsymbol{f(x) = a \cdot \sin\big(b \cdot (x-c)\big)+d}$:

- $d = 1$ Mittellinie auf Höhe $+1$ $\left(\text{oder mit } \dfrac{2+0}{2} = \dfrac{2}{2} = 1\right)$
- $a = 1$ (max. Abstand von 1 zur Mittellinie) $\left(\text{oder mit } \dfrac{2-0}{2} = \dfrac{2}{2} = 1\right)$
- $c = 1$ Verschiebung um 1 nach rechts
- $b = \dfrac{2\pi}{p} = \dfrac{2\pi}{2\pi} = 1$

Beispiel 2

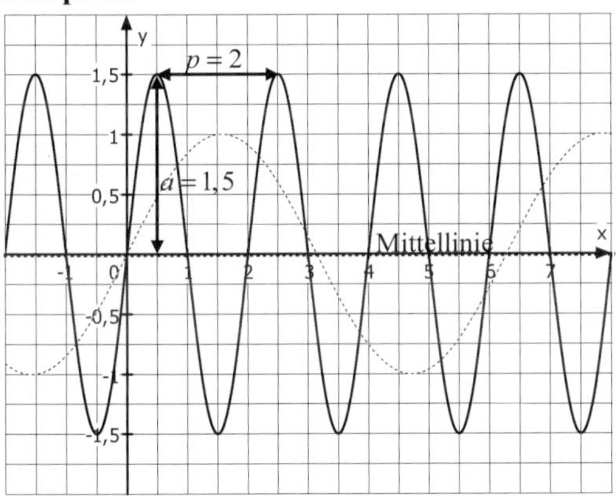

$\Rightarrow f(x) = 1{,}5 \cdot \sin(\pi \cdot x)$

$\left(\text{Alternativ: } f(x) = 1{,}5 \cdot \cos\big(\pi \cdot (x-0{,}5)\big)\right)$

Mit $\boldsymbol{f(x) = a \cdot \sin\big(b \cdot (x-c)\big)+d}$:

- $d = 0$ Mittellinie auf Höhe 0 $\left(\text{oder mit } \dfrac{1{,}5+(-1{,}5)}{2} = \dfrac{0}{2} = 0\right)$
- $a = 1{,}5$ max. Abstand von 1,5 zur Mittellinie $\left(\text{oder mit } \dfrac{1{,}5-(-1{,}5)}{2} = \dfrac{3}{2}\right)$
- $c = 0$ keine Verschiebung bei sin
- $b = \dfrac{2\pi}{p} = \dfrac{2\pi}{2} = \pi$

Tipp

Arbeiten Sie die Koeffizienten in dieser Reihenfolge ab!

Hilfe

Äußere Koeffizienten regeln Eigenschaften, die an der ***y*-Achse** gemessen werden.

↓ ↓

$f(x) = a \cdot \sin\big(b \cdot (x-c)\big)+d$

$f(x) = a \cdot \cos\big(b \cdot (x-c)\big)+d$

↑ ↑

Innere Koeffizienten regeln Eigenschaften, die an der ***x*-Achse** gemessen werden.

3. Anwendungen

Periodische Vorgänge, also Vorgänge, die sich in gleichen Zeitabschnitten wiederholen, werden oft mit trigonometrischen Funktionen modelliert.

1.5 Übersicht: Spiegeln, Strecken und Verschieben $f(x) \rightarrow$

	Spiegeln an ...		**Strec-**
	... x - Achse	**... y - Achse**	**... y - Richtung**
$f(x)=x^2$	$g(x)=-x^2$ 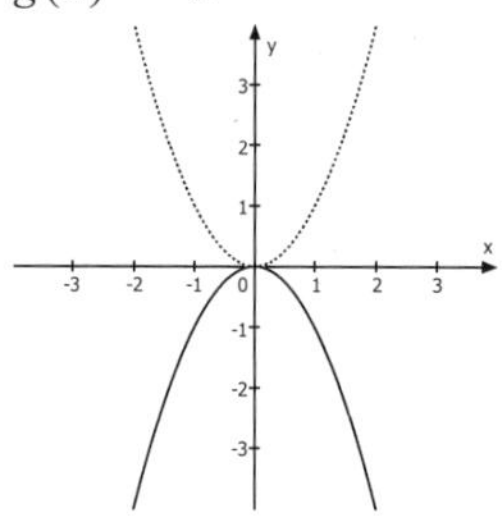	$g(x)=(-x)^2=x^2$ 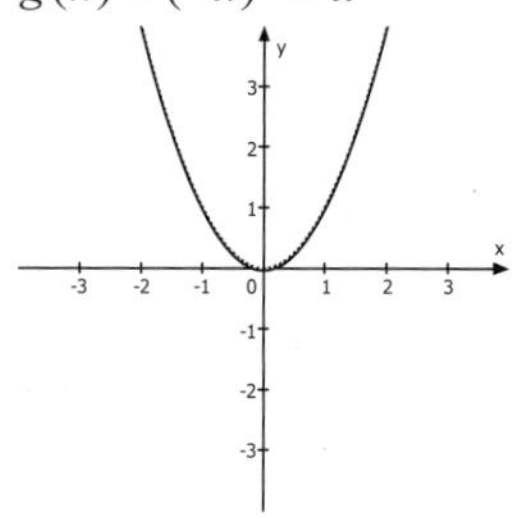	$g(x)=2\cdot x^2$ 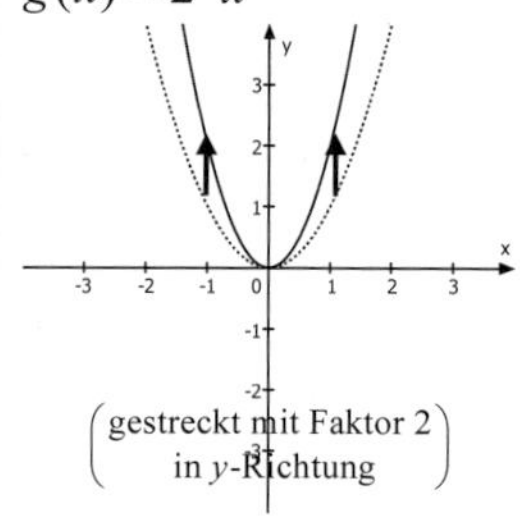
$f(x)=e^x$	$g(x)=-e^x$ 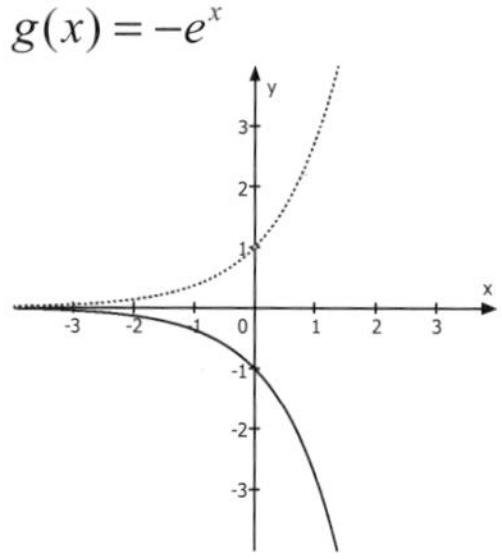	$g(x)=e^{-x}$ 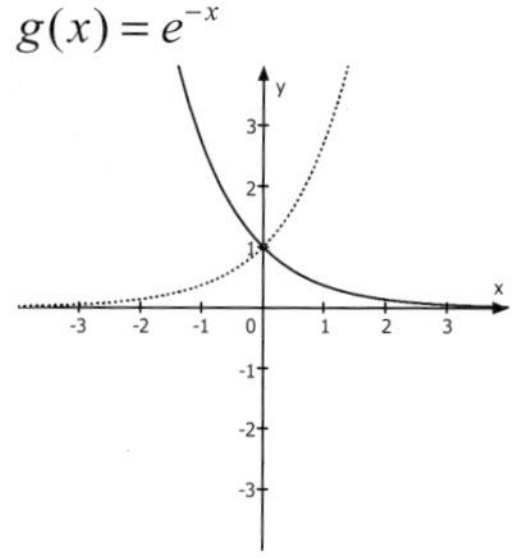	$g(x)=0,5\cdot e^x$ 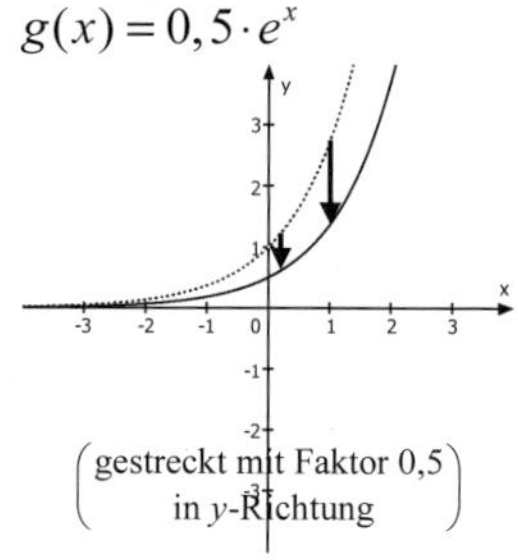
$f(x)=\sin(x)$	$g(x)=-\sin(x)$ 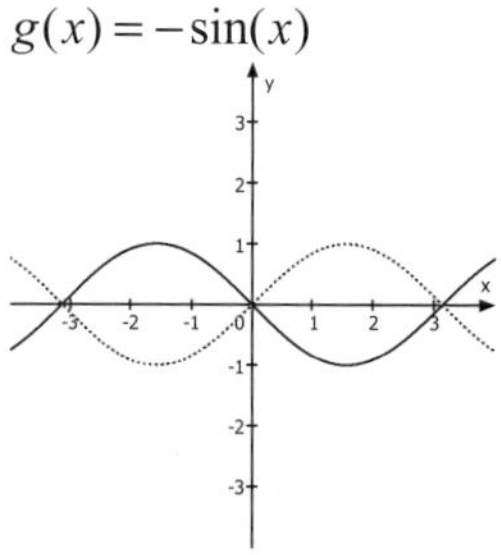	$g(x)=\sin(-x)$ 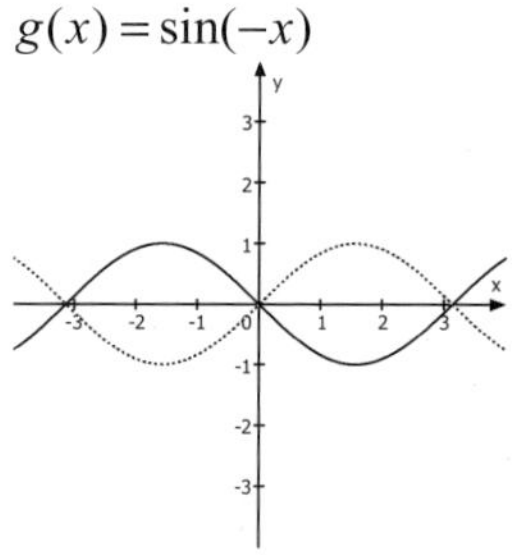	$g(x)=2\cdot\sin(x)$ 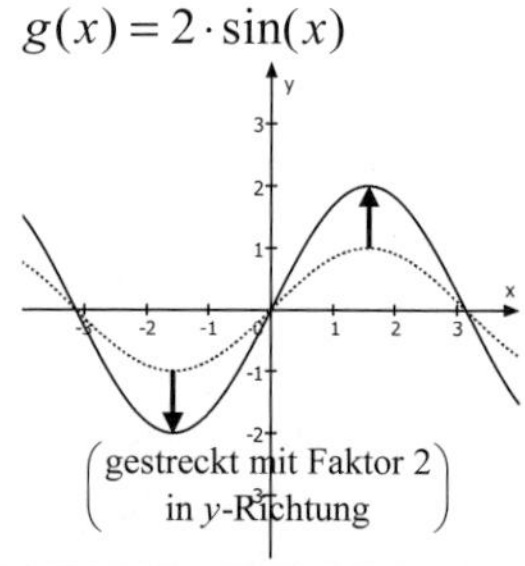
	$g(x)=-f(x)$ „ – “ vor Funktionsterm	$g(x)=f(-x)$ „x“ durch „ $-x$“ ersetzt	$g(x)=\boldsymbol{a}\cdot f(x)$ Streckung mit Faktor $\vert\boldsymbol{a}\vert$ in y-Richtung

www.mvurl.de/py6g

→ $\boldsymbol{g(x)=a\cdot f\big(b\cdot(x-c)\big)+d}$

ken in ...	**Verschieben in ...**	
... x - Richtung	**... y - Richtung**	**... x - Richtung**
$g(x)=(2x)^2=4x^2$ 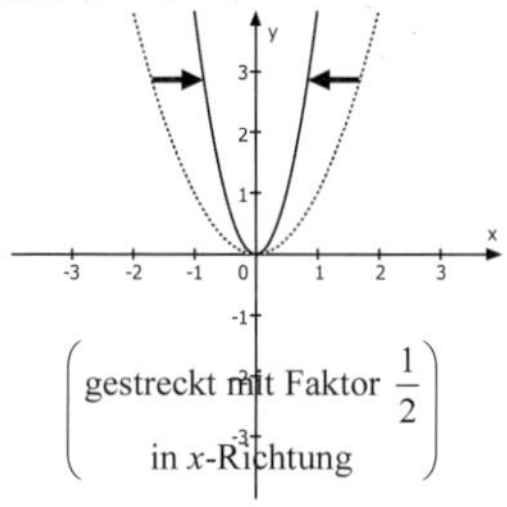	$g(x)=x^2-2$ 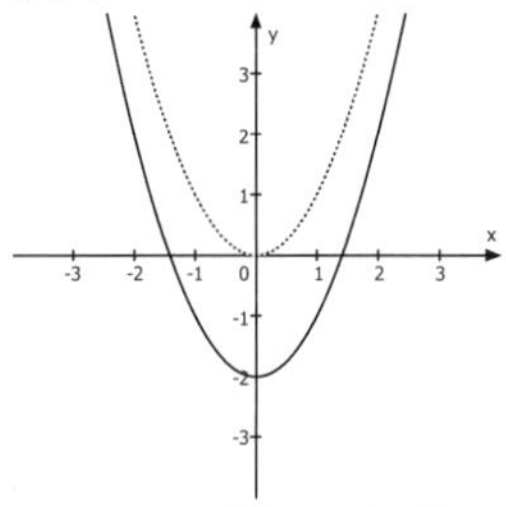	$g(x)=(x-2)^2$ 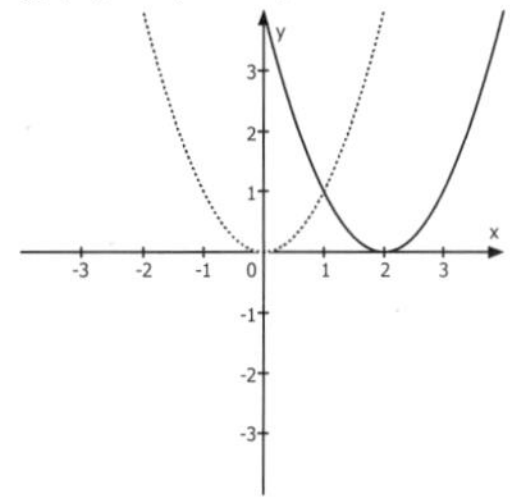
$g(x)=e^{0,5x}$ 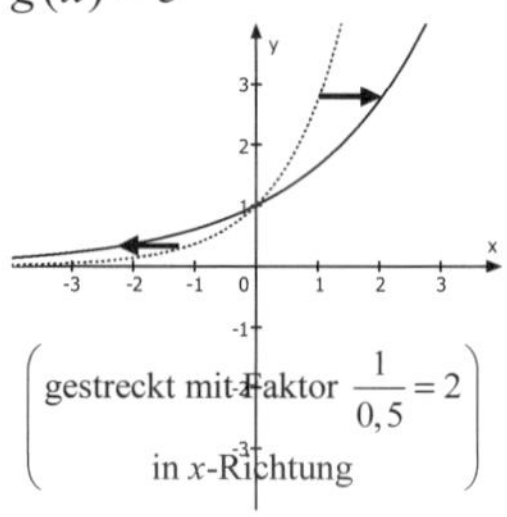	$g(x)=e^x+2$ 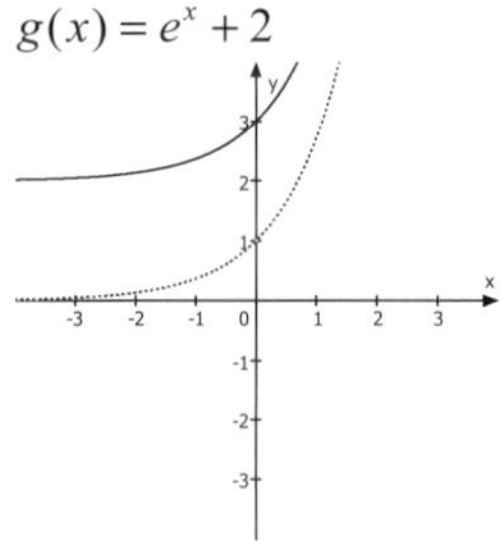	$g(x)=e^{x-2}$ 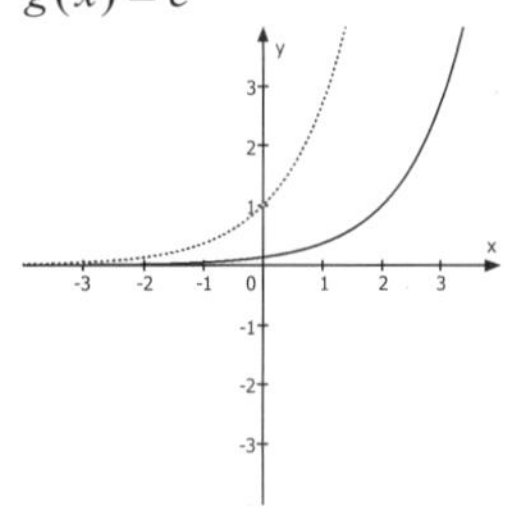
$g(x)=\sin(2x)$ 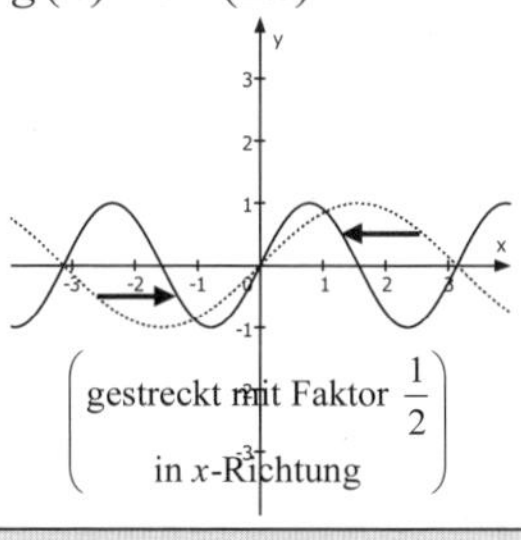	$g(x)=\sin(x)+2$ 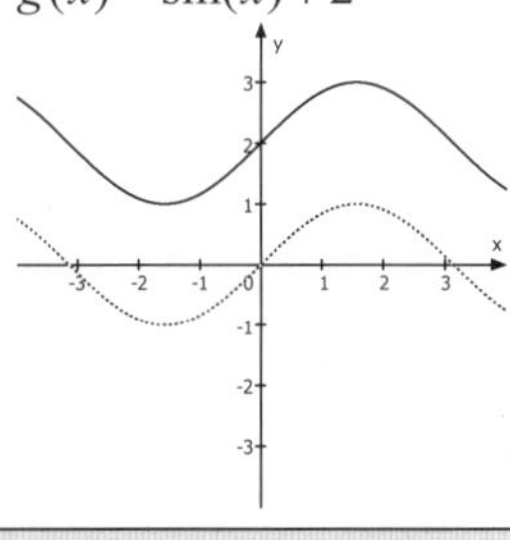	$g(x)=\sin(x+2)$ 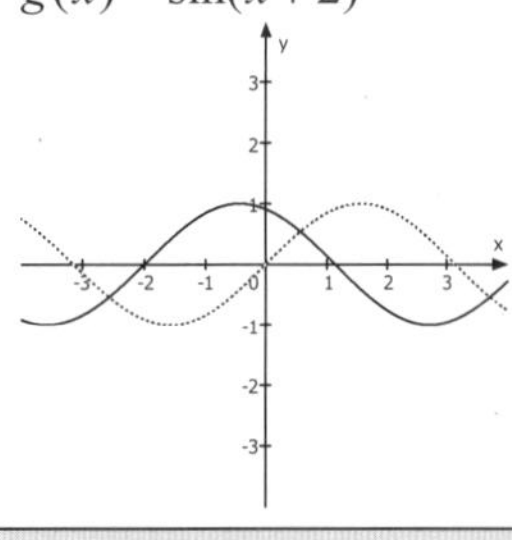
$g(x)=f(\boldsymbol{b}\cdot x)$ Streckung mit Faktor $\frac{\mathbf{1}}{\lvert \boldsymbol{b}\rvert}$ in x-Richtung	$g(x)=f(x)\pm \boldsymbol{d}$ z.B. $...+2$: Versch. nach oben $...-2$: Versch. nach unten	$g(x)=f(x\pm \boldsymbol{c})$ z.B. $(x-2)$: V. nach rechts $(x+2)$: V. nach links

1.6 Symmetrie zur y-Achse bzw. zum Ursprung

Bei **ganzrationalen Funktionen** kann anhand der **Hochzahlen** (nur **gerade** bzw. **ungerade** Hochzahlen oder gemischt) entschieden werden, ob ein gegebenes Schaubild symmetrisch zur y-Achse bzw. zum Ursprung ist, oder ob keine dieser beiden Symmetriearten vorliegt.

Bei **anderen Funktionstypen** müssen hingegen die **allgemeinen Bedingungen** zur Symmetrieuntersuchung verwendet werden.

1. Allgemeine Bedingung für Achsensymmetrie zur y-Achse: $f(-x) = f(x)$

Bedingung in Worten

An den Stellen x und $-x$ sind die y-Werte gleich groß.

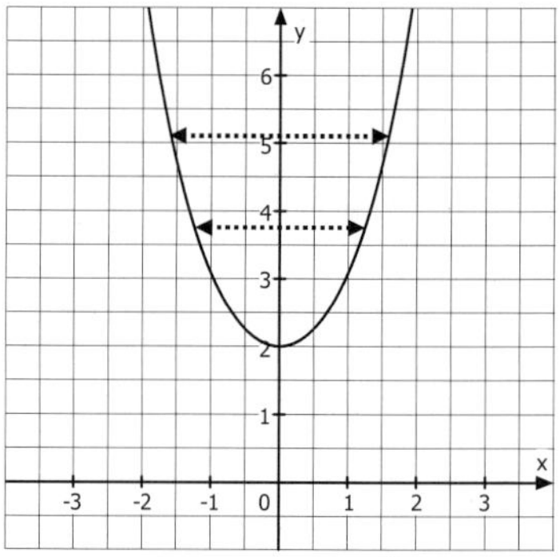

Beispiel

Ist das Schaubild der Funktion f mit $f(x) = e^{-x} + e^{x}$ achsensymmetrisch zur y-Achse?

$$\left.\begin{array}{l} f(-x) = e^{-(-x)} + e^{-x} = \underline{e^{x} + e^{-x}} \\ f(x) = \underline{e^{-x} + e^{x}} \end{array}\right\} \begin{array}{l}\text{Es gilt:} \\ f(-x) = f(x)\end{array}$$

$\Rightarrow$ Somit symmetrisch zur y-Achse!

2. Allgemeine Bedingung für Punktsymmetrie zum Ursprung: $f(-x) = -f(x)$

Bedingung in Worten

An den Stellen x und $-x$ haben die y-Werte den gleichen „Zahlenwert", jedoch mit verschiedenen Vorzeichen. Mit dem Minuszeichen vor $f(x)$ sind die Werte gleich.

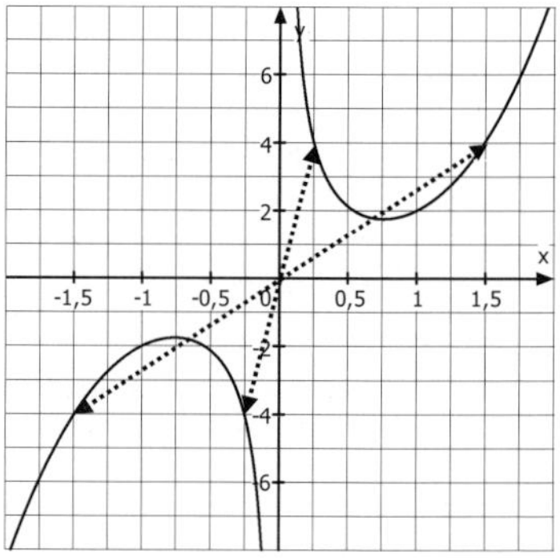

Beispiel

Ist das Schaubild der Funktion f mit $f(x) = x^3 + \frac{1}{x}$ punktsymmetrisch zum Ursprung?

$$\left.\begin{array}{l} f(-x) = (-x)^3 + \frac{1}{-x} = \underline{-x^3 - \frac{1}{x}} \\ -f(x) = -\left(x^3 + \frac{1}{x}\right) = \underline{-x^3 - \frac{1}{x}} \end{array}\right\} \begin{array}{l}\text{Es gilt:} \\ f(-x) = -f(x)\end{array}$$

$\Rightarrow$ Somit punktsymmetrisch zum Ursprung!

www.mvurl.de/zb3n

1.7 Die Umkehrfunktion $f^{-1}(x)$

• **Begriffserklärung**

Stellen Sie sich die Wertetabelle zu einer gegebenen Funktion vor. Vertauschen Sie nun gedanklich die x- und y-Werte aller Kurvenpunkte (Beispiel: $P(1\,|\,4) \rightarrow P'(4\,|\,1)$).
Das Schaubild welcher Funktion verläuft durch alle Punkte der „neuen" Wertetabelle?
Das Schaubild der zugehörigen Umkehrfunktion!

Beispiel : Umkehrfunktion zu $f(x) = 2x + 2$.

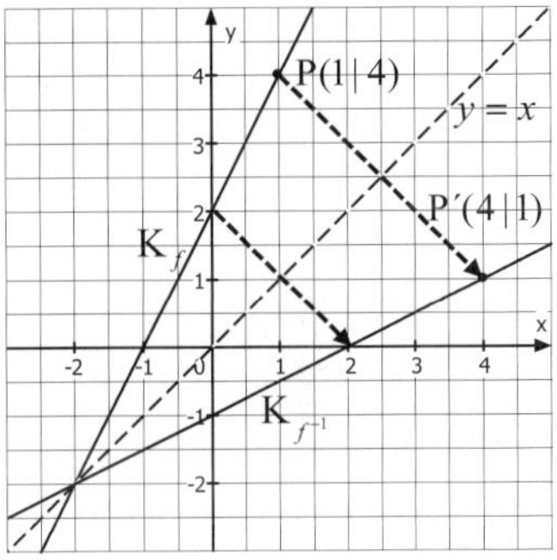

• **Rechnerische Bestimmung**

1. Schritt : Vertauschen von x und y.

$y = 2x + 2$
$x = 2y + 2$

2. Schritt : Auflösen nach y. Ersetzen durch $f^{-1}(x)$.

$$x = 2y + 2 \quad |-2$$
$$x - 2 = 2y \quad |:2$$
$$0{,}5x - 1 = y \;\Rightarrow\; f^{-1}(x) = 0{,}5x - 1$$

• **Grafische Bestimmung**

Spiegelung an der 1.Winkelhalbierenden ($y = x$).

1.8 Umgang mit Funktionen: Rechenansätze

Aufgabenstellung	Rechenansatz	
y-Wert bei $x = 2$?	$\boldsymbol{f(2) = \ldots}$	*(x - Wert einsetzen, ausrechnen)*
Schnittpunkt mit y-Achse?	$\boldsymbol{f(0) = \ldots}$	*(0 für x einsetzen, ausrechnen)*
x-Wert bei $y = 5$?	$\boldsymbol{f(x) = 5}$	*($f(x)$ gleich y - Wert setzen, Gleichung lös.)*
Schnittpunkt mit x-Achse?	$\boldsymbol{f(x) = 0}$	*($f(x)$ gleich 0 setzen, Gleichung lösen)*
Liegt $P(2\,|\,3)$ auf K_f?	$\boldsymbol{f(2) = 3}$	(Punktprobe: *x - und y - Wert einsetzen*)
Schnittpunkt von K_f mit K_g?	$\boldsymbol{f(x) = g(x)}$	*(gleichsetzen, Gleichung lösen)*

2. Gleichungen

2.1 Gleichungstypen: Übersicht

	Typ 1	**Typ 1S**
Gleichung 1. Grades (linear) (S. 26)	$2x-4=0$	
Gleichung 2. Grades (quadratisch) (S. 26)	$2x^2-4=0$	
Gleichung 3. Grades (S. 26)	$2x^3-4=0$	
Gleichung 4. Grades (S. 27)	$2x^4-4=0$	
Exponentialgleichung (S. 27)	$e^x=0{,}5$ oder $e^{2x-1}=0{,}5$	
Sinusgleichung (S. 30)	$\sin(x)=0{,}5$	$\sin(2x-1)=0{,}5$
Kosinusgleichung (S. 30)	$\cos(x)=0{,}5$	$\cos(2x-1)=0{,}5$
Merkmal	umformbar auf $\left\{\begin{matrix} x \\ x^2 \\ x^3 \\ x^4 \\ e^x \text{ oder } e^{\text{„nicht nur } x\text{“}} \\ \sin(x) \\ \cos(x) \end{matrix}\right\} = \ldots$	umformbar auf $\left\{\begin{matrix} \sin(\text{„}\textit{nicht nur } x\text{“}) \\ \cos(\text{„}\textit{nicht nur } x\text{“}) \end{matrix}\right\} = \ldots$
Lösungsvorgehen	**Gegenoperation** $\left\{\begin{matrix} : \\ \sqrt{} \\ \sqrt[3]{} \\ \sqrt[4]{} \\ \ln \\ \sin^{-1} \\ \cos^{-1} \end{matrix}\right\}$	**Substitution :** $u = \text{„}\textit{nicht nur } x\text{“}$ **führt zu** $\left\{\begin{matrix} \sin(u) \\ \cos(u) \end{matrix}\right\} = \ldots;$ Trig. Gleichung vom Typ 1 lösen; **Rücksubstitution**

Abkürzung : ... steht für eine Zahl.

www.mvurl.de/hutq

Typ 2	Typ 3	Typ S
$2x^2-4x=0$	$x^2-8x+15=0$	
$2x^3-4x=0$		
$2x^4-4x=0$		$x^4-8x^2+15=0$
$2e^{2x}-e^x=0$		$e^{2x}-8e^x+15=0$
$(\sin(x))^2-0{,}5\sin(x)=0$		
$(\cos(x))^2-0{,}5\cos(x)=0$		
Alle Summanden enthalten mindestens x (bzw. $e^x/\sin(x)/\cos(x)$). Kein Summand besteht nur aus einer „Zahl“. Somit kann „etwas mit x“ ausgeklammert werden.	umformbar auf $\ldots x^2+\ldots x+\ldots=0$	umformbar auf $\left\{\begin{matrix}\ldots x^4 & + & \ldots x^2 & +\ldots \\ \ldots e^{2x} & + & \ldots e^x & +\ldots\end{matrix}\right\}=0$
(evtl.) Ausklammern; **Satz vom Nullprodukt** (S. 32)	**abc -** bzw. **pq - Formel**	**Substitution führt zu** $\boldsymbol{\ldots u^2+\ldots u+\ldots=0}$; abc- bzw. pq-Formel; **Rücksubstitution**

Bemerkung: Eine Gleichung, die keinem dieser Gleichungstypen zuordenbar ist, kann in der Regel nicht „von Hand“ gelöst werden.

2.2 Gleichungstypen: Konkretes Lösungsvorgehen

1. Polynomgleichungen

Typ 1 **Gegenoperation**	**Typ 2** **Satz vom Nullprodukt**	**Typ 3** **abc -** bzw. **pq - Formel**
$2x-4=0 \quad \vert +4$ $2x=4 \quad \vert :2$ $x=2$		
$2x^2-4=0 \quad \vert +4$ $2x^2=4$ $x^2=2 \quad \vert \sqrt{}$ $x_1=\sqrt{2}\approx 1{,}41$ $x_2=-\sqrt{2}\approx -1{,}41$	$2x^2-4x=0$ $x\cdot(2x-4)=0$ **S. v. Nullpr.** (S. 32) $x_1=0 \qquad 2x-4=0$ $2x=4$ $x_2=2$	$x^2-8x+15=0$ mit **abc - Formel**: $(a=1;\ b=-8;\ c=15)$ $x_{1/2}=\frac{-b\pm\sqrt{b^2-4ac}}{2a}$ $=\frac{8\pm\sqrt{8^2-4\cdot 15}}{2}$ $=\frac{8\pm 2}{2}$ $x_1=5; \quad x_2=3$ oder mit **pq - Formel**: $x_{1/2}=-\frac{p}{2}\pm\sqrt{\left(\frac{p}{2}\right)^2-q}$ (*Bei dieser Formel muss vor dem* x^2 *stets eine* $+1$ *stehen!*)
$2x^3-4=0$ $2x^3=4$ $x^3=2 \quad \vert \sqrt[3]{}$ $x=\sqrt[3]{2}$ $x\approx 1{,}26$	$2x^3-4x=0$ $x\cdot(2x^2-4)=0$ **S. v. Nullpr.** $x_1=0 \qquad 2x^2-4=0$ $2x^2=4$ $x^2=2 \quad \vert \sqrt{}$ $x_2=\sqrt{2}\approx 1{,}41$ $x_3=-\sqrt{2}\approx -1{,}41$	

Typ 1 **Gegenoperation**	**Typ 2** **Satz vom Nullprodukt**	**Typ S** **Substitution führt zu** $\ldots u^2 + \ldots u + \ldots = 0$
$2x^4 - 4 = 0 \quad \mid +4$ $2x^4 = 4 \quad \mid :2$ $x^4 = 2 \quad \mid \sqrt[4]{\ }$ $x_1 = \sqrt[4]{2} \approx 1{,}19$ $x_2 = -\sqrt[4]{2} \approx -1{,}19$	$2x^4 - 4x = 0$ $x \cdot \left(2x^3 - 4\right) = 0$ **S. v. Nullpr.** $x_1 = 0 \qquad 2x^3 - 4 = 0$ $2x^3 = 4$ $x^3 = 2$ $x_2 = \sqrt[3]{2}$ $x_2 \approx 1{,}26$	$x^4 - 8x^2 + 15 = 0$ **Substitution :** $\left(x^4 = u^2;\ x^2 = u\right)$ $u^2 - 8u + 15 = 0$ $u_{1/2} = \frac{8 \pm \sqrt{8^2 - 4 \cdot 15}}{2}$ (abc-Formel) $= \frac{8 \pm 2}{2}$ $u_1 = 5; \qquad u_2 = 3$ **Rücksubstitution :** $x^2 = 5 \qquad x^2 = 3$ $x_1 = \sqrt{5} \approx 2{,}34 \qquad x_3 = \sqrt{3} \approx 1{,}73$ $x_2 = -\sqrt{5} \approx -2{,}34 \qquad x_4 = -\sqrt{3} \approx -1{,}73$

2. Exponentialgleichungen

Typ 1 **Gegenoperation**	**Typ 2** **Satz vom Nullprodukt**	**Typ S** **Substitution führt zu** $\ldots u^2 + \ldots u + \ldots = 0$
$e^x = 0{,}5 \quad \mid \ln$ $x = \ln(0{,}5)$ $x \approx -0{,}69$ oder $e^{2x-1} = 0{,}5 \quad \mid \ln$ $2x - 1 = \ln(0{,}5) \quad \mid +1$ $2x = \ln(0{,}5) + 1 \quad \mid :2$ $x = \frac{\ln(0{,}5) + 1}{2}$ $x \approx 0{,}153$	$2e^{2x} - e^x = 0$ $e^x \cdot (2e^x - 1) = 0$ **S. v. Nullpr.** $e^x = 0 \qquad 2e^x - 1 = 0$ $x = \ln(0) \qquad e^x = 0{,}5$ keine Lösung $\qquad x = \ln(0{,}5)$ $x \approx -0{,}69$	$e^{2x} - 8e^x + 15 = 0$ **Substitution :** $\left(e^{2x} = u^2;\ e^x = u\right)$ $u^2 - 8u + 15 = 0$ $u_{1/2} = \frac{8 \pm \sqrt{8^2 - 4 \cdot 15}}{2}$ (abc-F.) $= \frac{8 \pm 2}{2}$ $u_1 = 5; \qquad u_2 = 3$ **Rücksubstitution :** $e^x = 5 \qquad e^x = 3$ $x_1 = \ln(5) \approx 1{,}6 \qquad x_2 = \ln(3) \approx 1{,}1$

3. Trigonometrische Gleichungen

Vorgehen und Erklärung am Beispiel

Sinusgleichung $\sin(x) = 0,5$	**Kosinusgleichung** $\cos(x) = 0,5$

1. Schritt : x_1 durch WTR (Einstellung: *rad*)	
$\sin(x) = 0,5 \quad \mid \sin^{-1}$ $x = \sin^{-1}(0,5)$ $x_1 = \frac{1}{6}\pi \approx 0,52$	$\cos(x) = 0,5 \quad \mid \cos^{-1}$ $x = \cos^{-1}(0,5)$ $x_1 = \frac{1}{3}\pi \approx 1,05$

2. Schritt : x_2 aus x_1 berechnen	
$x_2 = \boldsymbol{\pi} - x_1 \approx \boldsymbol{\pi} - 0,52 \approx 2,62$	$x_2 = \boldsymbol{2\pi} - x_1 \approx \boldsymbol{2\pi} - 1,05 \approx 5,23$

Erklärung

In den unten stehenden Koordinatensystemen werden die Gleichungen $\sin(x) = 0,5$ und $\cos(x) = 0,5$ veranschaulicht.

Jeder x-Wert, welcher eine Lösung der Gleichung $\sin(x) = 0,5$ darstellt, muss beim Schaubild der Sinusfunktion zum y-Wert 0,5 führen. Bei $x_1 \approx 0,52$, der ersten Lösung der Gleichung, erreicht das Schaubild der Sinusfunktion diesen y-Wert. Bevor das Schaubild bei $x = \pi$ die x-Achse durchquert, erreicht es jedoch abermals, beim gesuchten x-Wert x_2, den y-Wert 0,5.

Aufgrund der Achsensymmetrie des Schaubildes muss der Abstand zwischen x_2 und π dem Abstand zwischen 0 und x_1 entsprechen und damit x_1 bzw. 0,52 betragen.

Hierdurch kann x_2 errechnet werden: $x_2 = \boldsymbol{\pi} - x_1 \approx \boldsymbol{\pi} - 0,52 \approx 2,62$.

Im Unterschied hierzu führt die Achsensymmetrie des Schaubildes der Kosinusfunktion dazu, dass x_2 errechnet werden kann, indem x_1 von 2π subtrahiert wird: $x_2 = \boldsymbol{2\pi} - x_1$.

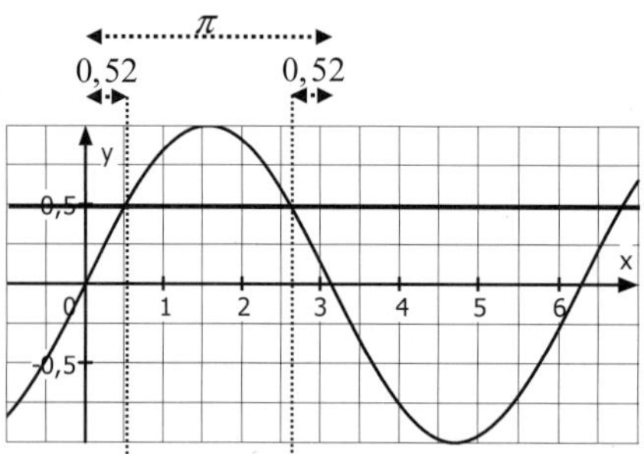

$x_1 = 0,52$ **$x_2 = 2,62$**
$(\pi - 0,52)$

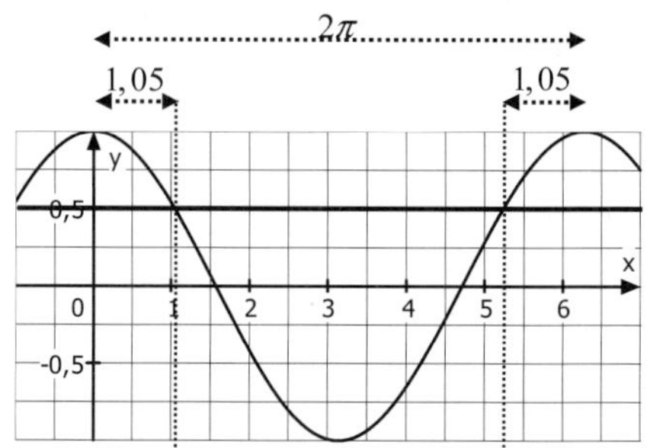

$x_1 = 1,05$ **$x_2 = 5,23$**
$(2\pi - 1,05)$

www.mvurl.de/i8kd

3. Schritt : Alle Lösungen der Gleichung beschreiben	
$x \approx 0{,}52 + k \cdot 2\pi$ und $x \approx 2{,}62 + k \cdot 2\pi$ (mit $k = ..., -1, 0, 1, 2, ...$, also $k \in \mathbb{Z}$)	$x \approx 1{,}05 + k \cdot 2\pi$ und $x \approx 5{,}23 + k \cdot 2\pi$ (mit $k = ..., -1, 0, 1, 2, ...$, also $k \in \mathbb{Z}$)

Erklärung (Am Beispiel: $\sin(x) = 0{,}5$)

Das Schaubild einer Sinus- oder Kosinusfunktion besitzt eine Periodenlänge von 2π ($\approx 6{,}3$). Nach dem Durchlaufen einer Periode wiederholt sich stets ihr Ablauf.

Das Schaubild der Sinusfunktion erreicht beim x-Wert von 0,52 den y-Wert 0,5. 0,52 stellt also die erste Lösung der Gleichung dar. Eine Periode „später“, beim x-Wert von $0{,}52 + 1 \cdot 2\pi$ ($\approx 6{,}8$) erreicht das Schaubild jedoch ebenfalls diesen y-Wert. Damit ist 6,8 eine weitere Lösung der Gleichung.

Ebenso gelangt man zu einer weiteren Lösung, indem man beispielsweise 4 Periodenlängen subtrahiert und beim x-Wert $0{,}52 - 4 \cdot 2\pi \approx -24{,}61$ landet.

Insgesamt gesehen erhält man aus den beiden Basislösungen $x_1 \approx 0{,}52$ und $x_2 \approx 2{,}62$ alle weiteren Lösungen, indem man zu diesen schlicht eine beliebige Anzahl von Periodenlängen (2π) addiert oder subtrahiert, was mathematisch durch $x \approx 0{,}52 + k \cdot 2\pi$ bzw. $x \approx 2{,}62 + k \cdot 2\pi$ ausgedrückt wird.

k kann alle positiven und negativen ganzen Zahlen annehmen und steht für die Anzahl der addierten oder subtrahierten Periodenlängen.

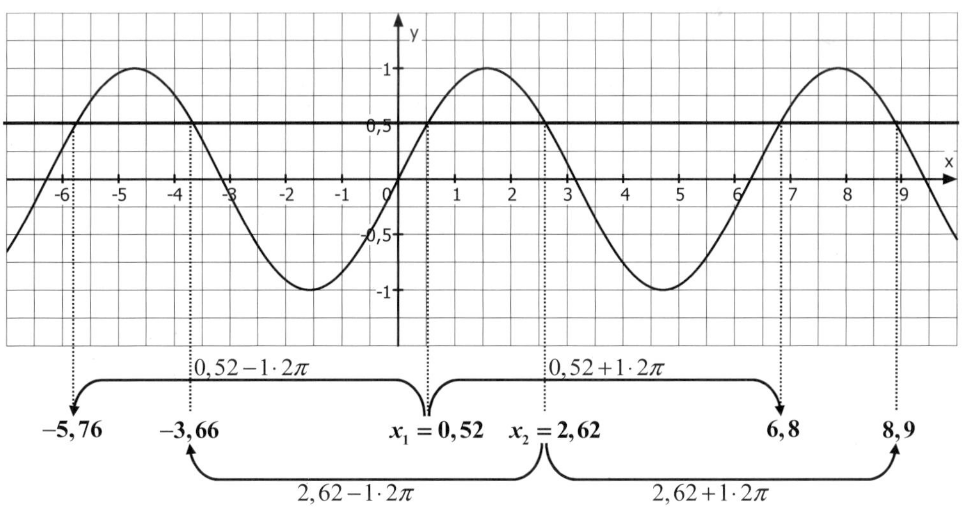

Konkretes Lösungsvorgehen bei trigonometrischen Gleichungen

Wie den Vorseiten entnommen werden kann, erfolgt das Vorgehen zur Lösung von Sinus- und Kosinusgleichungen weitgehend analog. Ein grundsätzlicher Unterschied besteht lediglich im 2. Schritt bei der Berechung von x_2.
Deshalb werden hier die verschiedenen Gleichungstypen nur anhand von Sinusgleichungen dargestellt.

<table>
<tr><th>Typ 1

Gegenoperation</th><th>Typ 1S

Substitution führt zu $\left\{\begin{matrix} sin(u) \\ cos(u) \end{matrix}\right\} = \ldots$</th></tr>
<tr><td></td><td>$\sin(2x-1)=0,5$
Substitution : $(2x-1=u)$</td></tr>
<tr><td>

$$\sin(x)=0,5 \quad |\sin^{-1}$$
$$x=\sin^{-1}(0,5)$$
$$x_1=\frac{1}{6}\pi \text{ (WTR)}$$
$$x_2=\pi-x_1=\pi-\frac{1}{6}\pi=\frac{5}{6}\pi$$

alle Lösungen:

$$x=\frac{1}{6}\pi+k\cdot 2\pi$$

und $\quad (k=\ldots,-1,0,1,2,\ldots)$

$$x=\frac{5}{6}\pi+k\cdot 2\pi$$

</td><td>

$$\sin(u)=0,5 \quad |\sin^{-1}$$
$$u=\sin^{-1}(0,5)$$
$$u_1=\frac{1}{6}\pi \text{ (WTR)}$$
$$u_2=\pi-u_1=\pi-\frac{1}{6}\pi=\frac{5}{6}\pi$$

alle Lösungen:

$$u=\frac{1}{6}\pi+k\cdot 2\pi$$

und $\quad (k=\ldots,-1,0,1,2,\ldots)$

$$u=\frac{5}{6}\pi+k\cdot 2\pi$$

</td></tr>
<tr><td></td><td>

Rücksubstitution :

$$2x-1=\frac{1}{6}\pi+k\cdot 2\pi \quad |+1$$
$$2x=\frac{1}{6}\pi+1+k\cdot 2\pi \quad |:2$$
$$x=\frac{1}{12}\pi+0,5+k\cdot\pi$$
$$x\approx 0,76+k\cdot\pi$$

und $\quad (k=\ldots,-1,0,1,2,\ldots)$

$$2x-1=\frac{5}{6}\pi+k\cdot 2\pi \quad |+1$$
$$2x=\frac{5}{6}\pi+1+k\cdot 2\pi \quad |:2$$
$$x=\frac{5}{12}\pi+0,5+k\cdot\pi$$
$$x\approx 1,81+k\cdot\pi$$

</td></tr>
</table>

Typ 2

Satz vom Nullprodukt

$(\sin(x))^2 - 0{,}5\sin(x) = 0$

$\sin(x) \cdot (\sin(x) - 0{,}5) = 0$

S. v. Nullpr.

$\sin(x) = 0$	$\sin(x) - 0{,}5 = 0 \quad \vert +0{,}5$
$x = \sin^{-1}(0)$	$\sin(x) = 0{,}5 \quad \vert \sin^{-1}$
$x_1 = 0$ (WTR)	$x = \sin^{-1}(0{,}5)$
$x_2 = \pi - 0 = \pi$	$x_3 = \frac{1}{6}\pi$ (WTR)
	$x_4 = \pi - \frac{1}{6}\pi = \frac{5}{6}\pi$

alle Lösungen:

$x = 0 + k \cdot 2\pi \qquad x = \frac{1}{6}\pi + k \cdot 2\pi$

und

$x = \pi + k \cdot 2\pi \qquad x = \frac{5}{6}\pi + k \cdot 2\pi$

(mit $k = \ldots, -1, 0, 1, 2, \ldots$)

Einziger Unterschied

Sinusgleichung: $x_2 = \pi - x_1$

Kosinusgleichung: $x_2 = 2\pi - x_1$

2.3 Goldene Regeln zum Lösen von Gleichungen

1. Regel: Gleichungen näherungsweise mit dem WTR lösen

Alle Gleichungen können (näherungsweise) mit dem WTR gelöst werden, indem die Nullstellen der zugehörigen Funktionen (näherungsweise) im TABLE-Menü ermittelt werden. Dies wird durch schrittweises „Verfeinern“ von Wertetabellen erreicht.

Beispiel: Lösung der Gleichung $e^x = x^2$?
Zugehörige Funktion: $f(x) = e^x - x^2$; (Ansatz für Nullstelle: $e^x - x^2 = 0$)

1. „Grobe“ Wertetabelle (Schrittweite: 1):
Nullstelle liegt zwischen $x = -1$ und $x = 0$
da hier Vorzeichenwechsel.

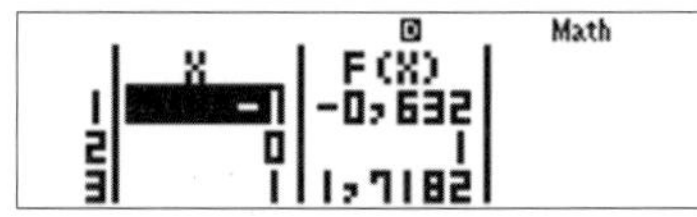

2. „Feinere“ Wertetabelle (Schrittweite: 0,1):
Nullstelle liegt zwischen $x = -0,8$ und $x = -0,7$
da hier Vorzeichenwechsel.

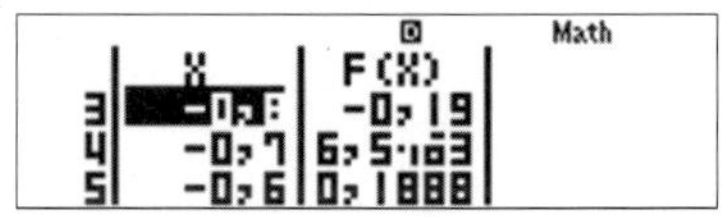

3. „Noch feinere“ Wertetabelle (Schrittweite: 0,01):
Nullstelle liegt zwischen $x = -0,71$ und $x = -0,70$
da hier Vorzeichenwechsel.

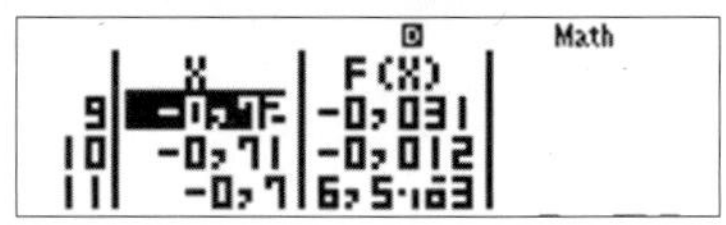

Mittelwert $x \approx -0{,}705$ als (näherungsweise) Lösung für Nullstelle und Gleichung.

Hinweis: Bei einigen WTR-Typen können x-Werte auch direkt eingegeben (und y-Werte hieraus berechnet) werden. Dies beschleunigt den obigen Prozess deutlich.

2. Regel: Der Satz vom Nullprodukt als wichtiges Werkzeug

- **Wozu?**

Eine schwierige Gleichung kann hiermit in zwei (oder mehr) einfache Gleichungen zerlegt werden.

- **Beispiel:**

$$e^{2x}x^2 - 2x^2 = 0 \quad (\textit{schwierige Gleichung})$$
$$\underline{x^2 \cdot (e^{2x} - 2) = 0}$$

S. v. Nullpr.

(einfache Gl.)

$$x^2 = 0 \quad |\sqrt{\ }$$
$$x_{1/2} = 0$$

(einfache Gl.)

$$\begin{aligned} e^{2x} - 2 &= 0 && |+2 \\ e^{2x} &= 2 && |\ln \\ 2x &= \ln(2) && |:2 \\ x_3 &= \frac{\ln(2)}{2} \end{aligned}$$

- **Wann anwendbar?**

Wenn eine Gleichung in der Form: Faktor 1 · Faktor 2 · ... $= 0$ gegeben ist, oder durch Ausklammern auf diese Form gebracht werden kann. Die Gleichung sollte also insbesondere kein Absolutglied („keine Zahl ohne x“) enthalten.

„Mischgleichungen" wie $e^x x^2 - 2x^2 = 0$, die beispielsweise sowohl Polynombausteine (x^2) als auch Exponentialbausteine (e^x) enthalten, können in der Regel nur über den Satz vom Nullprodukt von Hand gelöst werden.

- **Weshalb gilt der Satz vom Nullprodukt?**

Wenn zwei Zahlen multipliziert werden, sodass das Ergebnis die Zahl 0 ist, kann dies nur gelingen, wenn die eine oder die andere der beiden Zahlen selbst 0 ist.
(*Oder haben Sie ein Gegenbeispiel?*)
Übertragen auf die obige Gleichung $x^2 \cdot (e^{2x} - 2) = 0$ kann das Produkt aus x^2 und $(e^{2x} - 2)$ nur dann zu 0 werden, wenn entweder x^2 oder $(e^{2x} - 2)$ den Wert 0 annimmt. Deshalb werden alle x-Werte berechnet, die mindestens einen dieser beiden Faktoren zu 0 machen.

3. Regel: Das Teilen durch x ist VERBOTEN

- **Falsch :**

$$\begin{aligned} 4x^2 &= x \quad &&|:x \\ 4x &= 1 &&|:4 \\ x &= 0,25 \end{aligned}$$

- **Grund :** $x_2 = 0$ ist eine weitere Lösung dieser Gleichung (Probe!), diese ging jedoch im Lösungsvorgang „verloren", da durch x geteilt wurde.

- **Stattdessen: Satz vom Nullprodukt**

$$\begin{aligned} 4x^2 &= x \quad &&|-x \\ 4x^2 - x &= 0 \\ x \cdot (4x-1) &= 0 \end{aligned}$$

S. v. Nullpr.

$$x_1 = 0 \qquad \begin{aligned} 4x - 1 &= 0 \quad &&|+1 \\ 4x &= 1 &&|:4 \\ x_2 &= 0,25 \end{aligned}$$

- **Bemerkung:** Hingegen ist das Teilen durch e^x erlaubt (da $e^x \neq 0$).

4. Regel: Das Lösen von Ungleichungen

- **Beispiel :**

$$\begin{aligned} -2x + 2 &< 6 \quad &&|-2 \\ -2x &< 4 &&|:(-2) \text{ oder } \cdot\left(-\frac{1}{2}\right) \\ &\downarrow \\ x &> -2 \end{aligned}$$

- **Einziger Unterschied zum Lösen von Gleichungen**

Bei Multiplikation oder Division mit einer negativen Zahl wird das Ungleichheitszeichen „umgedreht".

3 Rosner - ISBN 978-3-8120-0383-4

2.4 Lineare Gleichungssysteme

1. Lösungsvorgehen (an Beispielen)

Beispiel 1

$$\begin{aligned} 2x_1 + x_2 + x_3 &= 5 \\ -2x_1 + 3x_3 &= -1 \\ 2x_1 + 2x_2 - 2x_3 &= 2 \end{aligned}$$

$$\left(\begin{array}{ccc|c} 2 & 1 & 1 & 5 \\ -2 & 0 & 3 & -1 \\ 2 & 2 & -2 & 2 \end{array}\right) \begin{array}{l} \\ \mathrm{I}+\mathrm{II} \\ \mathrm{II}+\mathrm{III} \end{array}$$

$$\left(\begin{array}{ccc|c} 2 & 1 & 1 & 5 \\ 0 & 1 & 4 & 4 \\ 0 & 2 & 1 & 1 \end{array}\right) \begin{array}{l} \\ \\ 2\cdot\mathrm{II}-\mathrm{III} \end{array}$$

$$\left(\begin{array}{ccc|c} 2 & 1 & 1 & 5 \\ 0 & 1 & 4 & 4 \\ \mathbf{0} & \mathbf{0} & 7 & 7 \end{array}\right)$$

LGS hat
eindeutige Lösung

$$\begin{aligned} \mathrm{III}: 7x_3 &= 7 \\ x_3 &= 1 \end{aligned}$$

$$\begin{aligned} \text{in II}: x_2 + 4\cdot 1 &= 4 \\ x_2 &= 0 \end{aligned}$$

$$\begin{aligned} \text{in I}: 2x_1 + 0 + 1 &= 5 \\ x_1 &= 2 \end{aligned}$$

Lösungsvektor: $\vec{x} = \begin{pmatrix} 2 \\ 0 \\ 1 \end{pmatrix}$

Beispiel 2

$$\begin{aligned} 2x_1 - 2x_2 + x_3 &= -2 \\ x_1 - x_3 &= 1 \\ -x_1 - 2x_2 + 4x_3 &= 0 \end{aligned}$$

$$\left(\begin{array}{ccc|c} 2 & -2 & 1 & -2 \\ 1 & 0 & -1 & 1 \\ -1 & -2 & 4 & 0 \end{array}\right) \begin{array}{l} \\ \mathrm{I}-2\cdot\mathrm{II} \\ \mathrm{II}+\mathrm{III} \end{array}$$

$$\left(\begin{array}{ccc|c} 2 & -2 & 1 & -2 \\ 0 & -2 & 3 & -4 \\ 0 & -2 & 3 & 1 \end{array}\right) \begin{array}{l} \\ \\ \mathrm{II}-\mathrm{III} \end{array}$$

$$\left(\begin{array}{ccc|c} 2 & -2 & 1 & -2 \\ 0 & -2 & 3 & -4 \\ \mathbf{0} & \mathbf{0} & \mathbf{0} & \mathbf{-5} \end{array}\right)$$

LGS hat
keine Lösung

da III : $0 = -5$
(Widerspruch)

Beispiel 3

$$\begin{aligned} 2x_1 - 3x_2 + 4x_3 &= 1 \\ -2x_1 + 2x_2 - 2x_3 &= 2 \\ x_1 - x_2 + x_3 &= -1 \end{aligned}$$

$$\left(\begin{array}{ccc|c} 2 & -3 & 4 & 1 \\ -2 & 2 & -2 & 2 \\ 1 & -1 & 1 & -1 \end{array}\right) \begin{array}{l} \\ \mathrm{I}+\mathrm{II} \\ \mathrm{I}-2\cdot\mathrm{III} \end{array}$$

$$\left(\begin{array}{ccc|c} 2 & -3 & 4 & 1 \\ 0 & -1 & 2 & 3 \\ 0 & -1 & 2 & 3 \end{array}\right) \begin{array}{l} \\ \\ \mathrm{II}-\mathrm{III} \end{array}$$

$$\left(\begin{array}{ccc|c} 2 & -3 & 4 & 1 \\ 0 & -1 & 2 & 3 \\ \mathbf{0} & \mathbf{0} & \mathbf{0} & \mathbf{0} \end{array}\right)$$

LGS hat
unendlich viele Lösungen

Setzen von $x_3 = t \quad (t \in \mathbb{R})$

in II :

$$\begin{aligned} -x_2 + 2t &= 3 \\ -x_2 &= -2t + 3 \\ x_2 &= 2t - 3 \end{aligned}$$

in I :

$$\begin{aligned} 2x_1 - 3\cdot(2t-3) + 4t &= 1 \\ 2x_1 - 6t + 9 + 4t &= 1 \\ 2x_1 &= 2t - 8 \\ x_1 &= t - 4 \end{aligned}$$

Lösungsvektor:

$$\vec{x} = \begin{pmatrix} t-4 \\ 2t-3 \\ t \end{pmatrix}; \; t \in \mathbb{R}$$

Hinweis: Sobald bei zwei Gleichungen in der ersten Spalte eine Null steht, sollte nur noch mit diesen beiden Gleichungen gerechnet werden. Grund: Wenn die andere Gleichung mit einbezogen wird, verschwindet eine Null aus der ersten Spalte wieder.

www.mvurl.de/jyy5

2. Übersicht

Gegebenes LGS: $\left(\begin{array}{ccc|c} \bullet & \bullet & \bullet & \bullet \\ \bullet & \bullet & \bullet & \bullet \\ \bullet & \bullet & \bullet & \bullet \end{array}\right)$

↓ **Umformungen:**

- Zeile mit Zahl multiplizieren bzw. durch Zahl dividieren (außer 0)
- Vielfache von Zeilen addieren oder subtrahieren
- Zeilentausch
- Spaltentausch

LGS in Dreiecksform: $\left(\begin{array}{ccc|c} \bullet & \bullet & \bullet & \bullet \\ 0 & \bullet & \bullet & \bullet \\ 0 & 0 & \bullet & \bullet \end{array}\right)$

Letzte Zeile entscheidet über Lösbarkeit

$\left(\begin{array}{ccc|c} \bullet & \bullet & \bullet & \bullet \\ 0 & \bullet & \bullet & \bullet \\ \mathbf{0} & \mathbf{0} & \neq \mathbf{0} & \bullet \end{array}\right)$

LGS hat **eindeutige Lösung**

$\left(\begin{array}{ccc|c} \bullet & \bullet & \bullet & \bullet \\ 0 & \bullet & \bullet & \bullet \\ \mathbf{0} & \mathbf{0} & \mathbf{0} & \neq \mathbf{0} \end{array}\right)$

LGS hat **keine Lösung**

$\left(\begin{array}{ccc|c} \bullet & \bullet & \bullet & \bullet \\ 0 & \bullet & \bullet & \bullet \\ \mathbf{0} & \mathbf{0} & \mathbf{0} & \mathbf{0} \end{array}\right)$

LGS hat **unendlich viele Lösungen**

Homogenes LGS

- Falls auf der **„rechten Seite“** eines LGS alle Zahlen den Wert **0** haben, wird das LGS als **homogen** bezeichnet.
- Ein homogenes LGS hat entweder eine eindeutige Lösung oder unendlich viele Lösungen, aber niemals keine Lösung. Falls ein homogenes LGS eine eindeutige Lösung hat, lautet diese stets $\boldsymbol{x_1 = 0;\ x_2 = 0;\ x_3 = 0}$.

3. Differenzialrechnung

3.1 Ableitungsregeln

Nr.	Beispiel	Vorgehen
Elementarregeln		
1	$f(x) = x^5$ $f'(x) = 5 \cdot x^{5-1} = 5x^4$ $f(x) = x^2$ $f'(x) = 2x \quad (= 2 \cdot x^1)$ $f(x) = x \quad (= x^1)$ $f'(x) = 1 \quad (= 1 \cdot x^0 = 1 \cdot 1)$	$f(x) = x^{Exponent}$ $f'(x) = Exponent \cdot x^{Exponent-1}$ (Potenzregel)
2	$f(x) = e^x$ $f'(x) = e^x$	*Abschreiben*
3	$f(x) = \sin(x)$ $f'(x) = \cos(x)$	sin ↘ cos ↙ −sin ↖ −cos ↗ sin (*Im Uhrzeigersinn!*)
4	$f(x) = \cos(x)$ $f'(x) = -\sin(x)$	
Vorgehensregeln		
5	$f(x) = \mathbf{3} \cdot x^2$ $f'(x) = \mathbf{3} \cdot 2x = 6x$	*„Zahlen" mit · oder : „bleiben"* (Faktorregel)
6	$f(x) = x^2 + \mathbf{2}$ $f'(x) = 2x$	*„Zahlen" mit + oder − „verschwinden"*
7	$f(x) = x^2 - 4x$ $f'(x) = 2x - 4$	*+ und − Zeichen unterteilen die Funktion in Teilfunktionen, welche einzeln abgeleitet werden* (Summenregel)

www.mvurl.de/77rw

Nr.	Beispiel	Vorgehen
		Produktregel
8	$f(x) = x^2 \cdot \sin(x)$ $f'(x) = 2x \cdot \sin(x) + x^2 \cdot \cos(x)$	$f(x) = u(x) \cdot v(x)$ $f'(x) = \underbrace{u'(x)}_{\textit{Ableiten}} \cdot \underbrace{v(x)}_{\textit{Abschreiben}} + \underbrace{u(x)}_{\textit{Abschreiben}} \cdot \underbrace{v'(x)}_{\textit{Ableiten}}$

Aber: Die Produktregel nur dann anwenden, wenn zwei Faktoren, die **beide x** enthalten, miteinander **multipliziert** werden.

$f(x) = 3x + \sin(x)$
$f'(x) = 3 + \cos(x)$
(Keine Produktregel, da keine Multiplikation)

$f(x) = 3 \cdot \sin(x)$
$f'(x) = 3 \cdot \cos(x)$
(Produktregel unnötig, Faktor 3 enthält kein x)

$f(x) = 3x \cdot \sin(x)$
$f'(x) = 3 \cdot \sin(x) + 3x \cdot \cos(x)$
(Produktregel)

		Anwendungen der Kettenregel
9	$f(x) = (2x+3)^5$ $f'(x) = 5 \cdot (2x+3)^4 \cdot 2$ $= 10 \cdot (2x+3)^4$	$f(x) = (\textit{Klammerinhalt})^{\textit{Exponent}}$ $f'(x) = \textit{Exponent} \cdot (\textit{Klammerinhalt})^{\textit{Exponent}-1} \cdot \textit{Klammerinhalt abgeleitet}$
10	$f(x) = e^{2x+3}$ $f'(x) = e^{2x+3} \cdot 2$	$f(x) = e^{\textit{Exponent}}$ $f'(x) = e^{\textit{Exponent}} \cdot \textit{Exponent abgeleitet}$
11	$f(x) = \sin(2x+3)$ $f'(x) = \cos(2x+3) \cdot 2$	$f(x) = \sin(\textit{Klammerinhalt})$ $f'(x) = \cos(\textit{Klammerinhalt}) \cdot \textit{Klammerinhalt abgeleitet}$
12	$f(x) = \cos(2x+3)$ $f'(x) = -\sin(2x+3) \cdot 2$	$f(x) = \cos(\textit{Klammerinhalt})$ $f'(x) = -\sin(\textit{Klammerinhalt}) \cdot \textit{Klammerinhalt abgeleitet}$

Die allgemeine Kettenregel, aus welcher sich die Regeln 9-12 ergeben, lautet:

$f(x) = u(v(x))$

$f'(x) = \underbrace{u'(v(x))}_{\textit{Äußere Ableitung}} \cdot \underbrace{v'(x)}_{\textit{Innere Ableitung}}$

3.2 Tangente und Normale

1. Aufgabentyp

Gegeben ist die Funktion f mit $f(x)=x^2+0{,}5$.
Bei dem x-Wert 1 werden eine Tangente und eine Normale an das Schaubild angelegt.
Berechnen Sie deren Gleichungen.

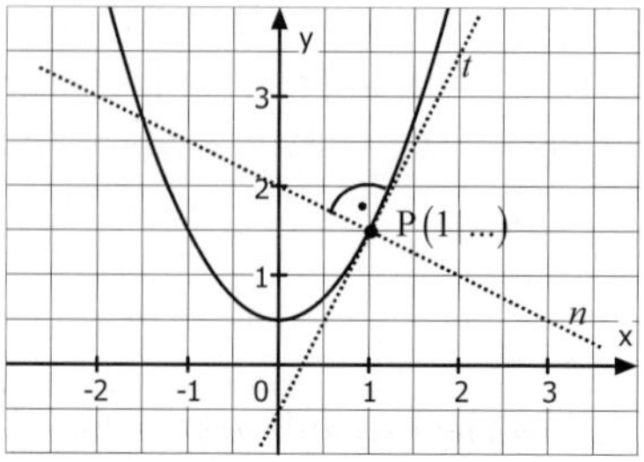

Tangente im Kurvenpunkt (geg. $f(x)$ und x-Wert des Kurvenpunktes)	**Normale im Kurvenpunkt** (geg. $f(x)$ und x-Wert des Kurvenpunktes)
Vorgehen **1. y-Wert des Kurvenpunktes berechnen** $f(1)=1^2+0{,}5=1{,}5 \quad \to \mathrm{P}(1\,\|\,1{,}5)$ **2. Tangentensteigung berechnen** $f'(x)=2x$ $f'(1)=2\cdot 1=2 \quad (=m_t)$ **3. Tangentengleichung berechnen** $y=m_t\cdot x+b$ $1{,}5=2\cdot 1+b$ $1{,}5=2+b \quad \|-2$ $-0{,}5=b$ $\Rightarrow$ Tangente: $y=2x-0{,}5$ (Alternativ mit: $y=f'(u)\cdot(x-u)+f(u)$)	**Vorgehen** **1. y-Wert des Kurvenpunktes berechnen** $f(1)=1^2+0{,}5=1 \quad \to \mathrm{P}(1\,\|\,1{,}5)$ **2. Tangentensteigung berechnen** $f'(x)=2x$ $f'(1)=2\cdot 1=2 \quad (=m_t)$ **3. Normalensteigung berechnen (senkrecht zu m_t $\to$ neg. Kehrwert)** $m_n=-\frac{1}{m_t}=-\frac{1}{2}=-0{,}5$ **4. Normalengleichung berechnen** $y=m_n\cdot x+b$ $1{,}5=-0{,}5\cdot 1+b$ $1{,}5=-0{,}5+b \quad \|+0{,}5$ $2=b$ $\Rightarrow$ Normale: $y=-0{,}5x+2$ (Alternativ mit: $y=-\frac{1}{f'(u)}\cdot(x-u)+f(u)$)

www.mvurl.de/jjlh

2. Aufgabentyp

Gegeben ist die Funktion f mit $f(x) = x^2 + 0,5$. Eine Tangente und eine Normale, jeweils mit Steigung 2, werden an das Schaubild angelegt. Berechnen Sie deren Gleichungen.

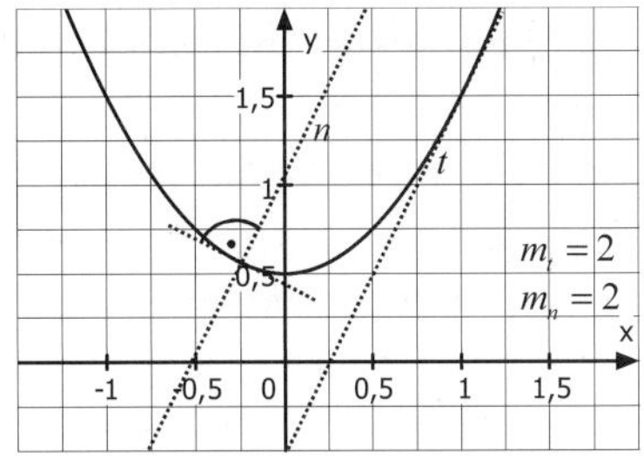

Tangente mit gegebener Steigung (geg. $f(x)$ und Steigung der Tangente)	**Normale mit gegebener Steigung** (geg. $f(x)$ und Steigung der Normale)
Vorgehen	**Vorgehen**
	1. Zu m_n senkrechte Steigung berechnen $m = -\frac{1}{m_n} = -\frac{1}{2} = -0,5$
1. $f'(x) = m_t$ liefert x - Wert des Kurvenpunktes $f'(x) = 2x$ $f'(x) = m_t$ $2x = 2$ $x = 1$ (*An dieser Stelle hat die Parabel die gegebene Steigung.*)	**2. $f'(x) = m$ liefert x - Wert des Kurvenpunktes** $f'(x) = 2x$ $f'(x) = m$ $2x = -0,5$ $x = -0,25$ (*An dieser Stelle hat die Parabel die Steigung $-0,5$ und ist damit senkrecht zur gesuchten Normalen.*)
2. y - Wert des Kurvenpunktes berechnen $f(1) = 1^2 + 0,5 = 1,5 \quad \rightarrow \mathrm{B}(1 \mid 1,5)$	**3. y - Wert des Kurvenpunktes berechnen** $f(-0,25) = (-0,25)^2 + 0,5 = 0,5625$ $\rightarrow \mathrm{P}(-0,25 \mid 0,5625)$
3. Tangentengleichung berechnen $y = m_t \cdot x + b$ $1,5 = 2 \cdot 1 + b$ $1,5 = 2 + b \quad \mid -2$ $-0,5 = b$ $\Rightarrow$ Tangente: $y = 2x - 0,5$	**4. Normalengleichung berechnen** $y = m_n \cdot x + b$ $0,5625 = 2 \cdot (-0,25) + b$ $0,5625 = -0,5 + b \quad \mid +0,5$ $1,0625 = b$ $\Rightarrow$ Normale: $y = 2x + 1,0625$

3.3 Schnittpunkte (Berührpunkt, senkrechter Schnitt, Schnittwinkel)

Zwischen Schaubild und x - Achse $\left(\text{Ansatz}: f(x)=0\right)$		
Berührpunkt	**Senkrechter Schnitt**	**Schnittwinkel**
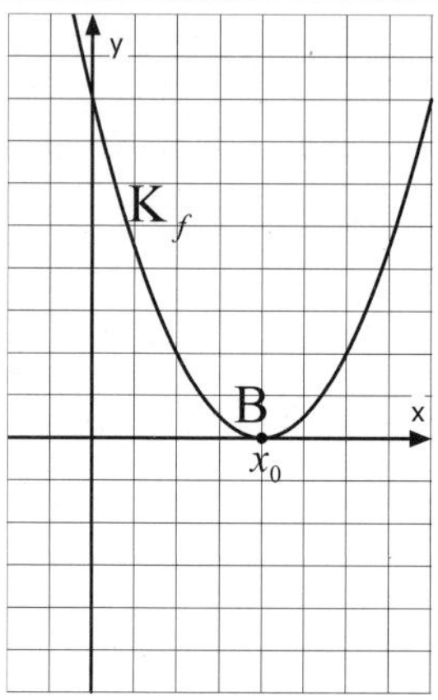	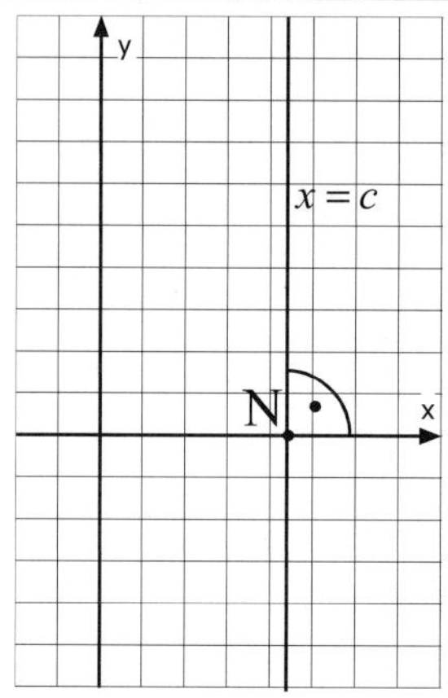	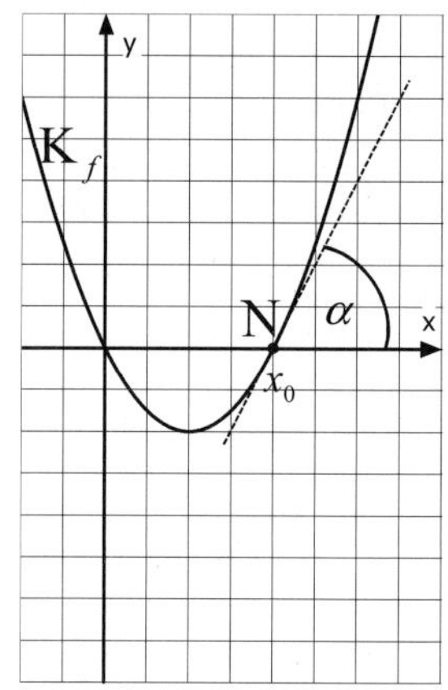
Beschreibung mit $f'(x)$ Hier gelten: **1. $f(x_0) = 0$ (*Nullstelle*)** **2. $f'(x_0) = 0$ (*Steigung* 0)** bzw. **Beschreibung ohne $f'(x)$** (für ganzrat. Funktionen) x_0 ist **doppelte** (bzw. dreifache oder vierfache, S. 15) **Lösung von $f(x) = 0$** (*Diskriminante = 0 bei quadratischer Gleichung für doppelte Lösung!*)	**Bemerkung** Bei Geraden, die parallel zur y-Achse verlaufen, möglich. (z.B. $x = 2{,}2$)	**Vorgehen zur Berechnung** **1. m berechnen** $f'(x_0) = m$ (Steigung K_f) **2. α berechnen** $m = \tan(\alpha) \quad \mid \tan^{-1}$ $\alpha = \left\|\tan^{-1}(m)\right\|$ ($\|\;\|$ *steht für den Betrag. Dieser wird verwendet, da das Vorzeichen des Winkels nicht relevant ist.*) **Achtung** WTR hierfür von Bogenmaß (*rad*) auf Winkelmaß (*deg*) stellen!

www.mvurl.de/pw9e

Zwischen zwei Schaubildern (Ansatz: $f(x) = g(x)$)

Berührpunkt	Senkrechter Schnitt	Schnittwinkel
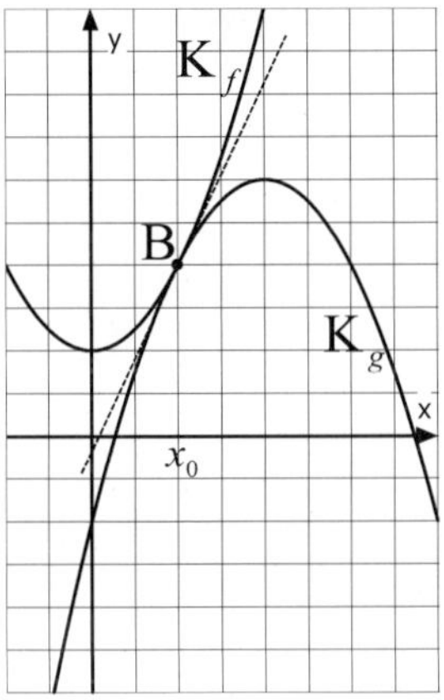	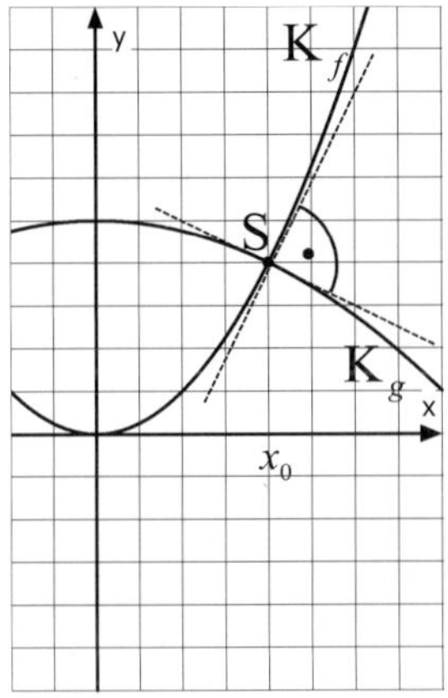	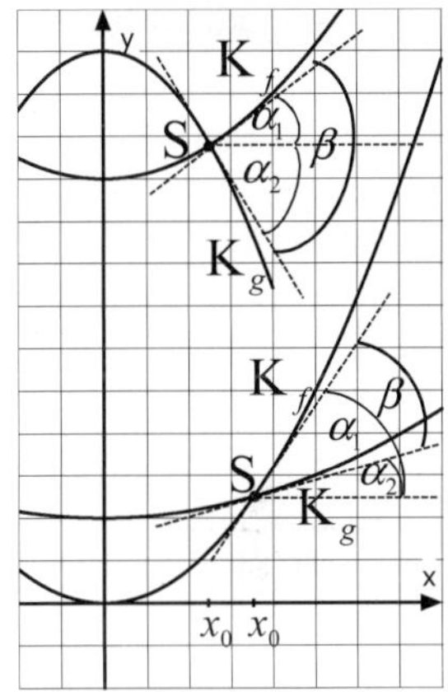
Beschreibung mit $f'(x)$ Hier gelten: **1. $f(x_0) = g(x_0)$** ***(gemeinsamer Punkt)*** **2. $f'(x_0) = g'(x_0)$** ***(gleiche Steigung)*** bzw. **Beschreibung ohne $f'(x)$** (für ganzrat. Funktionen) x_0 ist **doppelte** (bzw. dreifache oder vierfache) **Lösung von $f(x) = g(x)$** (*Diskriminante = 0 bei quadratischer Gleichung für doppelte Lösung!*)	**Beschreibung (mit $f'(x)$)** Hier gelten: **1. $f(x_0) = g(x_0)$** ***(gemeinsamer Punkt)*** **2. $f'(x_0) = \frac{-1}{g'(x_0)}$** (*allg.* $m_2 = -1/m_1$ *bzw.* ***Steigungen sind negative Kehrwerte voneinander***)	**Vorgehen zur Berechnung** **1. m_1 und m_2 berechnen** $f'(x_0) = m_1$ (*Steigung* K_f) $g'(x_0) = m_2$ (*Steigung* K_g) **2. α_1 und α_2 berechnen** $m_1 = \tan(\alpha_1) \quad \mid \tan^{-1}$ $\alpha_1 = \lvert\tan^{-1}(m_1)\rvert$ (*Steigungswinkel* K_f) $m_2 = \tan(\alpha_2) \quad \mid \tan^{-1}$ $\alpha_2 = \lvert\tan^{-1}(m_2)\rvert$ (*Steigungswinkel* K_g) **3. β berechnen** $\beta = \alpha_1 + \alpha_2$ (*oberes Bsp.*) bzw. $\beta = \alpha_1 - \alpha_2$ (*unteres Bsp.*) Alternativ kann auch mit nachfolgender Formel gearbeitet werden: $\beta = \tan^{-1}\left\lvert\frac{f'(x_0) - g'(x_0)}{1 + f'(x_0) \cdot g'(x_0)}\right\rvert$

3.4 Monotonie

(Vereinfachte) Definition	Beispiel
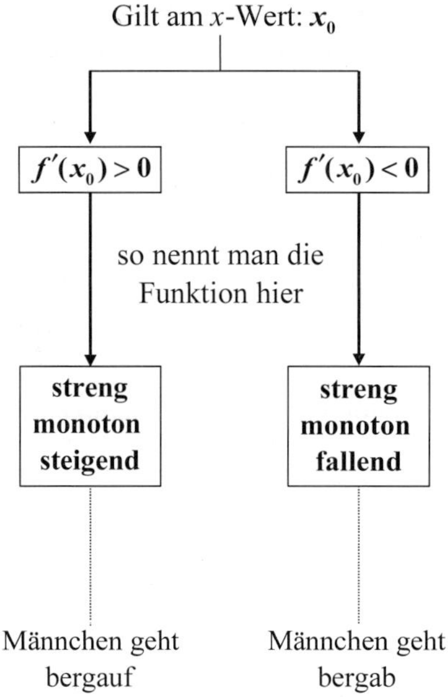	**Einzunehmende Perspektive**: Sie sehen **von der Seite** auf das Männchen, welches ein hügeliges Gelände durchläuft. Das Gelände sehen Sie im Profil. 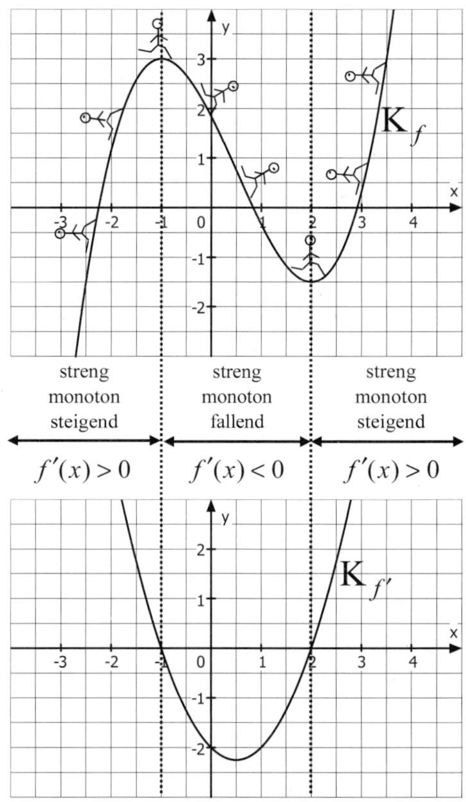

„Normale" Monotonie

Die Funktion ist nicht (überall) streng monoton steigend, jedoch (überall) monoton steigend.
Unterschied zwischen „normaler" und strenger Monotonie?
Bei normaler Monotonie sind auch Stellen, an welchen das Schaubild die **Steigung 0** besitzt, **erlaubt**.

$f'(x_0) \geq 0 \rightarrow$ monoton steigend
$f'(x_0) \leq 0 \rightarrow$ monoton fallend

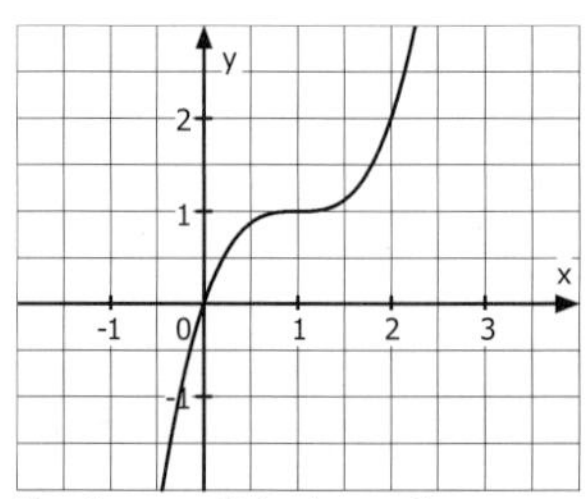

Steigung 0 bei $x = 1$

www.mvurl.de/xydh

3.5 Krümmung

(Vereinfachte) Definition

Gilt am x-Wert: x_0

$f''(x_0) > 0$	$f''(x_0) < 0$
so nennt man das Schaubild hier	so nennt man das Schaubild hier
links-gekrümmt	**rechts-gekrümmt**
Fahrradfahrer lehnt sich nach links	Fahrradfahrer lehnt sich nach rechts

Beispiel

Einzunehmende Perspektive:
Sie sehen **von oben (Vogelperspektive)** auf den Fahrradfahrer, welcher eine kurvige Straße durchfährt und sich hierbei zunächst nach rechts, dann nach links lehnt.

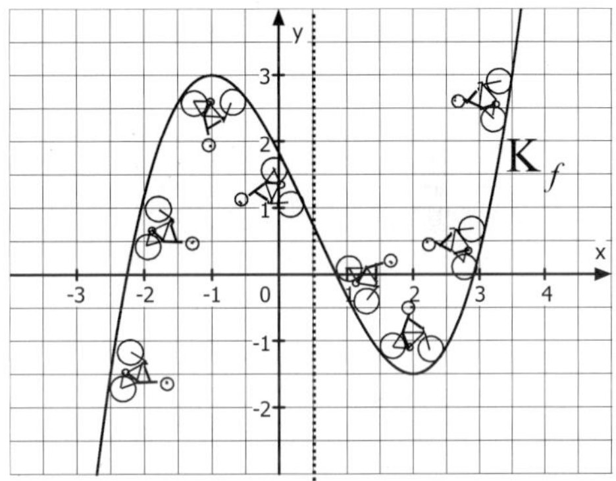

rechtsgekrümmt ◄——► linksgekrümmt

$f''(x) < 0$ | $f''(x) > 0$

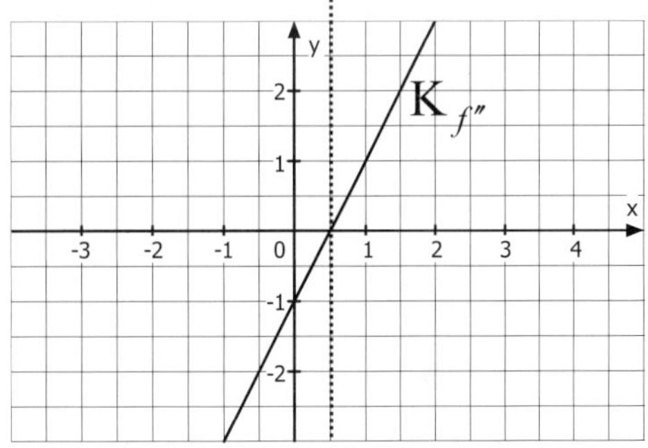

$f''(x)$ n**e**gativ $\Rightarrow$ r**e**chtsgekrümmt
($f''(x)$ pos**i**tiv $\Rightarrow$ l**i**nksgekrümmt)

3.6 Extrempunkte (Hochpunkte und Tiefpunkte)

Vorgehen zur Ermittlung von Hoch- und Tiefpunkten (am Beispiel)	
	$f(x)=\frac{1}{3}x^3-\frac{1}{2}x^2-2x+\frac{11}{6}$ (Beispiel) $f'(x)=x^2-x-2$ $f''(x)=2x-1$
1. Schritt: $f'(x)=0$ Stellen mit waagrechter Tangente (Steigung von 0) ermitteln.	$\mathbf{f'(x)=0}$ $x^2-x-2=0$ $x_{1/2}=\frac{-(-1)\pm\sqrt{(-1)^2-4\cdot1\cdot(-2)}}{2\cdot1}$ $=\frac{1\pm\sqrt{1+8}}{2}=\frac{1\pm3}{2}$ $\Rightarrow \mathbf{x_1=-1;\ x_2=2}$
2. Schritt: Einsetzen in $f''(x)$ Falls $\begin{cases}\mathbf{f''(x)<0}\\ \mathbf{f''(x)>0}\end{cases}$ liegt $\begin{cases}\textbf{Hochpunkt}\\ \textbf{Tiefpunkt}\end{cases}$ vor.	$\mathbf{f''(-1)}=2\cdot(-1)-1=-3 \quad \mathbf{<0} \quad \rightarrow \mathbf{H}$ $\mathbf{f''(2)}=2\cdot2-1=3 \quad \mathbf{>0} \quad \rightarrow \mathbf{T}$
3. Schritt: Einsetzen in $f(x)$ y-Koordinaten der Hoch- bzw. Tiefpunkte bestimmen.	$\mathbf{f(-1)}=\frac{1}{3}\cdot(-1)^3-\frac{1}{2}\cdot(-1)^2-2\cdot(-1)+\frac{11}{6}$ $\mathbf{=3} \quad \rightarrow \quad \mathbf{H(-1\mid3)}$ $\mathbf{f(2)}=\frac{1}{3}\cdot2^3-\frac{1}{2}\cdot2^2-2\cdot2+\frac{11}{6}$ $\mathbf{=-1{,}5} \quad \rightarrow \quad \mathbf{T(2\mid-1{,}5)}$

Alternative zum 2. Schritt: Untersuchung auf Vorzeichenwechsel

Hat $f'(x)$ eine Nullstelle mit Vorzeichenwechsel, dann hat das Schaubild von $f(x)$ hier einen Extrempunkt.

Bei einem Vorzeichenwechsel von $\begin{cases}+\text{ nach }-\\ -\text{ nach }+\end{cases}$ liegt ein $\begin{cases}\text{Hochpunkt}\\ \text{Tiefpunkt}\end{cases}$ vor.

z.B. bei $x_2=2$:

$f'(1)=1^2-1-2=-2 \quad <0$

$f'(3)=3^2-3-2=4 \quad >0$

VZW von − nach +

$\Rightarrow$ somit Tiefpunkt

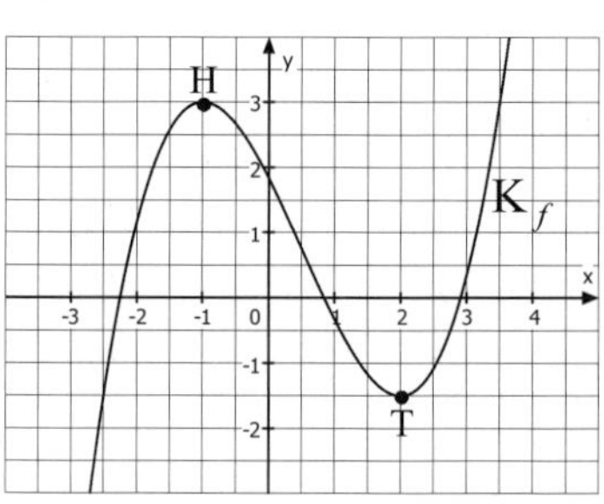

www.mvurl.de/3vs8

3.7 Wendepunkte

Vorgehen zur Ermittlung von Wendepunkten (am Beispiel)	
1. Schritt: $f''(x)=0$ Stellen „ohne Krümmung" ermitteln.	$f(x)=\frac{1}{3}x^3-\frac{1}{2}x^2-2x+\frac{11}{6}$ (Beispiel) $f'(x)=x^2-x-2$ $f''(x)=2x-1$ $f'''(x)=2$ $\boldsymbol{f''(x)=0}$ $2x-1=0 \quad \|+1$ $2x=1 \quad \|:2$ $\boldsymbol{x=0,5}$
2. Schritt: Einsetzen in $f'''(x)$ Wendepunkt, falls $\boldsymbol{f'''(x)\neq 0}$.	$\boldsymbol{f'''(0,5)}=2 \quad \boldsymbol{\neq 0} \quad \rightarrow \textbf{W}$
3. Schritt: Einsetzen in $f(x)$ y-Koordinaten der Wendepunkte bestimmen.	$\boldsymbol{f(0,5)}=\frac{1}{3}\cdot 0,5^3-\frac{1}{2}\cdot 0,5^2-2\cdot 0,5+\frac{11}{6}$ $=\boldsymbol{0,75} \rightarrow \textbf{W}(\boldsymbol{0,5 \mid 0,75})$

Alternative zum 2. Schritt: Untersuchung auf Vorzeichenwechsel

Hat $f''(x)$ eine Nullstelle mit Vorzeichenwechsel, dann hat das Schaubild von $f(x)$ hier einen Wendepunkt.

am Beispiel: $x=0,5$:
$f''(0)=2\cdot 0-1=-1 \quad <0$
$f''(1)=2\cdot 1-1=1 \quad >0$
VZW
$\Rightarrow$ somit Wendepunkt

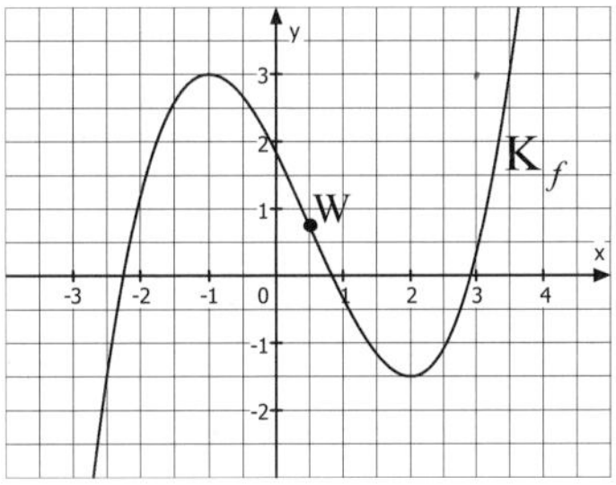

Bemerkungen

- Als **Wendetangente** wird eine Tangente bezeichnet, welche das Schaubild im Wendepunkt berührt. Die **Wendenormale** steht senkrecht zur Wendetangente und verläuft ebenfalls durch den Wendepunkt.
- An einer **Wendestelle** hat das Schaubild entweder die **größte** oder die **kleinste Steigung**. Das Schaubild von $f'(x)$ hat hier deshalb entweder einen Hochpunkt oder einen Tiefpunkt.

www.mvurl.de/bc2k

3.8 Sattelpunkte

Ein Sattelpunkt ist ein **Wendepunkt mit waagrechter Tangente**, also mit einer Steigung von 0.
Somit hat ein Sattelpunkt neben den Eigenschaften eines Wendepunktes $\left(f''(x)=0 \text{ und } f'''(x)\neq 0\right)$ noch die **zusätzliche Eigenschaft $f'(x)=0$.**

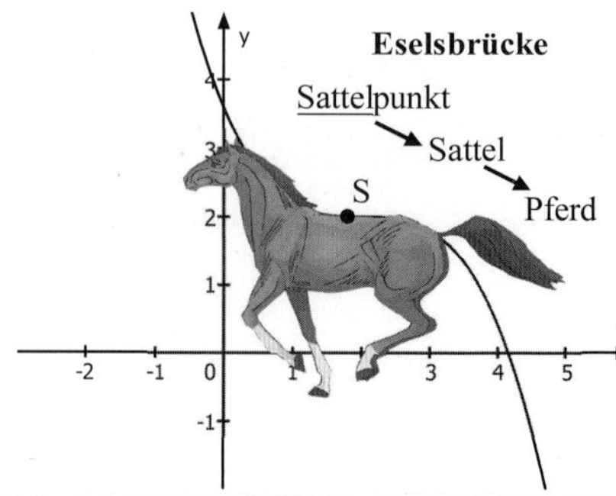

Vorgehen zur Ermittlung von Sattelpunkten (am Beispiel)

(1. bis 3. Schritt: Ebenso wie bei der Ermittlung von Wendepunkten)

	$f(x)=\frac{1}{4}x^4-\frac{2}{3}x^3+2$ (Beispiel) $f'(x)=x^3-2x^2$ $f''(x)=3x^2-4x$ $f'''(x)=6x-4$
1. Schritt: $f''(x)=0$ Stellen „ohne Krümmung" ermitteln.	$\boldsymbol{f''(x)=0}$ $3x^2-4x=0$ $x\cdot(3x-4)=0$ **S. v. Nullpr.** $\boldsymbol{x_1}=0$ $\quad$ $3x-4=0$ $3x=4$ $\boldsymbol{x_2=\frac{4}{3}}$
2. Schritt: Einsetzen in $f'''(x)$ Wendepunkt, falls $\boldsymbol{f'''(x)\neq 0}$.	$\boldsymbol{f'''(0)}=6\cdot 0-4=-4 \quad \boldsymbol{\neq 0} \rightarrow \mathbf{W}$ $\boldsymbol{f'''\left(\frac{4}{3}\right)}=6\cdot\frac{4}{3}-4=4 \quad \boldsymbol{\neq 0} \rightarrow \mathbf{W}$
3. Schritt: Einsetzen in $f(x)$ y-Koordinaten der Wendepunkte bestimmen.	$\boldsymbol{f(0)}=\frac{1}{4}\cdot 0^4-\frac{2}{3}\cdot 0^3+2=\mathbf{2} \quad \rightarrow \mathbf{W(0\,\|\,2)}$ $\boldsymbol{f\left(\frac{4}{3}\right)}=\frac{1}{4}\cdot\left(\frac{4}{3}\right)^4-\frac{2}{3}\cdot\left(\frac{4}{3}\right)^3+2=\mathbf{\frac{98}{81}} \rightarrow \mathbf{W\left(\frac{4}{3}\,\|\,\frac{98}{81}\right)}$

(4. Schritt: **Zusätzlich**)

4. Schritt: Gilt $f'(x)=0$? In diesem Fall liegt ein Sattelpunkt vor. Ansonsten handelt es sich um einen „gewöhnlichen" Wendepunkt.	$\boldsymbol{f'(0)}=0^3-2\cdot 0^2=0 \quad \mathbf{=0} \rightarrow \mathbf{S(0\,\|\,2)}$ $\boldsymbol{f'\left(\frac{4}{3}\right)}=\left(\frac{4}{3}\right)^3-2\cdot\left(\frac{4}{3}\right)^2=-\frac{32}{27} \quad \boldsymbol{\neq 0} \rightarrow \mathrm{W}$

www.mvurl.de/adoh

Im Koordinatensystem finden Sie das Schaubild der Funktion f mit $f(x)=\frac{1}{4}x^4-\frac{2}{3}x^3+2$ und den berechneten Sattelpunkt.

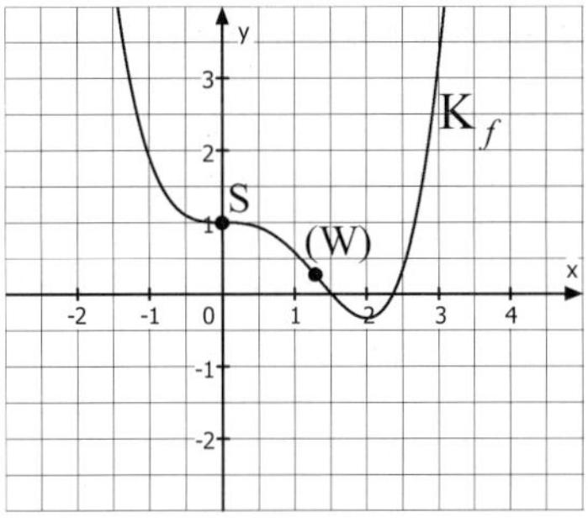

Jeder Sattelpunkt ist auch ein Wendepunkt, aber nicht jeder Wendepunkt ist auch ein Sattelpunkt!

Alternative Ermittlung von Sattelpunkten bei ganzrationalen Funktionen

Grundsätzlich gilt :

Falls das Schaubild der Ableitungsfunktion $f'(x)$ an einem bestimmten x-Wert eine doppelte Nullstelle (gerade Vielfachheit) aufweist, besitzt das Schaubild der Funktion $f(x)$ an diesem x-Wert einen Sattelpunkt (S. 48).

Untersuchung auf Sattelpunkte

$f(x)=\frac{1}{4}x^4-\frac{2}{3}x^3+2$ (Beispiel)

$f'(x)=x^3-2x^2$

$$f'(x)=0$$
$$x^3-2x^2=0$$
$$x^2\cdot(x-2)=0$$

S. v. Nullpr.

$x^2=0 \quad |\sqrt{\ }$ $\qquad x-2=0$

$\boldsymbol{x_{1/2}}=0$ $\qquad (x_3=2)$

(doppelte Lösung)

$\rightarrow$ $\mathbf{S(0\,|\,f(0))}$

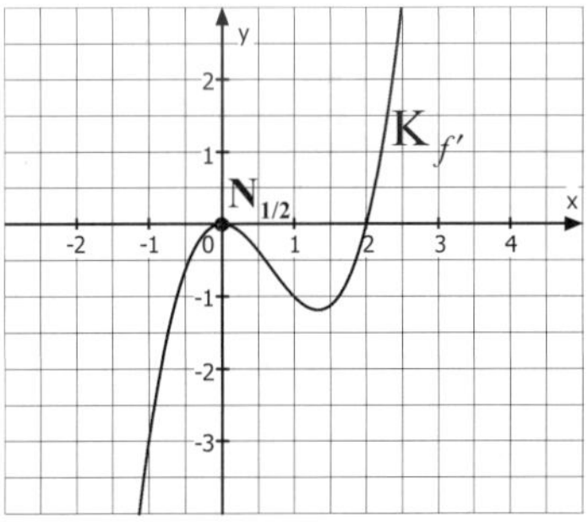

Bemerkung

Falls bei einer quadratischen Gleichung die Diskriminante den Wert 0 annimmt, liegt eine doppelte Lösung vor.

3.9 Zusammenhang zwischen den Schaubildern von Funktion und Ableitung

1. Grundsätzlicher Zusammenhang

Der y-Wert des Schaubildes von $f'(x)$ entspricht an jedem x-Wert der Steigung des Schaubildes von $f(x)$.

2. Zusammenhang zwischen den besonderen Punkten

Kurzversion (Merkregel: In jeder Zeile steht das englische Wort für „neu"; 3-stufig)

$f(x)$	**N**	**E**	**W**		
$f'(x)$		**N**	**E**	**W**	
$f''(x)$			**N**	**E**	**W**

Ausführliche Version (nur 2-stufig dargestellt)

$f(x)$ bzw. $f'(x)$	**N**	**H**	**T**	**W** (von **Lk** zu **Rk**)	**W** (von **Rk** zu **Lk**)	**S**
$f'(x)$ bzw. $f''(x)$		**N** „von + nach –"	**N** „von – nach +"	**H**	**T**	**N** ohne **VZW** (z.B. doppelte N) bzw. **H** oder **T** auf der x-Achse

Abkürzungen

Nullstelle
Extrempunkt (**H**och- oder **T**iefpunkt)
Links**k**rümmung / **R**echts**k**rümmung
Wendepunkt
Sattelpunkt
Vor**Z**eichen**W**echsel

Bemerkungen

- Die obigen Zusammenhänge gelten natürlich auch zwischen der Stammfunktion $F(x)$ und der zugehörigen Funktion $f(x)$.
- Die Symmetrieart eines Schaubildes „pendelt" beim Ableiten.
Beispiel: K_f ist symmetrisch zur y-Achse $\Rightarrow K_{f'}$ ist symmetrisch zum Ursprung $\Rightarrow K_{f''}$ ist symmetrisch zur y-Achse $\Rightarrow$ ...

www.mvurl.de/g45w

Beispiel

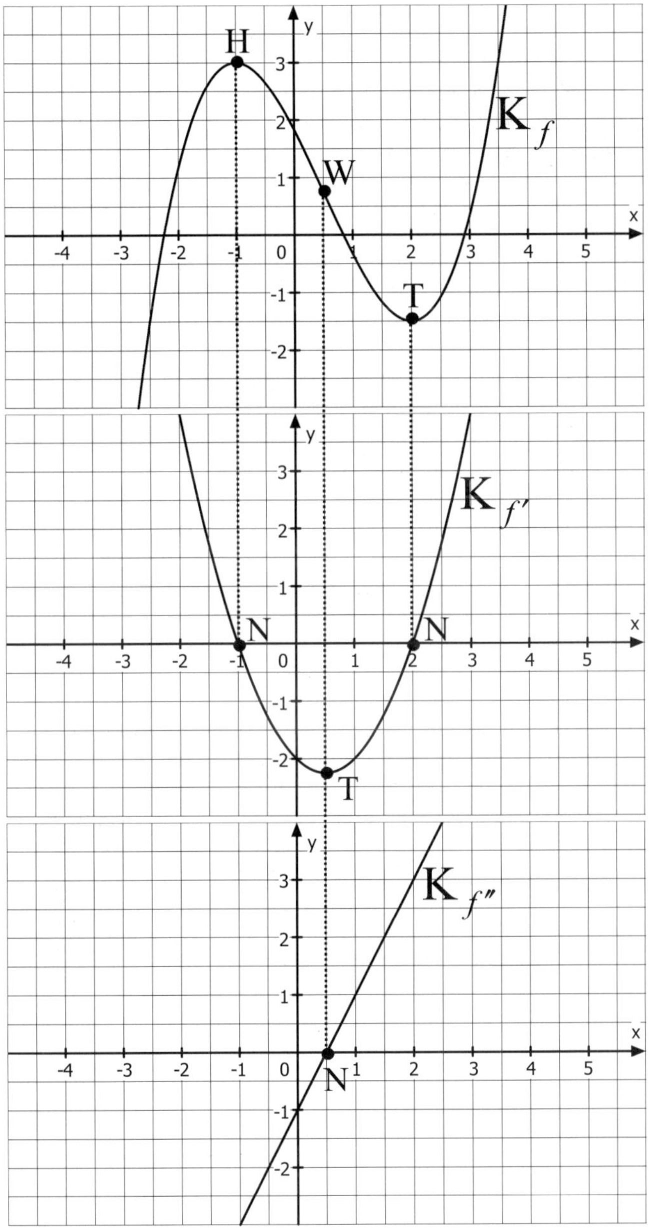

4 Rosner - ISBN 978-3-8120-0383-4

3.10 Ermittlung von Funktionsgleichungen

1. Möglichkeit: Differenzialrechnung („Steckbriefaufgaben")

Beispiel

Gesucht ist die Gleichung einer Funktion 4. Grades, deren Schaubild symmetrisch zur y-Achse ist. Das Schaubild hat den Tiefpunkt $T(2\,|\,1)$ und besitzt an der Stelle 1 die Steigung $-2{,}4$.

Lösung

Allgemeiner Ansatz: $f(x) = ax^4 + bx^3 + cx^2 + dx + e$

Da symm. zur y-Achse: $f(x) = ax^4 + cx^2 + e$ (*nur gerade Hochzahlen*)

$f'(x) = 4ax^3 + 2cx$

Bedingungen

$T(2\,|\,1)$ (*Punktprobe*): $f(2) = 1 \Rightarrow a \cdot 2^4 + c \cdot 2^2 + e = 1 \quad \Rightarrow \quad 16a + 4c + e = 1$

$T(2\,|\,1)$ (*Bed.* $f'(x) = 0$): $f'(2) = 4a \cdot 2^3 + 2c \cdot 2 = 0 \quad \Rightarrow \quad 32a + 4c = 0$

In $x = 1$ Steigung $-2{,}4$: $f'(1) = 4a \cdot 1^3 + 2c \cdot 1 = -2{,}4 \quad \Rightarrow \quad 4a + 2c = -2{,}4$

Lösen des LGS

$$\left(\begin{array}{ccc|c} 16 & 4 & 1 & 1 \\ 32 & 4 & 0 & 0 \\ 4 & 2 & 0 & -2{,}4 \end{array}\right) \sim \left(\begin{array}{ccc|c} 16 & 4 & 1 & 1 \\ 0 & 2 & 1 & 1 \\ 0 & -4 & 1 & 10{,}6 \end{array}\right) \sim \left(\begin{array}{ccc|c} 16 & 4 & 1 & 1 \\ 0 & 2 & 1 & 1 \\ 0 & 0 & 3 & 12{,}6 \end{array}\right)$$

(Hinweis: Schnelleres Lösen des LGS durch Tausch der 1. mit der 3. Spalte möglich.)

$\text{III}: \; 3e = 12{,}6$

$e = 4{,}2$

$\text{in II}: \; 2c + 1 \cdot 4{,}2 = 1$

$c = -1{,}6$

$\text{in I}: \; 16a + 4 \cdot (-1{,}6) + 1 \cdot 4{,}2 = 1$

$a = 0{,}2$

Man erhält: $f(x) = 0{,}2x^4 - 1{,}6x^2 + 4{,}2$

Notwendig

Mindestens so viele Bedingungen bzw. Gleichungen wie unbekannte Koeffizienten im Ansatz vorhanden (im Beispiel: 3 Bedingungen bzw. Koeffizienten).

www.mvurl.de/q42e

Typische Beschreibungen von Schaubildern und zugehörige math. Bedingungen

Beschreibungen des Schaubildes	Mathematische Bedingungen
Schaubild ist punktsymmetrisch zum Ursprung	$f(x)$ *enthält nur ungerade Hochzahlen* *z.B.* $f(x) = ax^3 + cx$ *bei Grad 3*
Schaubild ist achsensymmetrisch zur y-Achse	$f(x)$ *enthält nur gerade Hochzahlen* *z.B.* $f(x) = ax^4 + cx^2 + \mathrm{e}$ *bei Grad 4*
Schaubild verläuft durch P(3 | 8)	$f(3) = 8$
Schaubild besitzt an der Stelle 2 die Steigung 5 (oder: besitzt am x-Wert 2 eine Tangente mit Steigung 5)	$f'(2) = 5$
Schaubild berührt an der Stelle 3 die x-Achse	$\begin{cases} f(3) = 0 & (\textit{verläuft durch } \mathrm{P}(3 \mid 0)) \\ f'(3) = 0 & (\textit{hier Steigung } 0) \end{cases}$
Schaubild besitzt den Hochpunkt H(−2 | 3)	$\begin{cases} f(-2) = 3 & (\textit{verläuft durch } \mathrm{P}(-2 \mid 3)) \\ f'(-2) = 0 & (\textit{hier Steigung } 0) \end{cases}$
Schaubild besitzt den Tiefpunkt T(−2 | 3)	*gleiche Bedingungen wie bei* H(−2 | 3)
Schaubild besitzt den Wendepunkt W(5 | 7)	$\begin{cases} f(5) = 7 & (\textit{verläuft durch } \mathrm{P}(5 \mid 7)) \\ f''(5) = 0 & (\textit{hier keine Krümmung}) \end{cases}$
Schaubild besitzt den Sattelpunkt S(1 | 4)	$\begin{cases} f(1) = 4 & (\textit{verläuft durch } \mathrm{P}(1 \mid 4)) \\ f'(1) = 0 & (\textit{hier Steigung } 0) \\ f''(1) = 0 & (\textit{hier keine Krümmung}) \end{cases}$
Schaubild schneidet das Schaubild der bekannten Funktion $g(x)$ an der Stelle 2	$f(2) = g(2)$ $(\textit{hier gleicher } y\textit{-Wert})$
Schaubild berührt das Schaubild der bekannten Funktion $g(x)$ an der Stelle 4	$\begin{cases} f(4) = g(4) & (\textit{hier gleicher } y\textit{-Wert}) \\ f'(4) = g'(4) & (\textit{hier gleiche Steigung}) \end{cases}$
Schaubild schneidet das Schaubild der bekannten Funktion $g(x)$ an der Stelle 5 senkrecht	$\begin{cases} f(5) = g(5) & (\textit{hier gleicher } y\textit{-Wert}) \\ f'(5) = \dfrac{-1}{g'(5)} & \left(\begin{array}{l} \textit{Bedingung für senkrecht:} \\ m_2 = -1/m_1 \textit{ bzw. } m_1 \cdot m_2 = -1 \end{array}\right) \end{cases}$

2. Möglichkeit: Regression

Beispiel:
Gesucht ist die Gleichung einer Parabel (2. Grades), deren Schaubild **näherungsweise** durch die dargestellten Punkte verläuft.

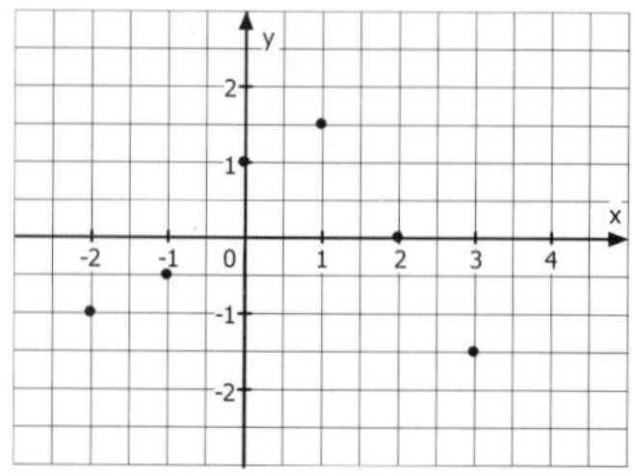

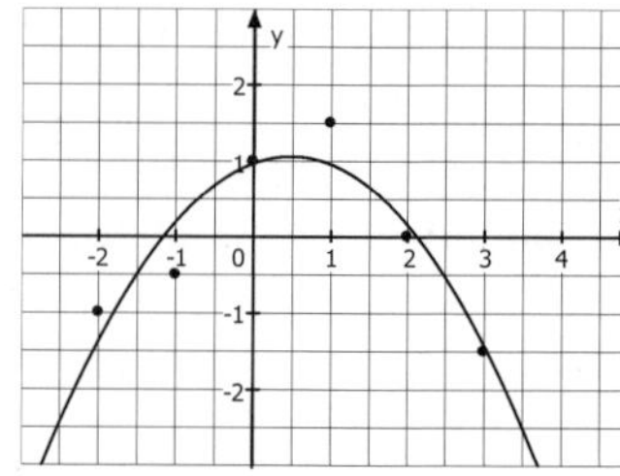

CASIO FX-87DE

[MODE]
[2]

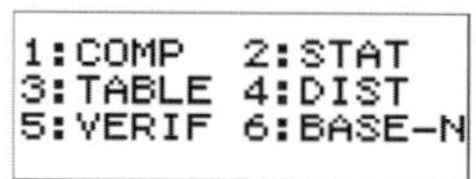

[3]

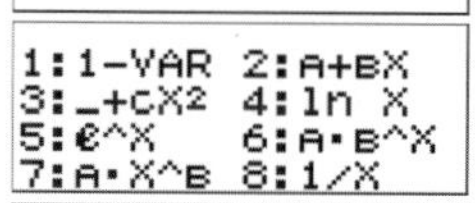

Koordinaten aller Punkte eintragen;

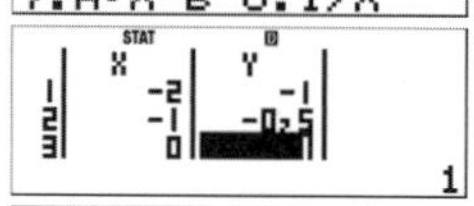

[AC]

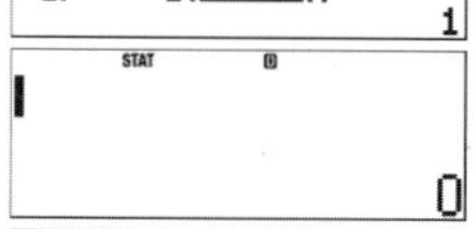

[SHIFT];
[1]

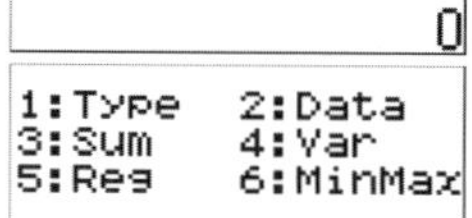

[5]

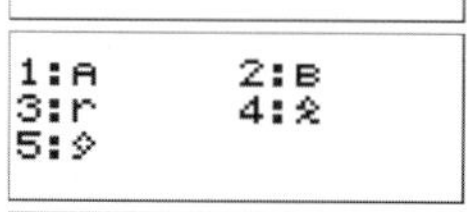

[1]; [=]

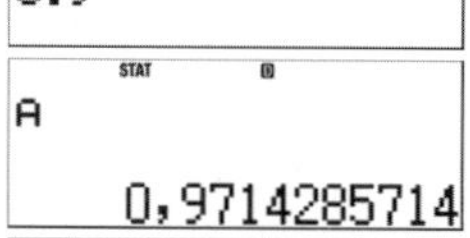

[SHIFT]; [1];
[5]; [2]; [=]

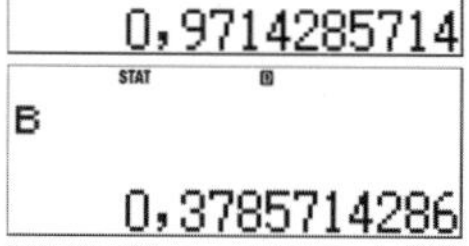

[SHIFT]; [1];
[5]; [3]; [=]

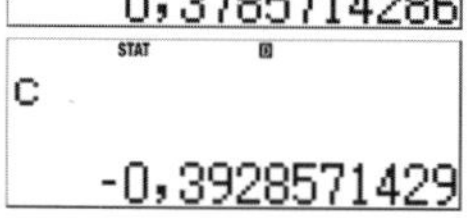

Achtung: Der CASIO-WTR geht von $y = \mathrm{A} + \mathrm{B}x + \mathrm{C}x^2$ aus!

TI-30X Plus MultiView

[data]

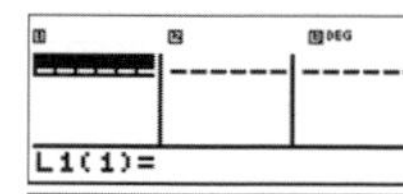

Koordinaten aller Punkte eintragen;

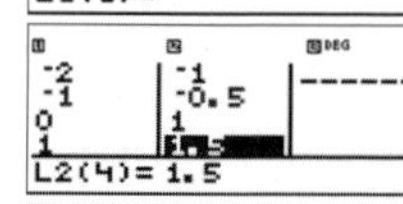

[2nd]; [mode]

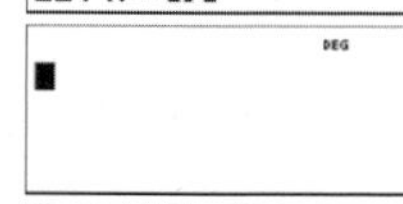

[2nd]; [data]

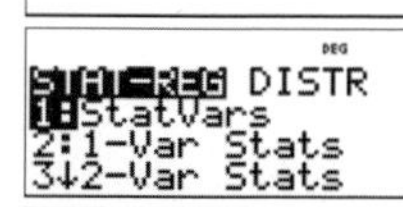

[↓]; [↓]; [↓]; [↓]

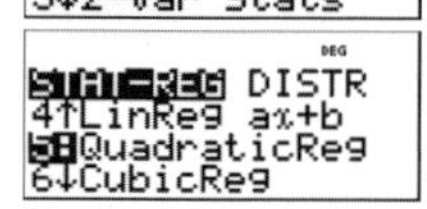

[enter]

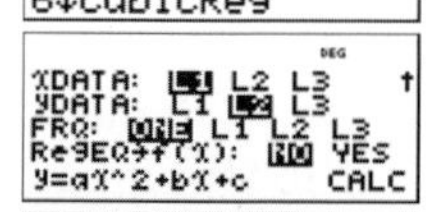

[↓]; [↓]; [↓]; [→];
[↓]; [enter]

Gleichung der Regressionsfunktion: $f(x) = -0,393x^2 + 0,379x + 0,971$

Notwendig: Mindestens so viele Punkte wie unbekannte Koeffizienten im Ansatz.

Das Bestimmtheitsmaß r^2

- Gibt die **Güte einer Regression** an, beurteilt also, wie „genau" die Kurve durch die Punkte verläuft.
- r^2 kann hierbei Werte zwischen 0 (Kurve „passt nicht" zur Punktwolke) und 1 (Kurve verläuft durch alle Punkte) annehmen.

Im Beispiel auf der Vorseite gilt beispielsweise $r^2 \approx 0{,}86$, was auf eine „recht hohe" Anpassung der Kurve an die Punkte hindeutet.

3. Möglichkeit: Nullstellenansatz bei ganzrationalen Funktionen

Beispiel

Gesucht ist die Funktionsgleichung zum nebenstehenden Schaubild.

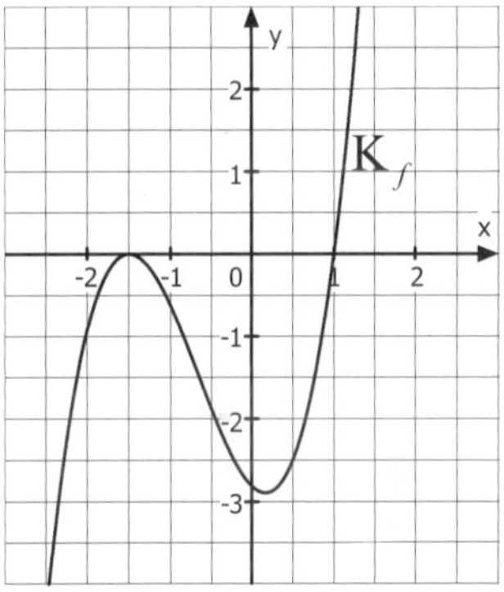

Lösung

Da die Nullstellen $\left(x_{1/2} = -1{,}5;\ x_3 = 1\right)$ des Schaubildes ablesbar sind, kann der Nullstellenansatz der Funktion (S. 14) weitgehend aufgestellt werden:

$f(x) = a \cdot (x+1{,}5)^2 \cdot (x-1)$

Dann werden die Koordinaten eines weiteren Punktes, der kein Schnittpunkt mit der x-Achse ist, eingesetzt:

P(0,5 | −2,5):

$$\begin{aligned} f(x) &= a \cdot (x+1{,}5)^2 \cdot (x-1) \\ -2{,}5 &= a \cdot (0{,}5+1{,}5)^2 \cdot (0{,}5-1) \\ -2{,}5 &= -2a \\ \frac{5}{4} &= a \end{aligned}$$

$$\Rightarrow f(x) = \frac{5}{4} \cdot (x+1{,}5)^2 \cdot (x-1)$$

Notwendig

$\left\{\begin{matrix}2\\3\\4\end{matrix}\right.$ Nullstellen bei einer ganzrationalen Funktion $\left\{\begin{matrix}2.\\3.\\4.\end{matrix}\right.$ Grades und mind. ein weiterer Punkt.

www.mvurl.de/t5mm

3.11 Extremwertaufgaben

Beispiel

Aus einer parabelförmigen Holzplatte soll ein möglichst großes Dreieck (s. Skizze, mit rechtem Winkel rechts unten) herausgesägt werden.
Der Rand der Holzplatte wird durch das Schaubild der Funktion f mit $f(x)=-\frac{7}{72}x^2+\frac{7}{2}$ beschrieben.
Welchen Flächeninhalt kann ein solches Dreieck höchstens haben?

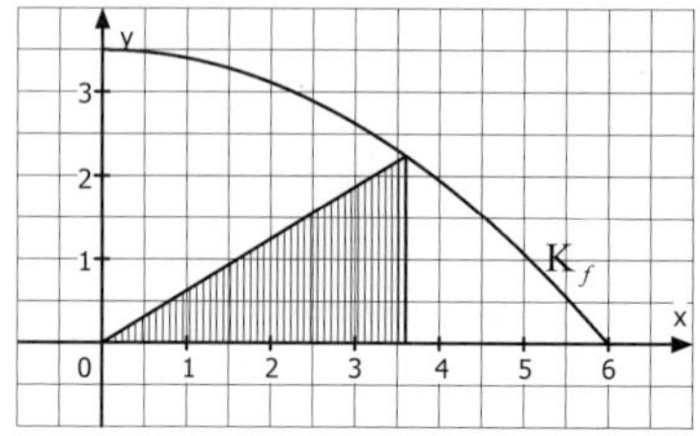

Das Rezept	
Zutaten 	
1. Skizze machen: Alles einzeichnen was in der Aufgabenstellung beschrieben wird.	(hier gegeben)
2. Koordinaten möglichst vieler relevanter Punkte (eventuell in Abhängigkeit von *u*) angeben. Hierbei beachten: Ein Punkt, der „irgendwo auf dem Schaubild“ liegt, besitzt die Koordinaten $(u \mid f(u))$.	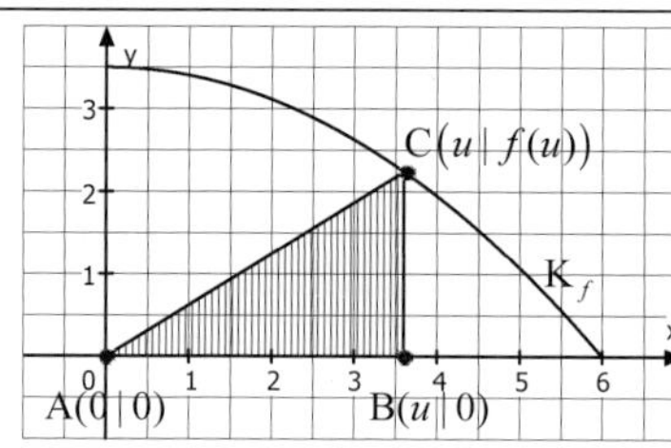
Kochen 	
3. Allgemeine Zielfunktion bestimmen. Formel für die Größe suchen, die maximal (bzw. minimal) werden soll. (z.B. $A=\frac{1}{2}\cdot a\cdot b$; $A=\frac{1}{2}\cdot c\cdot h_c$; $A=a\cdot b$; $U=2\cdot a+2\cdot b$; ...)	Flächeninhalt rechtwinkliges Dreieck: $A=\frac{1}{2}\cdot a\cdot b$ (Allgemeine Zielfunktion)
4. Benötigte Strecken (a, b, c, h_c, ...) für Allgemeine Zielfunktion in **Skizze einzeichnen**.	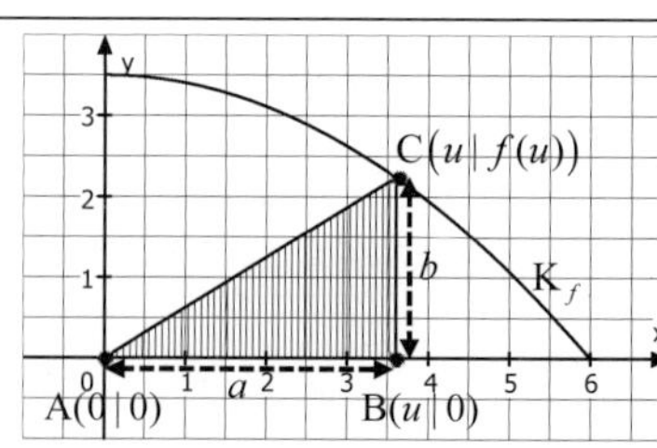

www.mvurl.de/q5ks

5. Konkrete Zielfunktion bestimmen. **Streckenlängen** durch die Koordinaten der Punkte aus 2. **ausdrücken**. Hierbei beachten: - waagr. Streckenlänge: $x_{\text{rechts}} - x_{\text{links}}$ - senkr. Streckenlänge: $y_{\text{oben}} - y_{\text{unten}}$ **Funktionsterm** aus Aufgabenstellung **einsetzen**.	$\mathrm{A}(u)=\frac{1}{2}\cdot \quad a \quad \cdot \quad b$ $\mathrm{A}(u)=\frac{1}{2}\cdot (u-0) \cdot (f(u)-0)$ $\mathrm{A}(u)=\frac{1}{2}\cdot \quad u \quad \cdot \left(-\frac{7}{72}u^2+\frac{7}{2}\; -0\right)$ (Konkrete Zielfunktion)
6. Schaubild der **Konkreten Zielfunktion** auf **Hochpunkt** (bzw. Tiefpunkt) **untersuchen**.	$\mathrm{A}(u)=\frac{1}{2}\cdot u\cdot\left(-\frac{7}{72}u^2+\frac{7}{2}\right)=-\frac{7}{144}u^3+\frac{7}{4}u;$ $\mathrm{A}'(u)=-\frac{7}{48}u^2+\frac{7}{4};\; A''(u)=-\frac{7}{24}u$ 1. $\mathrm{A}'(u)=0:\; -\frac{7}{48}u^2+\frac{7}{4}=0$ Lösung: $u_1 \approx 3{,}46 \quad (u_2 \approx -3{,}46$ nicht in D) 2. $\mathrm{A}''(3{,}46)\approx -\frac{7}{24}\cdot 3{,}46<0 \quad \rightarrow \mathrm{H}$ 3. $\mathrm{A}(3{,}46)\approx -\frac{7}{144}\cdot 3{,}46^3+\frac{7}{4}\cdot 3{,}46\approx 4{,}04$ $\rightarrow \mathrm{H}(3{,}46 \mid 4{,}04)$
7. Randwertuntersuchung **Grenzen des Definitionsbereiches** für u in Konkrete Zielfunktion **einsetzen**. Erhaltene y-Werte mit dem y-Wert des Hochpunktes (bzw. Tiefpunktes) **vergleichen**.	Definitionsbereich: $\mathrm{D}=[0;\,6]$ (s. Skizze) $\mathrm{A}(0)=0 \;<4{,}04$ $\mathrm{A}(6)=0 \;<4{,}04$
Servieren	
8. Antwortsatz Für $u=$... (x-Wert Extrempunkt) wird ... (gesuchte Größe) maximal (bzw. minimal). Diese beträgt dann ... (y-Wert Extrempunkt).	**Antwortsatz** Für $u\approx 3{,}46$ wird der Flächeninhalt des Dreiecks maximal. Dieser beträgt dann ungefähr 4,04 Flächeneinheiten.

4. Integralrechnung

4.1 Integrationsregeln („Aufleitungsregeln“)

Nr.	Beispiel	Vorgehen
Elementarregeln		
1	$f(x)=x^5$ $\mathrm{F}(x)=\frac{1}{6}x^6$ $f(x)=x^2$ $\mathrm{F}(x)=\frac{1}{3}x^3$ $f(x)=1 \quad (=x^0)$ $\downarrow$ $\mathrm{F}(x)=x \quad \left(=\frac{1}{1}\cdot x^1\right)$	$f(x) = x^{Exponent}$ $\mathrm{F}(x) = \frac{1}{Exponent+1}\cdot x^{Exponent+1}$ (Potenzregel)
2	$f(x)=e^x$ $\mathrm{F}(x) = e^x$	*Abschreiben*
3	$f(x)=\sin(x)$ $\mathrm{F}(x) = -\cos(x)$	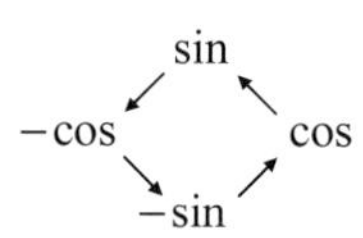 (*Gegen den Uhrzeigersinn!*)
4	$f(x) = \cos(x)$ $\mathrm{F}(x) = \sin(x)$	
Vorgehensregeln		
5	$f(x)=\mathbf{2}\cdot x^2$ $\mathrm{F}(x)=\mathbf{2}\cdot\frac{1}{3}x^3=\frac{2}{3}x^3$	*„Zahlen“ mit · oder : „bleiben“* (Faktorregel)
6	$f(x)=x^2+\mathbf{2}$ $\mathrm{F}(x)=\frac{1}{3}x^3+\mathbf{2x}$	*„Zahlen“ mit + oder − „erhalten ein x“*
7	$f(x)=x^2-4x$ $\mathrm{F}(x)=\frac{1}{3}x^3-2x^2$	*+ und − Zeichen unterteilen die Funktion in Teilfunktionen, welche einzeln aufgeleitet werden* (Summenregel)

Nr.	Beispiel	Vorgehen
		Produktregel
8	$f(x) = x^2 \cdot e^x$ $\mathrm{F}(x) = ?$	Die Produktregel zum Aufleiten (partielle Integration) wird im Abitur nicht verlangt.

		Anwendungen der Kettenregel
9	$f(x) = (2x+3)^5$ $\mathrm{F}(x) = \frac{1}{6} \cdot (2x+3)^6 \cdot \frac{1}{2}$ $= \frac{1}{12} \cdot (2x+3)^6$	$f(x) = (Klammerinhalt)^{Exponent}$ $\mathrm{F}(x) = \frac{1}{Exponent+1} \cdot (Klammerinhalt)^{Exponent+1} \cdot \frac{1}{Klammerinhalt\ abgeleitet}$
10	$f(x) = e^{2x+3}$ $\mathrm{F}(x) = e^{2x+3} \cdot \frac{1}{2}$	$f(x) = e^{Exponent}$ $\mathrm{F}(x) = e^{Exponent} \cdot \frac{1}{Exponent\ abgeleitet}$
11	$f(x) = \sin(2x+3)$ $\mathrm{F}(x) = -\cos(2x+3) \cdot \frac{1}{2}$	$f(x) = \sin(Klammerinhalt)$ $\mathrm{F}(x) = -\cos(Klammerinhalt) \cdot \frac{1}{Klammerinhalt\ abgeleitet}$
12	$f(x) = \cos(2x+3)$ $\mathrm{F}(x) = \sin(2x+3) \cdot \frac{1}{2}$	$f(x) = \cos(Klammerinhalt)$ $\mathrm{F}(x) = \sin(Klammerinhalt) \cdot \frac{1}{Klammerinhalt\ abgeleitet}$

(Annahme: *Klammerinhalt* bzw. *Exponent* ist linear („enthält nur x, also kein $x^2, e^x, \ldots$“))

Hinweis : Integrationskonstante

Eine Funktion hat nur eine Ableitungsfunktion, aber **unendlich viele Stammfunktionen**, da der hintere Summand c (Integrationskonstante) beim Ableiten verschwindet.

$$\mathrm{F}(x) = \frac{1}{3}x^3 \qquad \mathrm{F}(x) = \frac{1}{3}x^3 + 2 \qquad \mathrm{F}(x) = \frac{1}{3}x^3 - 3$$

$$\nwarrow \quad \uparrow \quad \nearrow$$

$$f(x) = x^2$$

$$\downarrow$$

$$f'(x) = 2x$$

Allg.: $\mathrm{F}(x) = \frac{1}{3}x^3 + \boldsymbol{c}$

Grafische Erklärung : c verschiebt das Schaubild der Stammfunktion nur nach oben bzw. unten und ist also für die Steigung unerheblich. Deshalb haben „alle Stammfunktionen“ F dieselbe (abgeleitete) Funktion f.

4.2 Flächeninhaltsberechnung zwischen Schaubild und x-Achse

1. Fläche oberhalb der x-Achse

Beispiel

Gegeben ist die Funktion f mit $f(x) = -x^2 + 1$.
Welchen Inhalt besitzt die schraffierte Fläche?

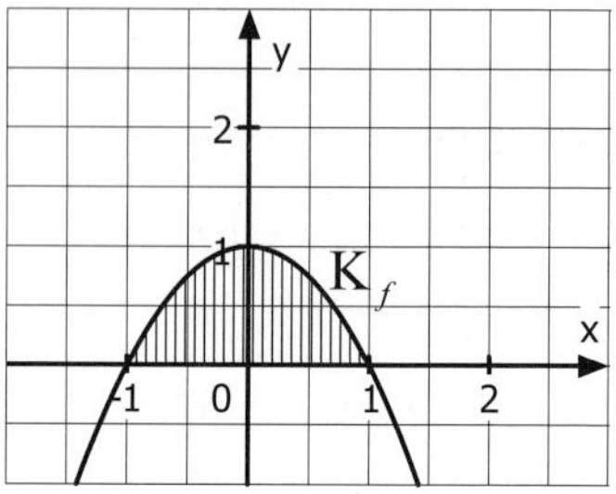

Ansatz

$$A = \int_a^b f(x)\,dx = [F(x)]_a^b = F(b) - F(a)$$

Lösung

$$A = \int_{-1}^{1} \left(-x^2 + 1\right) dx = \left[-\frac{1}{3}x^3 + x\right]_{-1}^{1} = -\frac{1}{3}\cdot 1^3 + 1 - \left(-\frac{1}{3}\cdot(-1)^3 + (-1)\right) \approx 1{,}333 \text{ FE}$$

Rechte Grenze nach oben, linke nach unten → *aufleiten* → *Rechte und linke Grenze in Stammfunktion einsetzen, voneinander subtrahieren*

Merkregel

$$A = \int_{\text{linke Grenze}}^{\text{rechte Grenze}} (\text{Funktionsterm})\,dx$$

2. Fläche unterhalb der x-Achse

Unterschied

$$A = \int_{-1}^{1} -f(x)\,dx$$

Minuszeichen beachten!
Sonst: negatives Ergebnis

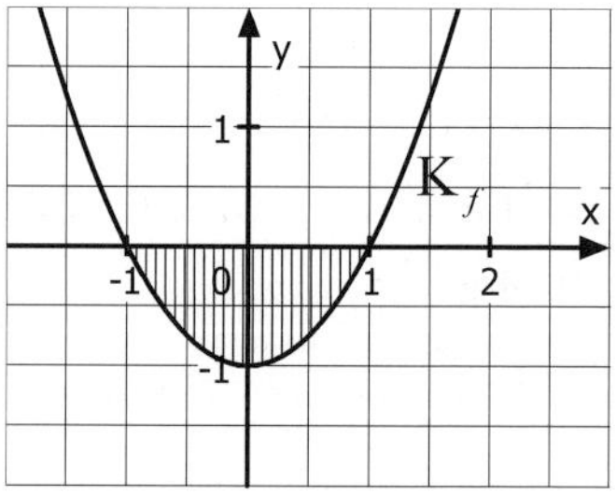

Hinweis: Falls Sie versehentlich ein negatives Ergebnis erhalten, können Sie dies korrigieren, indem Sie **Betragsstriche** setzen.

www.mvurl.de/gign

3. Zusammengesetzte Fläche

Beispiel : Gegeben ist die Funktion f mit $f(x)=\frac{1}{3}x^3-\frac{1}{6}x^2-\frac{5}{3}x$. Welchen Inhalt besitzt die schraffierte Fläche?

Vorgehen (am Beispiel)

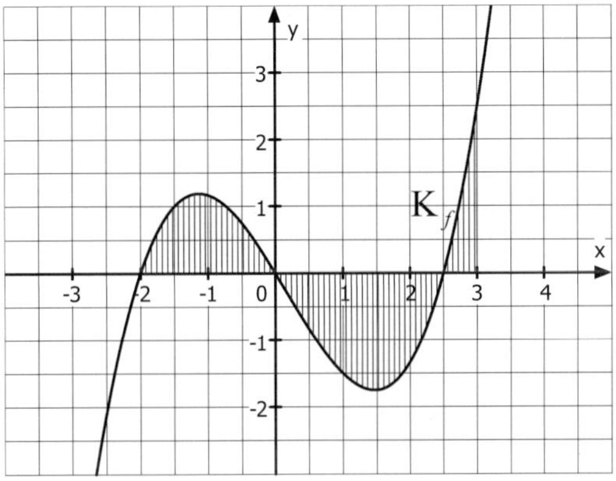

1. Nullstellen bestimmen

$f(x)=0 \rightarrow x_1=-2;\ x_2=0;\ x_3=2{,}5$

2. Teilflächeninhalte bestimmen

$A_1=\int_{-2}^{0} f(x)dx \approx 1{,}56;$

$A_2=\int_{0}^{2{,}5} -f(x)\ dx \approx 2{,}82;$

$A_3=\int_{2{,}5}^{3} f(x)\ dx \approx 0{,}57$

3. Gesamtflächeninhalt bestimmen

$A=A_1+A_2+A_3 \approx 1{,}56+2{,}82+0{,}57=4{,}95$ FE

Von Nullstelle zu Nullstelle integrieren!
Ansonsten werden positive und negative Flächeninhaltswerte zu einer **„Flächenbilanz“** verrechnet.

4. Interpretation von Flächeninhalten

Der Inhalt der markierten Fläche gibt an …

Beispiel 1

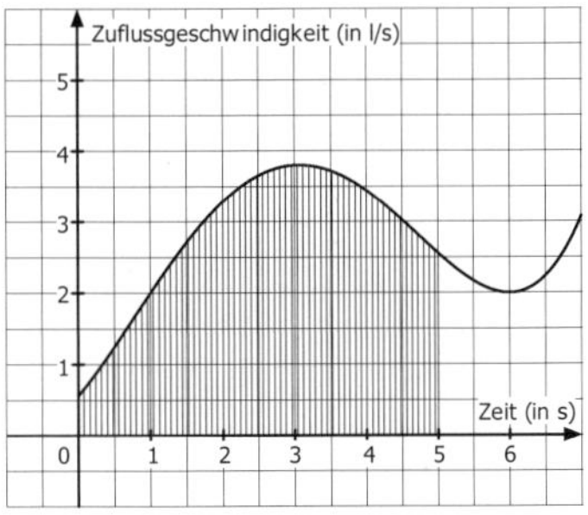

… welche Wassermenge (in l) innerhalb von 5 s zugeflossen ist.

Beispiel 2

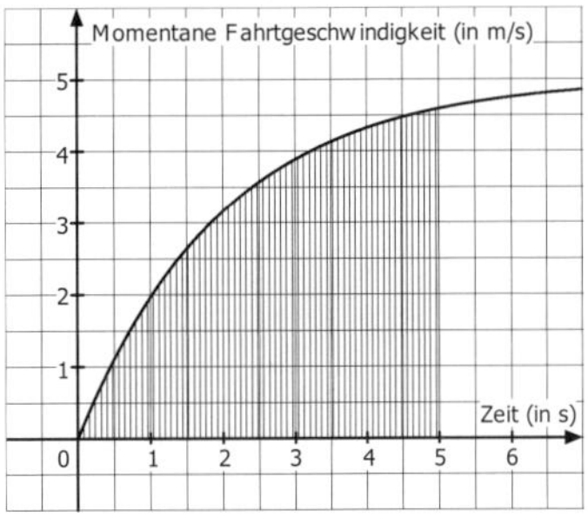

… welche Strecke (in m) innerhalb von 5 s zurückgelegt wurde.

Tipp : Einheit Integral („Fläche“) = Einheit Funktion · Einheit Variable

4.3 Flächeninhaltsberechnung zwischen zwei Schaubildern

1. Einzelfläche

Beispiel

Gegeben sind die Funktionen f mit $f(x) = -x^2 + 1$ und g mit $g(x) = x - 1$.
Welchen Inhalt besitzt die schraffierte Fläche?

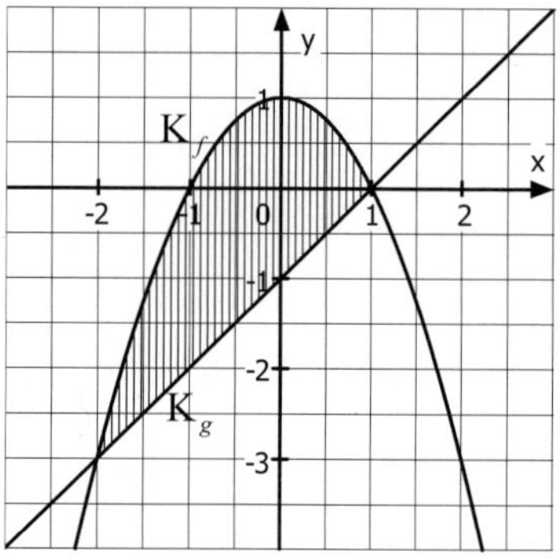

Ansatz

$$\mathbf{A} = \int_a^b \left(f(x) - g(x) \right) dx$$

Lösung

Rechte Grenze nach oben, linke nach unten ↘   *Oberer Funktions-term minus unterer Funktionsterm* ↙   *eventuell vereinfachen* ⟶   *aufleiten* ⟶

$$A = \int_{-2}^{1} \left((-x^2 + 1) - (x - 1) \right) dx = \int_{-2}^{1} \left(-x^2 - x + 2 \right) dx = \left[-\frac{1}{3}x^3 - \frac{1}{2}x^2 + 2x \right]_{-2}^{1}$$

$$= -\frac{1}{3} \cdot 1^3 - \frac{1}{2} \cdot 1^2 + 2 \cdot 1 - \left(-\frac{1}{3} \cdot (-2)^3 - \frac{1}{2} \cdot (-2)^2 + 2 \cdot (-2) \right) = 4{,}5 \text{ FE}$$

⟶ *Rechte und linke Grenze in Stammfunktion einsetzen, voneinander subtrahieren*

Merkregel

$$\mathbf{A} = \int_{\text{linke Grenze}}^{\text{rechte Grenze}} (\textbf{oberer Funktionsterm} - \textbf{unterer Funktionsterm})\, dx$$

Bemerkung (Lage zur x - Achse)

Bei einer Fläche, die zwischen zwei Schaubildern liegt, ist es hingegen völlig unerheblich, ob sich diese oberhalb oder unterhalb der x-Achse befindet.

2. Zusammengesetzte Fläche

Beispiel : Gegeben sind die Funktionen f mit $f(x)=\frac{1}{3}x^3-\frac{1}{6}x^2-\frac{5}{3}x$ und g mit $g(x)=-0,5x$. Welchen Inhalt besitzt die schraffierte Fläche?

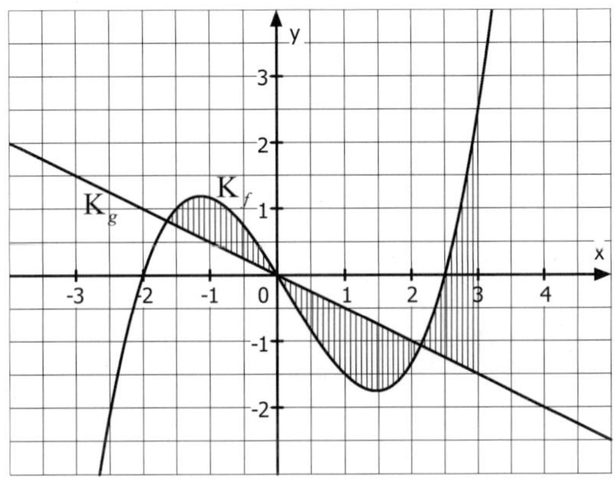

Vorgehen (am Beispiel)

1. Schnittstellen bestimmen

$f(x)=g(x) \;\rightarrow x_1\approx -1,64;\; x_2=0;\; x_3\approx 2,14$

2. Teilflächeninhalte bestimmen

$$A_1=\int_{-1,64}^{0}\left(f(x)-g(x)\right)dx\approx 0,72;$$

$$A_2=\int_{0}^{2,14}\left(g(x)-f(x)\right)dx\approx 1,47;$$

$$A_3=\int_{2,14}^{3}\left(f(x)-g(x)\right)dx\approx 1,47$$

3. Gesamtflächeninhalt bestimmen

$A=A_1+A_2+A_3\approx 0,72+1,47+1,47=3,66$ FE

Von Schnittstelle zu Schnittstelle integrieren!
Ansonsten werden positive und negative Flächeninhaltswerte zu einer **„Flächenbilanz"** verrechnet.

4.4 Berechnung des Rotationsvolumens: Fläche zwischen Schaubild und x-Achse rotiert um die x-Achse

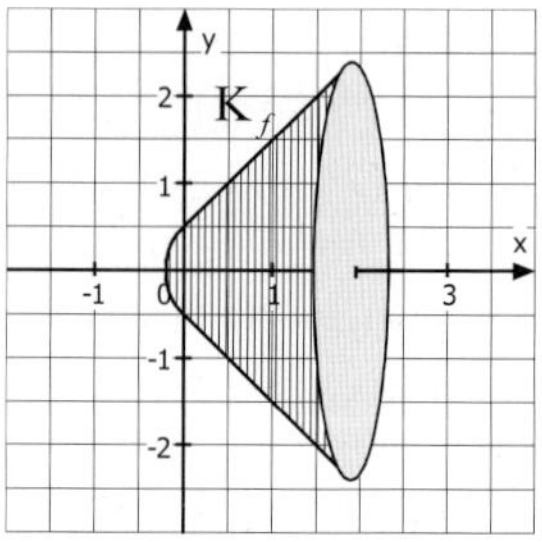

Beispiel

Gegeben ist die Funktion f mit $f(x) = x + 0,5$.
Deren Schaubild rotiert zwischen den beiden Grenzen $a = 0$ und $b = 2$ um die x-Achse.
Welches Volumen besitzt der entstehende Rotationskörper?

Ansatz

$$\mathbf{V}_{rot} = \pi \cdot \int_a^b (f(x))^2 \, dx$$

Lösung

Rechte Grenze nach oben, linke nach unten ↓ — *quadrieren, 1. Binomische Formel* ⟶ — *aufleiten* ⟶

$$\mathrm{V}_{rot} = \pi \cdot \int_0^2 \left((x+0,5)^2\right) dx = \pi \cdot \int_0^2 \left(x^2 + x + 0,25\right) dx = \pi \cdot \left[\frac{1}{3}x^3 + \frac{1}{2}x^2 + 0,25x\right]_0^2$$

$$= \pi \cdot \left(\frac{1}{3} \cdot 2^3 + \frac{1}{2} \cdot 2^2 + 0,25 \cdot 2 \; - \; (0)\right) = 16,23 \text{ VE}$$

⟶ *Rechte und linke Grenze in Stammfunktion einsetzen, voneinander subtrahieren*

www.mvurl.de/ahlh

4.5 Berechnung des Rotationsvolumens: Fläche zwischen zwei Schaubildern rotiert um die x-Achse

Beispiel

Gegeben sind die beiden Funktionen f mit $f(x)$ und g mit $g(x)$.
Die Fläche zwischen den beiden zugehörigen Schaubildern und den Grenzen $a = 0$ und $b = 2$ rotiert um die x-Achse.
Welches Vorgehen führt zum Volumen des entstehenden Rotationskörpers?

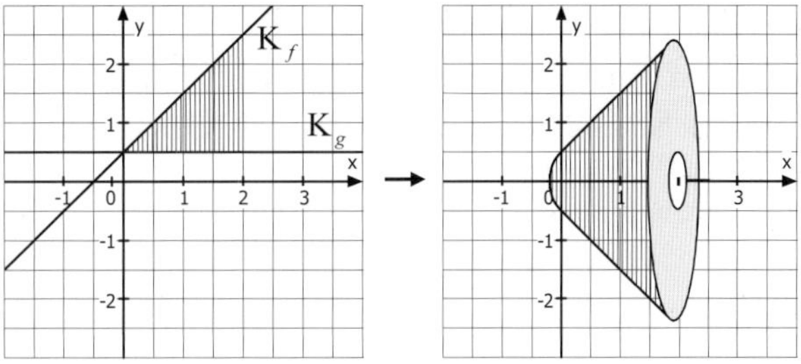

Vorgehen (am Beispiel)

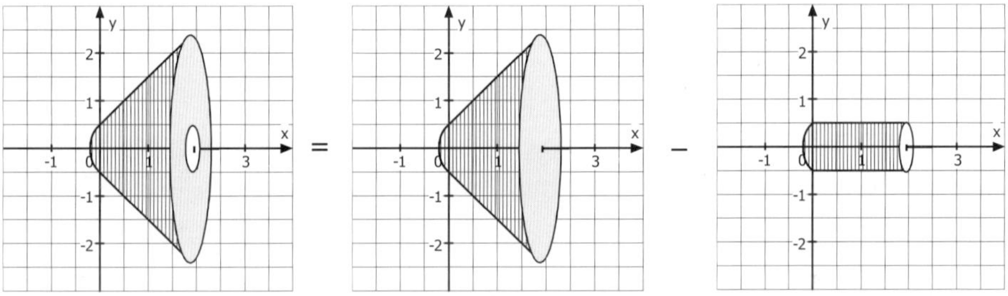

$$V_{rot} = V_{gesamt} - V_{„Hohlraum“}$$

$$= \pi \cdot \int_0^2 \left(f(x)\right)^2 dx - \pi \cdot \int_0^2 \left(g(x)\right)^2 dx$$

$$= \pi \cdot \int_0^2 \left(f(x)\right)^2 - \left(g(x)\right)^2 dx$$

$$\left(\neq \quad \pi \cdot \int_0^2 \left(f(x) - g(x)\right)^2 dx \quad \text{Falscher Ansatz!} \right)$$

4.6 Mittelwert (durchschnittlicher y-Wert) einer Funktion

Beispiel

Die Funktion f mit $f(x) = -10x^2 + 60x$ gibt zu jedem Zeitpunkt die momentane Geschwindigkeit eines Zuges während einer 6-stündigen Zugfahrt an. Welche **durchschnittliche Geschwindigkeit** hat der Zug von der 2. bis zur 5. Stunde?

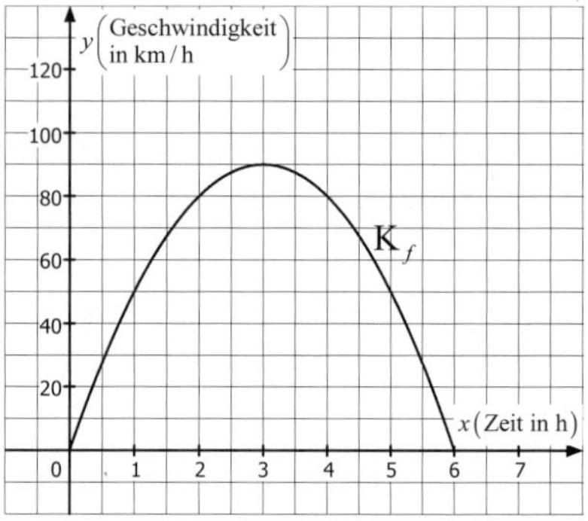

Ansatz

$$\overline{m} = \frac{1}{b-a} \cdot \int_a^b f(x)\,dx$$

Lösung

$$\overline{m} = \frac{1}{5-2} \cdot \int_2^5 \left(-10x^2 + 60x\right) dx = \frac{1}{3} \cdot \left[-\frac{10}{3}x^3 + \frac{60}{2}x^2 \right]_2^5$$

$$= \frac{1}{3} \cdot \left(-\frac{10}{3} \cdot 5^3 + \frac{60}{2} \cdot 5^2 \quad - \quad \left(-\frac{10}{3} \cdot 2^3 + \frac{60}{2} \cdot 2^2 \right) \right) = 80\,[\text{km/h}]$$

Bemerkungen

- Der Ansatz zur Berechnung der **mittleren (durchschnittlichen) Steigung** eines Schaubildes in einem bestimmten Bereich lautet:

$$\frac{1}{b-a} \cdot \int_a^b f'(x)\,dx \qquad \left(\text{alternativ über Sekantensteigung: } \frac{y_2 - y_1}{x_2 - x_1} = \frac{f(b) - f(a)}{b-a} \right)$$

- Der Ansatz zur Berechnung der **mittleren (durchschnittlichen) Abweichung** zwischen den y-Werten zweier Funktionen (bzw. des mittleren Abstandes der zugehörigen Schaubilder) in einem bestimmten Bereich lautet:

$$\frac{1}{b-a} \cdot \int_a^b \left| f(x) - g(x) \right| dx$$

4.7 Flächen, die bis ins Unendliche reichen (Uneigentliche Integrale)

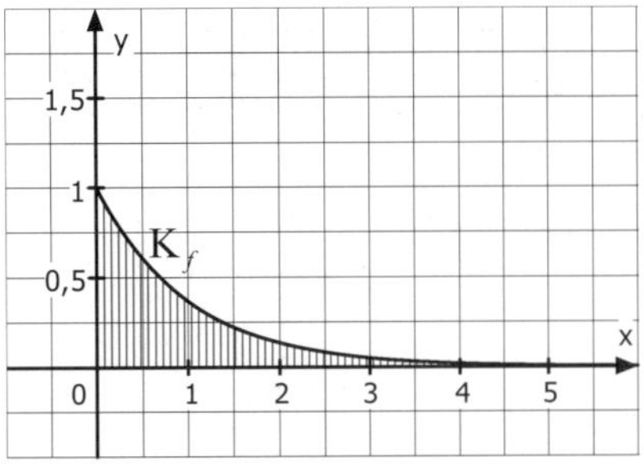

Beispiel

Der Inhalt der rechts offenen Fläche, die durch das Schaubild der Funktion f mit $f(x) = e^{-x}$ und die beiden Koordinatenachsen eingeschlossen wird, soll berechnet werden.

Problem : Schaubild schneidet die x-Achse nicht. Rechte Grenze liegt „unendlich weit rechts".

Vorgehen (am Beispiel)

1. Unbekannte Grenze mit z bezeichnen, damit Flächeninhalt A(z) bestimmen

$$\mathrm{A}(z) = \int_0^z \left(e^{-x}\right) dx = \left[-e^{-x}\right]_0^z = -e^{-z} - \left(-e^0\right) = -e^{-z} - (-1) = -e^{-z} + 1$$

2. A(z) untersuchen, wenn z gegen $+\infty$ strebt ($z \to +\infty$)

(z.B. $z = 1000 : \mathrm{A}(1000) = -e^{-10000} + 1 \approx 0 + 1 \approx 1$; „Nebenrechnung")

$z \to +\infty$: $\mathrm{A}(z) = -e^{-z} \quad +1 \to 0 + 1 = 1 \Rightarrow$ Flächeninhalt strebt gegen $1\ cm^2$

Ist es für Sie wirklich einsichtig, dass der Flächeninhalt weniger als $1\ cm^2$ beträgt, obwohl sich die Fläche unendlich weit nach rechts erstreckt? Falls nicht, können Sie das schnell ändern, indem Sie das nachfolgende Gedankenexperiment durchführen!

Gedankenexperiment

Mit einer Schere wird ein Blatt Papier halbiert.

Die obere Hälfte wird in ein Koordinatensystem gelegt.

Die untere Hälfte wird wiederum halbiert.

Deren obere Hälfte wird ebenfalls in das Koordinatensystem gelegt.

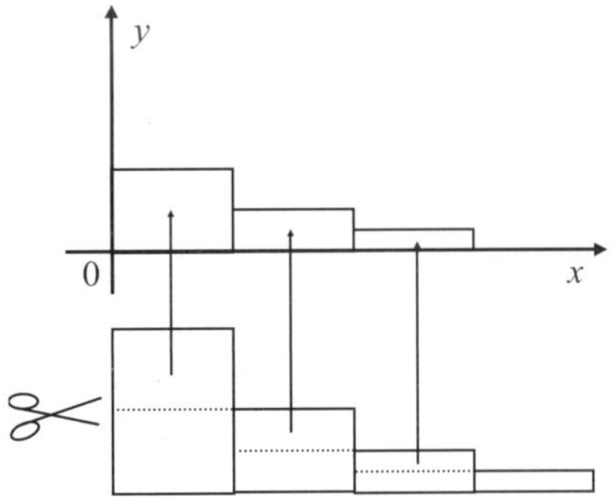

...

Nach und nach erhält man eine Fläche, welche der im oberen Koordinatensystem dargestellten Fläche ähnelt:
Die Höhe wird ebenfalls immer geringer und die Fläche erstreckt sich ebenfalls unendlich weit nach rechts. Man kann das Blatt ja (zumindest theoretisch) unendlich oft halbieren. Ist der Inhalt der Fläche unendlich groß?
Nein! Er kann niemals größer als die Fläche des Papierblattes sein!
Ebenso verhält es sich mit der oberen markierten Fläche.

5 Rosner - ISBN 978-3-8120-0383-4

5. Anwendungsorientierte Aufgaben

5.1 Bedeutungsmäßiger Zusammenhang von Funktion und Ableitungsfunktion

Anwendungsorientierte Aufgaben („Textaufgaben") thematisieren oftmals (zumindest sinngemäß) eine der nachfolgenden Problemstellungen.
Hierbei liegt der Aufgabenschwerpunkt oftmals auf dem bedeutungsmäßigen Zusammenhang zwischen Funktion und Ableitungsfunktion.

Bedeutung von $f(x)$	**Bedeutung von $f'(x)$**	**Bedeutung von $\int_a^b (f'(x))\,dx$**
Pflanzenhöhe (z.B. in m) in Abhängigkeit von der Zeit (z.B. in s)	Momentane Wachstumsgeschwindigkeit einer Pflanze (z.B. in m/s) in Abh. von der Zeit	Zunahme der Pflanzenhöhe zwischen zwei Zeitpunkten
Vorhandene Wassermenge (z.B. in l) in Abh. von der Zeit (z.B. in s)	Momentane Zu- bzw. Abflussgeschwindigkeit von Wasser (z.B. in l/s) in Abh. von der Zeit	Änderung der vorhandenen Wassermenge zwischen zwei Zeitpunkten
Zurückgelegte Wegstrecke (z.B. in m) in Abh. von der Zeit (z.B. in s)	Momentane Fahrtgeschwindigkeit eines Autos (z.B. in m/s) in Abh. von der Zeit	Zurückgelegte Wegstrecke zwischen zwei Zeitpunkten
Vorhandene Alkoholmenge im Blut (z.B. in g) in Abh. von der Zeit (z.B. in min)	Momentane Abbaugeschwindigkeit von Alkohol im Blut (z.B. in g/min) in Abh. von der Zeit	Änderung der vorhandenen Alkoholmenge im Blut zwischen zwei Zeitpunkten
Beschreibt die: **Aktuellen Werte der „interessierenden Größe"** in Abh. von einer anderen Größe	Beschreibt die: **Momentane Änderung der „interessierenden Größe"** in Abh. von einer anderen Größe	
Häufiges Merkmal: **„Einheit ohne Bruch" (z.B. m)**	Häufiges Merkmal: **„Einheit mit Bruch" (z.B. m/s)**	

Hinweis: Die obigen Zusammenhänge gelten natürlich auch zwischen Stammfunktion F(x) und der zugehörigen Funktion $f(x)$.

www.mvurl.de/bg5r

5.2 Von der Aufgabenformulierung zum Rechenansatz („Schlüsselwörter")

Da sich anwendungsorientierte Aufgaben auf alle Inhalte der Analysis beziehen können, ist es oftmals schwierig, von der Aufgabenformulierung zum zugehörigen Rechenansatz zu gelangen. Die nachfolgende Zusammenstellung soll Ihnen dabei helfen.

Aufgabenformulierung	Rechenansatz
Bestand zum Beobachtungsbeginn; Anfangsbestand; Startwert; …	$f(0)$
Bestand bzw. Wert zu einem bestimmten Zeitpunkt; …	gegebenen Zeitpunkt einsetzen: $f(x_0)$
Ab welchem bzw. bis zu welchem Zeitpunkt liegt mehr bzw. weniger als ein bestimmter Bestand vor; ein bestimmter Wert wird über- bzw. unterschritten; höher bzw. geringer als; …	$f(x) =$ Wert (gleichsetzen um zum Anfangs- bzw. Endzeitpunkt zu gelangen)
Momentane Änderungsrate; Änderung zu einem Zeitpunkt; steil bzw. flach; Steigung; …	$f'(x)$ bzw. $f'(x_0)$
kleinster (geringster) bzw. größter (höchster) Wert; …	Hoch- oder Tiefpunkt von K_f
größte Änderung; stärkster Zuwachs bzw. stärkste Abnahme; steilste Stelle; …	Wendepunkt von K_f bzw. Hoch oder Tiefpunkt von $K_{f'}$
Winkel; Steigungswinkel; …	$\tan\alpha = m$
Größter bzw. kleinster Flächeninhalt, Volumen, Abstand, Länge, ...	Extremwertaufgabe
Langfristig, über sehr langen Zeitraum; Grenzwert; … (bei *e*-Funktion)	Asymptote
gesamt; insgesamt; …	$\int_a^b f(x)\,dx$
mittlerer; durchschnittlicher; …	$\overline{m} = \frac{1}{b-a} \cdot \int_a^b (f(x))\,dx$
Volumen	$V_{rot} = \pi \cdot \int_a^b (f(x))^2\,dx$

www.mvurl.de/awwu

5.3 Exponentielles Wachstum und exponentieller Zerfall

Exponentielles Wachstum	**Exponentieller Zerfall**

Beispiel

Exponentielles Wachstum	Exponentieller Zerfall
Ein Geldbetrag von 500 EUR wird bei einer Bank zu einem Zinssatz von 5 % angelegt.	Von dem radioaktiven Jod 131 sind zu Beginn 7 mg vorhanden. Täglich zerfallen 8 % der vorhandenen Menge.

Funktionsterm $f(t) = B_0 \cdot a^t$ (ohne Basis e)

$\left(B_0\text{: Anfangsbestand } (= f(0));\ a\text{: Wachstums- bzw. Zerfallsfaktor}\right)$

Exponentielles Wachstum	Exponentieller Zerfall
$f(t) = 500 \cdot (1 + \frac{5}{100})^t = 500 \cdot 1{,}05^t \quad (a > 1)$	$f(t) = 7 \cdot (1 - \frac{8}{100})^t = 7 \cdot 0{,}92^t \quad (a < 1)$

Funktionsterm $f(t) = B_0 \cdot e^{k \cdot t}$ (mit Basis e)

Exponentielles Wachstum	Exponentieller Zerfall
$f(t) = 500 \cdot e^{\ln(1+\frac{5}{100}) \cdot t} = 500 \cdot e^{0{,}0488 \cdot t}$ $(k > 0)$	$f(t) = 7 \cdot e^{\ln(1-\frac{8}{100}) \cdot t} = 7 \cdot e^{-0{,}0834 \cdot t}$ $(k < 0)$

Schaubild

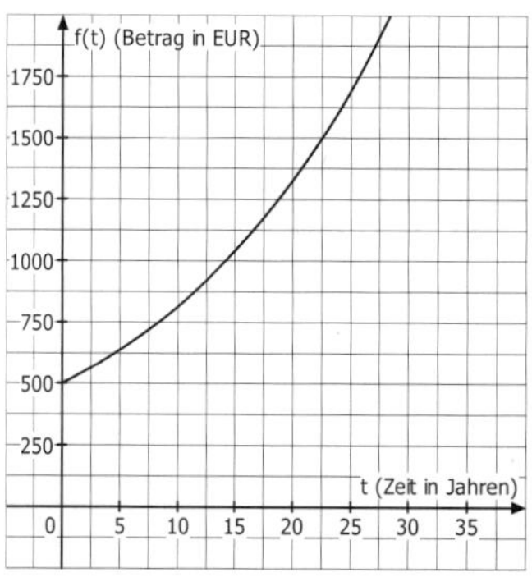

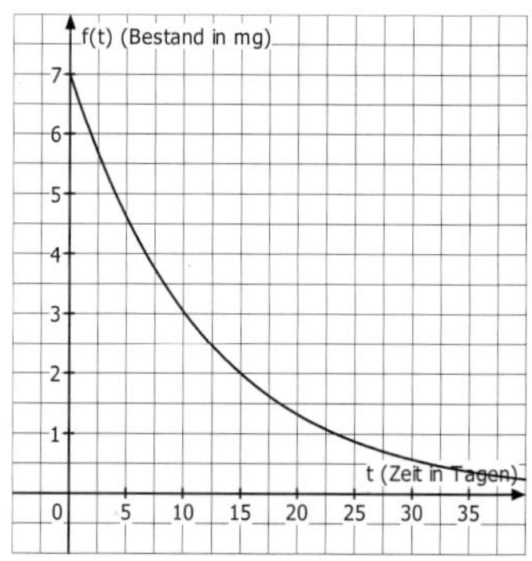

Verdopplungszeit	**Halbwertszeit**
$t_V = \frac{\ln(2)}{k} = \frac{\ln(2)}{0{,}0488} = 14{,}2 \text{ (Jahre)}$	$t_H = \frac{\ln(0{,}5)}{k} = \frac{\ln(0{,}5)}{-0{,}0834} = 8{,}31 \text{ (Tage)}$

Merkmal

Bestand ändert sich von Zeitschritt zu Zeitschritt stets um den gleichen Faktor $\left(\frac{f(t+1)}{f(t)} = a\right)$ bzw. Prozentsatz.

Asymptote

Exponentielles Wachstum	Exponentieller Zerfall
	x-Achse ist waagrechte Asymptote

www.mvurl.de/s97a

5.4 Kostentheorie

Beispiel: Bei der Produktion von x Mengeneinheiten (ME) hat ein Betrieb variable Kosten von $K_V(x) = 0{,}08x^3 - 2{,}4x^2 + 40x$. Unabhängig von der produzierten Menge fallen fixe Kosten in Höhe von $K_{fix} = 240$ € an. Jede ME des Produktes wird für $p = 48$ € verkauft.

Beteiligte Funktionen

- Gesamtkostenfunktion: $K(x) = 0{,}08x^3 - 2{,}4x^2 + 40x + 240 \quad (K(x) = K_V(x) + K_{fix})$
- Erlösfunktion: $E(x) = 48 \cdot x \quad (E(x) = p \cdot x)$

$\Rightarrow$ Gewinnfunktion: $G(x) = E(x) - K(x)$

$$= 48x - (0{,}08x^3 - 2{,}4x^2 + 40x + 240) = -0{,}08x^3 + 2{,}4x^2 + 8x - 240$$

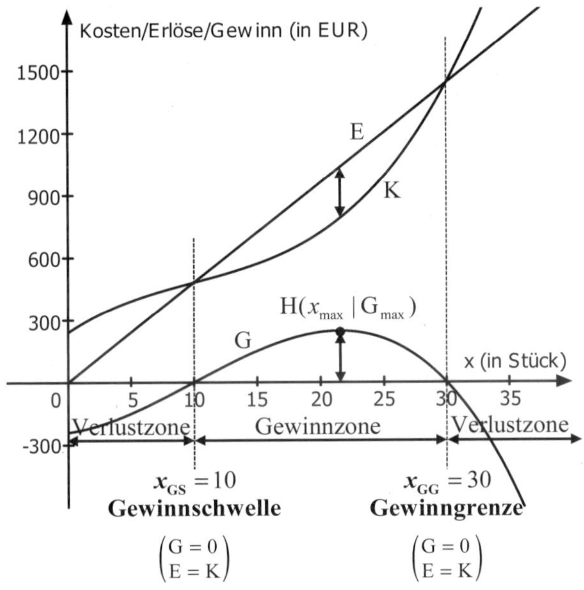

Beschreibung

- Die Schnittstellen der Schaubilder von Erlös- und Kostenfunktion (bzw. die Nullstellen der Gewinnfunktion) heißen Gewinnschwelle (x_{GS}) und Gewinngrenze (x_{GG}). Sie begrenzen die Gewinnzone des Betriebs.
- Am Hochpunkt des Schaubildes der Gewinnfunktion liegen die gewinnmaximale Verkaufsmenge (x_{max}) und der maximale Gesamtgewinn (G_{max}) vor.

Zusatz: Weitere Funktionen

- Grenzkostenfunktion: $K'(x) = 0{,}24x^2 - 4{,}8x + 40$ (gibt momentanen Kostenzuwachs an)
- Stückkostenfunktion: $k(x) = \dfrac{K(x)}{x} = 0{,}08x^2 - 2{,}4x + 40 + \dfrac{240}{x}$

www.mvurl.de/5is3

II. Grundlagen Stochastik 1

1. Baumdiagramm und Pfadregeln

1.1 Einführung

Beispiel 1: In einer Urne befinden sich 4 rote, 3 blaue und 2 grüne Kugeln. Es werden nacheinander 2 Kugeln entnommen. Mit welcher Wahrscheinlichkeit wird 2-mal die gleiche Farbe gezogen? Entnommene Kugeln werden hierbei …

a) … wieder zurückgelegt.
(Ziehen mit Zurücklegen)

b) … nicht wieder zurückgelegt.
(Ziehen ohne Zurücklegen)

1. Schritt: Baumdiagramm anlegen

a)

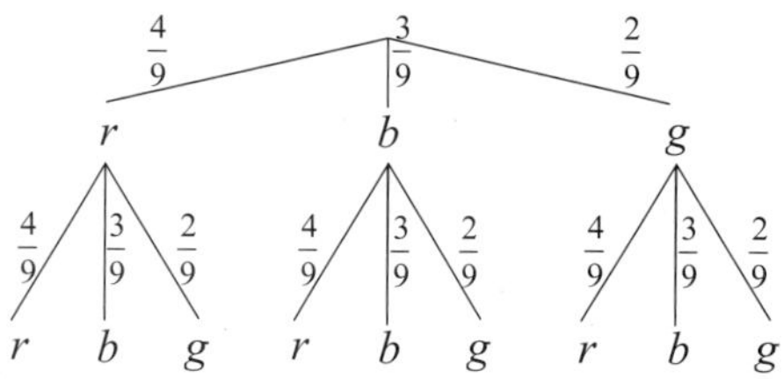

b)

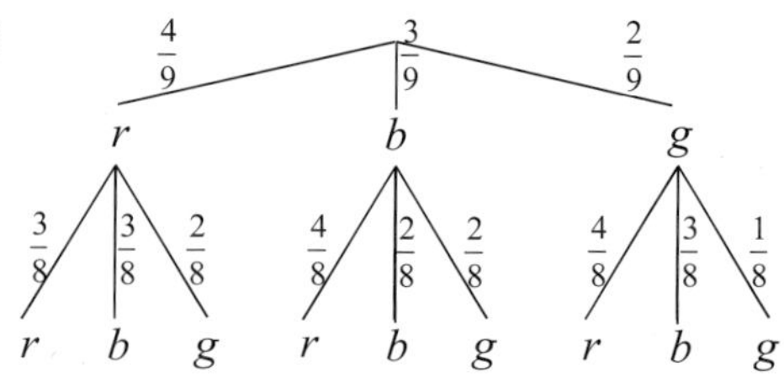

Hinweise

- Zu Beginn befinden sich 9 Kugeln in der Urne, von denen 4 rot sind. Dies führt zu einer Wahrscheinlichkeit von 4/9 für rot. (P = günstige/mögliche)
- Summe der Wahrscheinlichkeiten an jeder Verzweigung: 100 %
- **Ziehen ohne Zurücklegen:** Wahrscheinlichkeiten ändern sich hier von Stufe zu Stufe, abhängig davon: **Wie viele** Kugeln schon gezogen wurden (Änderung im **Nenner**) und **welche** Kugeln in den Vorstufen gezogen wurden (Änderung im **Zähler**).

2. Schritt: Ereignis definieren, welches alle gefragten Ergebnisse enthält

$$\mathrm{E} = \{rr; bb; gg\}$$

3. Schritt: Wahrscheinlichkeit des Ereignisses berechnen

a)

$$\mathrm{P(E)} = \mathrm{P}(rr) + \mathrm{P}(bb) + \mathrm{P}(gg)$$

$$= \frac{4}{9}\cdot\frac{4}{9} + \frac{3}{9}\cdot\frac{3}{9} + \frac{2}{9}\cdot\frac{2}{9} = \frac{29}{81} \approx 0{,}358$$

b)

$$\mathrm{P(E)} = \mathrm{P}(rr) + \mathrm{P}(bb) + \mathrm{P}(gg)$$

$$= \frac{4}{9}\cdot\frac{3}{8} + \frac{3}{9}\cdot\frac{2}{8} + \frac{2}{9}\cdot\frac{1}{8} = \frac{5}{18} \approx 0{,}278$$

- **Pfadaddition:** Ergebniswahrscheinlichkeiten aller zugehörigen Ergebnisse addieren.
- **Pfadmultiplikation:** Ergebniswahrscheinlichkeiten durch Multiplikation „entlang ihres Ergebnispfades“.

www.mvurl.de/lm2r

Beispiel 2: Beim Rundlauf (Mäxle) im Tischtennis stehen sich im Finale zwei Spieler gegenüber. Spieler 1 entscheidet mit einer Wahrscheinlichkeit von 60 % einen Ballwechsel für sich. Wer zuerst 2 Ballwechsel gewonnen hat, ist Sieger.
Mit welcher Wahrscheinlichkeit gewinnt Spieler 1 insgesamt?

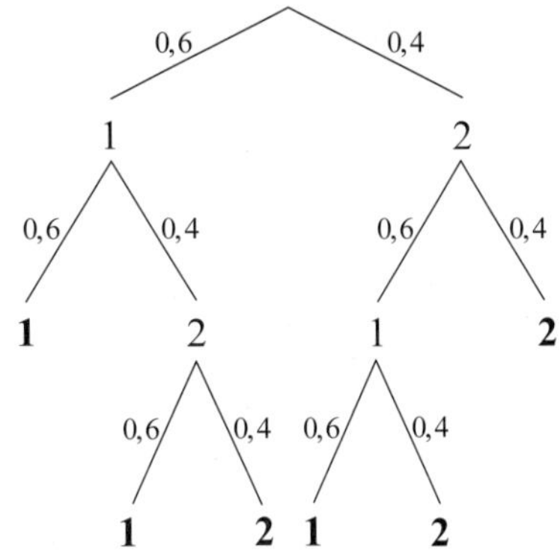

(Sieger)

$$E = \{11; 121; 211\}$$

$$\begin{aligned} P(E) &= P(11) + P(121) + P(211) \\ &= 0{,}6 \cdot 0{,}6 + 0{,}6 \cdot 0{,}4 \cdot 0{,}6 + 0{,}4 \cdot 0{,}6 \cdot 0{,}6 \\ &= 0{,}648 = 64{,}8\ \% \end{aligned}$$

Beispiel 3: In einem Paket befinden sich 11 Smartphones. 4 davon sind vom Hersteller Samsung (s). Für 70 % der Handys eines jeden Herstellers wird eine Flatrate (f) gebucht. Ein Smartphone wird blind entnommen. Mit welcher Wahrscheinlichkeit ist es nicht von Samsung und ohne Flatrate.

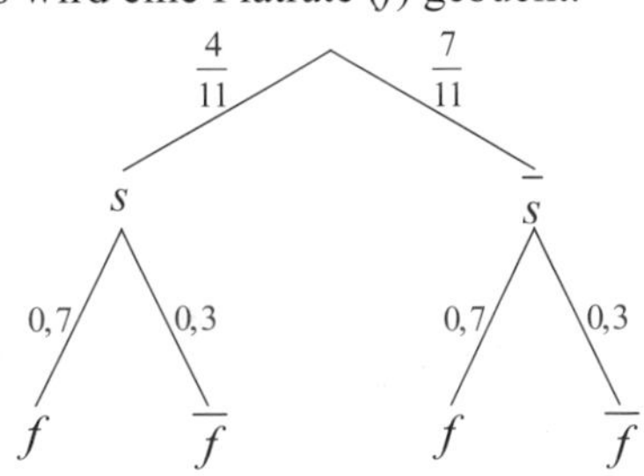

$$E = \{\overline{s}\overline{f}\}$$

$$P(E) = P(\overline{s}\overline{f}) = \frac{7}{11} \cdot 0{,}3 \approx 0{,}191 = 19{,}1\%$$

Beispiel 4: 30 % der 100 m-Läufer sind bei einem Wettkampf gedopt (g). Ein Dopingtest entlarvt gedopte Sportler mit einer Wahrscheinlichkeit von 99 %. Jedoch erhält auch ein nicht gedopter Sportler mit einer Wahrscheinlichkeit von 4 % ein positives Dopingtestergebnis (p). Mit welcher Wahrscheinlichkeit wird ein zufällig ausgewählter Läufer positiv getestet?

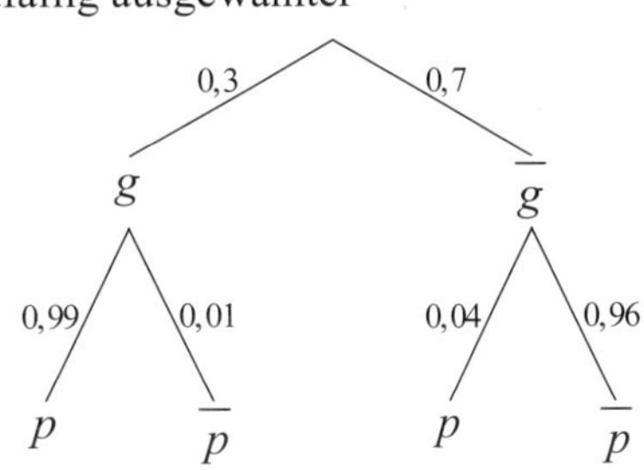

$$E = \{gp; \overline{g}p\}$$

$$\begin{aligned} P(E) &= P(gp) + P(\overline{g}p) \\ &= 0{,}3 \cdot 0{,}99 + 0{,}7 \cdot 0{,}04 = 0{,}325 = 32{,}5\% \end{aligned}$$

Weitere Beispiele und Aufbau der zugehörigen Baumdiagramme

Ziehen mit Zurücklegen

Beispiel 1 : Es befinden sich immer 10 Teile in einem Karton, von denen 3 Teile stets defekt sind. Es werden 7 Kartons geöffnet.

Anzahl Stufen : 7

Wahrscheinlichkeiten : $d:\frac{3}{10};\ \bar{d}:\frac{7}{10}$

Beispiel 2 : Ein Glücksrad mit 6 gleich großen Feldern (1 rotes Feld, 2 blaue Felder, 3 grüne Felder) wird 4-mal gedreht.

Anzahl Stufen : 4

Wahrscheinlichkeiten : $r:\frac{1}{6};\ b:\frac{2}{6};\ g:\frac{3}{6}$

Beispiel 3 : Ein Würfel wird 3-mal geworfen. (Oder: 3 Würfel werden gleichzeitig geworfen.)

Anzahl Stufen : 3

Wahrscheinlichkeiten : $1:\frac{1}{6};\ 2:\frac{1}{6};\ldots;6:\frac{1}{6}$

Beispiel 4 : Die Prüfung für den Autoführerschein besteht aus 18 Fragen. Bei jeder Frage gibt es 3 Antwortmöglichkeiten, von denen eine richtig ist. Der Prüfling rät.

Anzahl Stufen : 18

Wahrscheinlichkeiten : $r:\frac{1}{3};\ f:\frac{2}{3}$

Beispiel 5 : Ein Schütze schießt 3-mal. Er trifft mit einer Wahrscheinlichkeit von 75 %.

Anzahl Stufen : 3

Wahrscheinlichkeiten : $t:0{,}75;\ \bar{t}:0{,}25$

Ziehen ohne Zurücklegen

Beispiel 1 : Es befinden sich 10 Teile in einem Karton. 3 Teile davon sind defekt. Aus dem Karton werden 4 Teile entnommen.

Anzahl Stufen : 4

Wahrscheinlichkeiten : $d:\frac{3}{10};\ \bar{d}:\frac{7}{10}$
(nur 1. Stufe)

Beispiel 2 : In einer Lostrommel befinden sich 5 Gewinnlose und 25 Nieten. Es werden 4 Lose gezogen.

Anzahl Stufen : 4

Wahrscheinlichkeiten : $G:\frac{5}{30};\ N:\frac{25}{30}$
(nur 1. Stufe)

Beispiel 3 : Eine Rubbelkarte hat 16 Felder. Nur eines davon führt zu einem Gewinn. Ein Spieler rubbelt 3 Felder auf.

Anzahl Stufen : 3

Wahrscheinlichkeiten : $G:\frac{1}{16};\ N:\frac{15}{16}$
(nur 1. Stufe)

Beispiel 4 : Aus einem Skatkartenspiel mit jeweils 8 Karten der Farben Kreuz, Pik, Herz und Karo werden 2 Karten entnommen.

Anzahl Stufen : 2

Wahrscheinlichkeiten (nur 1. Stufe) :
$Kr:\frac{8}{32};\ P:\frac{8}{32};\ H:\frac{8}{32};\ Ka:\frac{8}{32}$

Tipp: Sind in der Aufgabenstellung Wahrscheinlichkeitsangaben **in Prozent** angegeben, so liegt meist **„Ziehen mit Zurücklegen"** vor.

1.2 Aufgabentypen

Den nachfolgenden 4 Aufgabentypen liegt die gleiche Ausgangssituation und damit das gleiche Baumdiagramm zugrunde.

Ausgangssituation (zu den Aufgabentypen 1-4)
In einer Urne befinden sich 5 rote, 4 blaue und 3 grüne Kugeln. Es werden 3 Kugeln ohne Zurücklegen entnommen.

Baumdiagramm

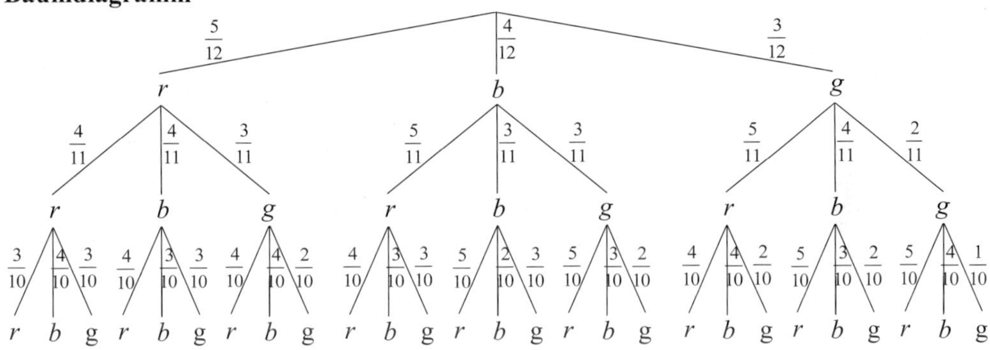

- **Aufgabentyp 1 (Vorgegebene Reihenfolge, also geordnet)**

Mit welcher Wahrscheinlichkeit werden <u>zunächst</u> eine rote Kugel <u>und dann</u> 2 blaue Kugeln gezogen?

$$\mathrm{E} = \{rbb\}$$

$$\mathrm{P}(\mathrm{E}) = \mathrm{P}(rbb) = \frac{5}{12} \cdot \frac{4}{11} \cdot \frac{3}{10} = \frac{1}{22} \approx 0{,}045 = 4{,}5\ \%$$

- **Aufgabentyp 2 (Ohne vorgegebene Reihenfolge, also ungeordnet)**

Mit welcher Wahrscheinlichkeit werden (mit einem Griff) eine rote und 2 blaue Kugeln gezogen?

$\mathrm{E} = \{rbb; brb; bbr\}$ (keine vorgegebene Reihenfolge, größere Ergebnismenge)

$$\mathrm{P}(\mathrm{E}) = \mathrm{P}(rbb) + \mathrm{P}(brb) + \mathrm{P}(bbr)$$

$$= \frac{5}{12} \cdot \frac{4}{11} \cdot \frac{3}{10} + \frac{4}{12} \cdot \frac{5}{11} \cdot \frac{3}{10} + \frac{4}{12} \cdot \frac{3}{11} \cdot \frac{5}{10}$$

$$= \mathbf{3} \cdot \left(\frac{5}{12} \cdot \frac{4}{11} \cdot \frac{3}{10} \right)$$ (**3** mögliche Umordnungen, alle mit gleicher Wahrscheinlichkeit)

$$= \frac{3}{22} = 0{,}136 = 13{,}6\ \%$$

- **Aufgabentyp 3 (mit dem Gegenereignis arbeiten)**

Mit welcher Wahrscheinlichkeit wird mindestens eine rote oder eine blaue Kugel gezogen? (Zur Ausgangssituation S. 75)

$\mathrm{E} = \{rrr; rrb; rrg; rbr; ...(\textbf{viele} \text{ weitere})\}$

Idee: Nur wenige Ergebnisse aus der Ergebnismenge gehören nicht zum Ereignis E. Das **Gegenereignis** ($\overline{\mathrm{E}}$: Nur grüne Kugeln) beinhaltet damit nur ein einziges Ergebnis, wodurch dessen Wahrscheinlichkeit schnell berechnet werden kann.

$\overline{\mathrm{E}} = \{ggg\}$

$$\mathrm{P}(\overline{\mathrm{E}}) = \mathrm{P}(ggg) = \frac{3}{12} \cdot \frac{2}{11} \cdot \frac{1}{10} = \frac{1}{220} \approx 0{,}0045 = 0{,}45\ \%$$

$$\mathbf{P(E)} = \mathbf{1 - P(\overline{E})} = 1 - \frac{1}{220} = \frac{219}{220} \approx 0{,}9955 = 99{,}55\ \%$$

> Falls die Signalwörter **„mindestens"** oder **„höchstens"** in Aufgabenstellungen enthalten sind, können diese oftmals mit dem **Gegenereignis** bearbeitet werden.

- **Aufgabentyp 4 (Baumdiagramm verkleinern)**

Mit welcher Wahrscheinlichkeit wird genau eine rote Kugel gezogen? (Zur Ausgangssituation S. 75)

$\mathrm{E} = \{rbb; rbg; rgb; rgg; brb; ...(\textbf{viele} \text{ weitere})\}$

Idee: Bei dieser Aufgabenstellung ist es nicht relevant, ob bei einem Zug eine blaue oder eine grüne Kugel gezogen wird. Es geht nur darum, ob die gezogene Kugel rot ist oder eben nicht. Deshalb können jene beiden Äste zu einem $\overline{r}$-Ast zusammengelegt werden. Hierdurch wird das Baumdiagramm kleiner.

$\mathrm{E} = \{(r\overline{r}\overline{r}); (\overline{r}r\overline{r}); (\overline{r}\overline{r}r)\}$

$$\begin{aligned}
\mathrm{P(E)} &= \mathrm{P}(r\overline{r}\overline{r}) + \mathrm{P}(\overline{r}r\overline{r}) + \mathrm{P}(\overline{r}\overline{r}r) \\
&= \frac{5}{12} \cdot \frac{7}{11} \cdot \frac{6}{10} + \frac{7}{12} \cdot \frac{5}{11} \cdot \frac{6}{10} + \frac{7}{12} \cdot \frac{6}{11} \cdot \frac{5}{10} \\
&= 3 \cdot \left(\frac{5}{12} \cdot \frac{7}{11} \cdot \frac{6}{10} \right) \\
&= \frac{21}{44} \approx 0{,}477 = 47{,}7\ \%
\end{aligned}$$

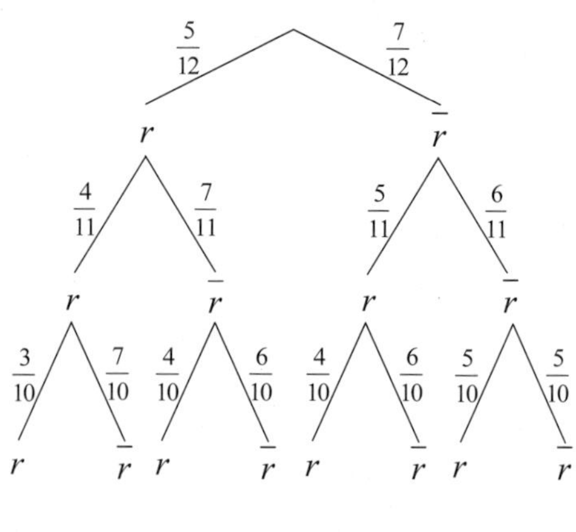

- **Aufgabentyp 5 („*Wie oft muss man mindestens …?*")**

In einer Urne befinden sich 5 rote und 7 blaue Kugeln. Entnommene Kugeln werden stets wieder zurückgelegt.

Wie oft muss man mindestens ziehen, damit die Wahrscheinlichkeit, mindestens eine rote Kugel zu ziehen, größer als 90 % ist?

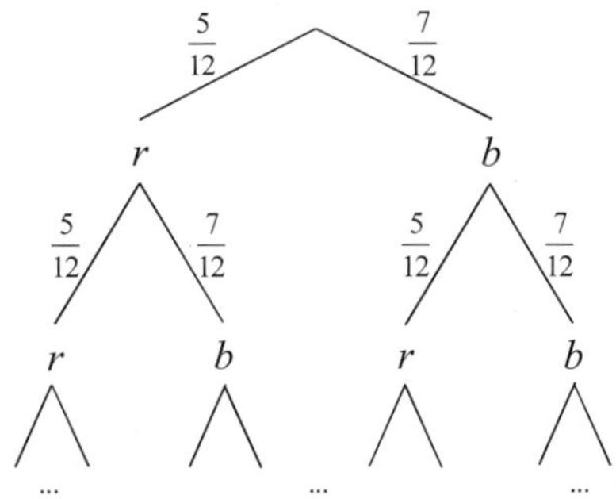

(unbekannte Anzahl an Stufen)

$\mathrm{E} = \{(rr...r);(rr...b);(rb...r);...$(**viele** weitere)$\}$

Idee: Nur ein Pfad am Baumdiagramm gehört nicht zum Ereignis. Das **Gegenereignis** ($\overline{\mathrm{E}}$: *Gar keine rote Kugel*) beinhaltet damit nur ein einziges Ergebnis: $\overline{\mathrm{E}} = \{(bb...b)\}$.

$$\mathrm{P}(\text{mind. ein Mal } r) > 0{,}9 \qquad \text{(Aufgabenstellung abschreiben)}$$

$$1 - \mathrm{P}(\text{kein Mal } r) > 0{,}9 \qquad \text{(Vorgehen über Gegenereignis)}$$

$$1 - \mathrm{P}(bb...b) > 0{,}9$$

$$1 - \left(\frac{7}{12}\right)^n > 0{,}9 \quad |-1$$

$$-\left(\frac{7}{12}\right)^n > -0{,}1 \quad |\cdot(-1) \qquad \text{(Mult. mit neg. Zahl: } > \to < \text{ (S. 33))}$$

$$\left(\frac{7}{12}\right)^n < 0{,}1 \quad |\ln \qquad \text{(ln( ), da Exponentialgleichung)}$$

$$\ln\left(\left(\frac{7}{12}\right)^n\right) < \ln(0{,}1)$$

$$n \cdot \ln\left(\left(\frac{7}{12}\right)\right) < \ln(0{,}1) \qquad \text{(Regel: } \ln(a^b) = b \cdot \ln(a)\text{)}$$

$$n \cdot (-0{,}539) < -2{,}303 \quad |:(-0{,}539) \qquad \text{(Division durch neg. Zahl: } < \to > \text{ (S. 33))}$$

$$n > 4{,}273$$

A: Mindestens 5-mal ziehen! (Immer Aufrunden!)

www.mvurl.de/8489

2. Bedingte Wahrscheinlichkeit, Unabhängigkeit, Vierfeldertafel

2.1 Bedingte Wahrscheinlichkeit $\left(\text{Formel: } \mathbf{P_B(A) = \frac{P(A \cap B)}{P(B)}}\right)$

Beispiel: Eine Münze wird 3-mal geworfen. Berechnen Sie die Wahrscheinlichkeit, dass genau ein Mal Zahl geworfen wird, wobei bekannt ist, dass im zweiten Wurf Wappen geworfen wird.

Vorgehen (am Beispiel)	
1. Erkennen, dass eine Aufgabe zur bedingten Wahrscheinlichkeit vorliegt.	Hilfsfrage: „Existiert Vorwissen über den Ausgang des Zufallsexperimentes? Können hierdurch eventuell Ergebnisse ausgeschlossen werden?“ **Vorwissen (Bedingung)** hier: „*Im zweiten Wurf Wappen*“. Ausschließbares Ergebnis: z.B. (*zzz*).
2. Vorwissen als Ereignis (B) darstellen und $P(B)$ berechnen.	B: *Wappen im zweiten Wurf* $B = \{(www);(wwz);(zww);(zwz)\}$ $P(B) = P(www) + P(wwz) + P(zww) + P(zwz)$ $= 0{,}5 \cdot 0{,}5 \cdot 0{,}5 + ... + 0{,}5 \cdot 0{,}5 \cdot 0{,}5$ (Baumdiagramm!) $= 0{,}5^3 + 0{,}5^3 + 0{,}5^3 + 0{,}5^3 = 0{,}5$
3. „Das Gesuchte“ als Ereignis (A) darstellen.	A: *Genau ein Mal Zahl* $A = \{(wwz);(wzw);(zww)\}$ (keine Berücksichtigung des Vorwissens, also auch (wzw)!)
4. $A \cap B$ bilden und $P(A \cap B)$ berechnen. ($\cap$: Ergebnisse, die in beiden Ereignissen enthalten sind.)	$A \cap B = \{(wwz);(zww)\}$ (gesuchte Ergebnisse, die unter Berücksichtigung des Vorwissens möglich sind) $P(A \cap B) = P(wwz) + P(zww) = 0{,}5^3 + 0{,}5^3 = 0{,}25$
5. Formel $P_B(A) = \frac{P(A \cap B)}{P(B)}$ anwenden.	$P_B(A) = \frac{P(\{(wwz);(zww)\})}{P(\{(www);(wwz);(zww);(zwz)\})}$ $= \frac{0{,}25}{0{,}5} = 0{,}5 = 50\ \%$

Merkformel

$$\mathbf{P_{Vorwissen}(gesucht) = \frac{P(\text{entspricht Vorwissen und gesucht})}{P(Vorwissen)}}$$

www.mvurl.de/z1s1

Zu: 1. Erkennen, dass eine Aufgabe zur bedingten Wahrscheinlichkeit vorliegt.

Die Schwierigkeit bei Aufgaben zur bedingten Wahrscheinlichkeit besteht oftmals darin, diese überhaupt als solche zu entlarven und nicht mit „üblichen Baumaufgaben“ zu verwechseln. Hierbei muss das Merkmal solcher Aufgaben, nämlich die Existenz von Vorwissen, erkannt werden.
Es gibt mehrere **grammatikalische Formulierungen**, die den Aufgabenbearbeiter über vorhandenes Vorwissen informieren sollen.

Beispiel (siehe Vorseite)

gesuchtes Ereignis

Berechnen Sie die Wahrscheinlichkeit dafür, dass genau ein Mal Zahl geworfen wird, **wobei bekannt ist, dass** im zweiten Wurf Wappen geworfen wird.

grammatikalische Formulierung Vorwissen (Bedingung)

Weitere grammatikalische Formulierungen für die bedingte Wahrscheinlichkeit

Berechnen Sie die Wahrscheinlichkeit dafür, dass genau ein Mal Zahl geworfen wird, **wenn man weiß, dass** im zweiten Wurf Wappen geworfen wird.

Berechnen Sie die Wahrscheinlichkeit dafür, dass genau ein Mal Zahl geworfen wird, **falls** im zweiten Wurf Wappen geworfen wird.

Berechnen Sie die Wahrscheinlichkeit dafür, dass genau ein Mal Zahl geworfen wird, **wenn** im zweiten Wurf Wappen geworfen wird.

Im zweiten Wurf wird Wappen geworfen. **(Vorwissen in eigenem Satz.)**
Berechnen Sie die Wahrscheinlichkeit dafür, dass genau ein Mal Zahl geworfen wird.

Achtung: Keine bedingte Wahrscheinlichkeit bei Formulierungen mit „und“

Formulierungen mit **„und“** deuten auf eine Aufgabenstellung ohne eine bedingte Wahrscheinlichkeit hin.

Beispiel: Eine Münze wird 3-mal geworfen. Berechnen Sie die Wahrscheinlichkeit dafür, dass genau ein Mal Zahl **und** im zweiten Wurf Wappen geworfen wird.

$$\mathrm{P} = \mathrm{P}(wwz) + \mathrm{P}(zww) = 0{,}5^3 + 0{,}5^3 = 0{,}25$$

2.2 Unabhängigkeit (Testgleichung: $\mathbf{P(A \cap B) = P(A) \cdot P(B)}$)

Abhängige Ereignisse	Unabhängige Ereignisse
Beispiel Eine Münze wird 2-mal geworfen. A: *Im ersten Wurf erscheint Wappen* B: *In beiden Würfen erscheint Wappen* Sind die beiden Ereignisse abhängig oder unabhängig?	**Beispiel** Eine Münze wird 2-mal geworfen. A: *Im ersten Wurf erscheint Wappen* B: *Im zweiten Wurf erscheint Wappen* Sind die beiden Ereignisse abhängig oder unabhängig?
Rechnerische Lösung **1. $\mathbf{P(A)}$ bestimmen** $A = \{(WZ);(WW)\}$ $P(A) = P(WZ) + P(WW) = 0{,}5 \cdot 0{,}5 + 0{,}5 \cdot 0{,}5 = 0{,}5$ (Baumdiagramm!) **2. $\mathbf{P(B)}$ bestimmen** $B = \{(WW)\}$ $P(B) = P(WW) = 0{,}5 \cdot 0{,}5 = 0{,}25$ **3. $\mathbf{P(A \cap B)}$ bestimmen** $A \cap B = \{(WW)\}$ $P(A \cap B) = P(WW) = 0{,}5 \cdot 0{,}5 = 0{,}25$ **4. Test: $\mathbf{P(A \cap B) = P(A) \cdot P(B)}$** $0{,}25 \neq 0{,}5 \cdot 0{,}25$ $0{,}25 \neq 0{,}125$ Gleichung ist **nicht erfüllt**, somit sind A und B **abhängig!**	**Rechnerische Lösung** **1. $\mathbf{P(A)}$ bestimmen** $A = \{(WZ);(WW)\}$ $P(A) = P(WZ) + P(WW) = 0{,}5 \cdot 0{,}5 + 0{,}5 \cdot 0{,}5 = 0{,}5$ (Baumdiagramm!) **2. $\mathbf{P(B)}$ bestimmen** $B = \{(ZW);(WW)\}$ $P(B) = P(ZW) + P(WW) = 0{,}5 \cdot 0{,}5 + 0{,}5 \cdot 0{,}5 = 0{,}5$ **3. $\mathbf{P(A \cap B)}$ bestimmen** $A \cap B = \{(WW)\}$ $P(A \cap B) = P(WW) = 0{,}5 \cdot 0{,}5 = 0{,}25$ **4. Test: $\mathbf{P(A \cap B) = P(A) \cdot P(B)}$** $0{,}25 = 0{,}5 \cdot 0{,}5$ $0{,}25 = 0{,}25$ Gleichung ist **erfüllt**, somit sind A und B **unabhängig!**
Intuitive Lösung Wenn beispielsweise das Ereignis A nicht eintritt, weil im ersten Wurf Zahl erscheint, kann das Ereignis B ebenfalls nicht mehr eintreten.	**Intuitive Lösung** Ob im ersten Wurf Wappen erscheint (oder nicht) steht in keinem Zusammenhang damit, dass im zweiten Wurf Wappen erscheint.
Merkmal: Zusammenhang existiert	**Merkmal: Kein Zusammenhang**

www.mvurl.de/a3rb

2.3 Vierfeldertafel

Grundregel: Zeilen- und Spaltenaddition

Beispiel 1

Über die Personen, die in einer Stadt wohnen, ist bekannt:

- 41 % der Personen sind groß;
- 45 % der Personen sind männlich;
- 6 % der Personen sind groß und weiblich.

Für eine Verlosung wird eine Person zufällig ausgewählt.

Mit welcher Wahrscheinlichkeit ist diese klein und weiblich?

Geschlecht

Größe	m	$\overline{m}$	
g		0,06	0,41
$\overline{g}$			
	0,45		1

...	+	...	=	...
+		+		+
...	+	...	=	...
=		=		=
...	+	...	=	1

Geschlecht

Größe	m	$\overline{m}$	
g	0,35	0,06	0,41
$\overline{g}$	0,10	**0,49**	0,59
	0,45	0,55	1

Lösung: $P(\overline{g}\,\overline{m}) = \mathbf{0{,}49}$

Zusatzregel bei Unabhängigkeit: P(außen) · P(außen) = P(innen)

Beispiel 2

Über die Personen, die in einer Stadt wohnen, ist bekannt:

- 41 % der Personen sind groß;
- 52 % der Personen haben dunkles Haar;
- **Information: Größe und Haarfarbe sind voneinander unabhängig.**

Für eine Verlosung wird eine Person zufällig ausgewählt.

Mit welcher Wahrscheinlichkeit ist diese klein und besitzt helles Haar?

Haarfarbe

Größe	d	$\overline{d}$	
g			0,41
$\overline{g}$			
	0,52		1

Zusatzregel

P(außen) · P(außen) = P(innen)

Haarfarbe

Größe	d	$\overline{d}$	
g	0,21 $(=0{,}41\cdot 0{,}52)$	0,20 $(=0{,}41\cdot 0{,}48)$	0,41
$\overline{g}$	0,31 $(=0{,}59\cdot 0{,}52)$	**0,28** $(=0{,}59\cdot 0{,}48)$	0,59
	0,52	0,48	1

Lösung: $P(\overline{g}\,\overline{d}) = \mathbf{0{,}28}$

6 Rosner - ISBN 978-3-8120-0383-4

www.mvurl.de/qev9

2.4 Zusammenhänge und Vernetzung

Bei Aufgabenstellungen, bei denen 2 Merkmale, wie beispielsweise Größe und Geschlecht (Beispiel 1, S. 81), in jeweils 2 Ausprägungen vorkommen, besteht oftmals das Problem zu entscheiden, ob eine Vierfeldertafel oder ein 2-stufiger Wahrscheinlichkeitsbaum zur Bearbeitung verwendet werden soll.
Hierfür muss erkannt werden, welche **Typen von Wahrscheinlichkeitsangaben** in der Aufgabenstellung gegebenen sind und an welchen **Positionen** diese in der Vierfeldertafel bzw. im Wahrscheinlichkeitsbaum stehen.
Es muss dann das Instrument vorgezogen werden, für welches eine ausreichende Menge an Wahrscheinlichkeitsangaben vorhanden ist.

Zum Beispiel 1 (S. 81)

Größe \ *Geschlecht*	m	$\overline{m}$	
g	$P(gm)$	$P(g\overline{m})$	$P(g)$
$\overline{g}$	$P(\overline{g}m)$	$P(\overline{g}\overline{m})$	$P(\overline{g})$
	$P(m)$	$P(\overline{m})$	1

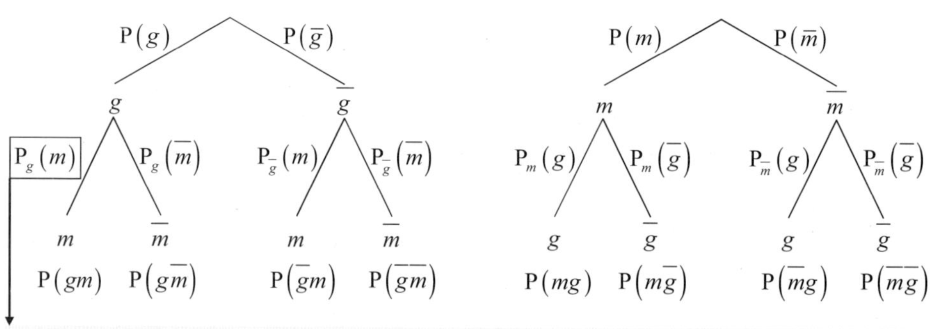

Weshalb steht auf der zweiten Stufe eine bedingte Wahrscheinlichkeit?
Wie bisher muss in einem Baumdiagramm an dieser Stelle die Wahrscheinlichkeit stehen, dass eine Person, von der man weiß, dass sie groß ist (sonst: anderer Ast), männlich ist. Dass die Person groß ist, kann jedoch als **Vorwissen** interpretiert werden. Somit liegt eigentlich eine bedingte Wahrscheinlichkeitsangabe vor.
Aber: Dies hat keine Auswirkung auf den Umgang mit dem Baumdiagramm. Sie wissen nun lediglich, von welcher Art diese Wahrscheinlichkeitsangabe ist!

www.mvurl.de/et99

Typen von Wahrscheinlichkeitsangaben	Position
1. Typ: Eigenschaftswahrscheinlichkeit **Schreibweise:** $P(g), P(\overline{g}), P(m), P(\overline{m})$ **Interpretation:** z.B. $P(g) = 0{,}41 \rightarrow$ Zu 41 % ist die ausgewählte Person groß **Merkmale:** 1. Es geht nur um eine Eigenschaft (z.B. Größe) 2. Angabe bezieht sich auf die gesamte Grundmenge (alle Personen)	**Vierfeldertafel:** Außerhalb **Baumdiagramm:** Auf der ersten Stufe
2. Typ: Bedingte Wahrscheinlichkeit **Schreibweise:** $P_g(m), P_g(\overline{m}), ..., P_{\overline{m}}(\overline{g})$ **Interpretation:** z.B. $P_g(m) = 0{,}854 \rightarrow$ Wenn die ausgewählte Person groß ist, ist sie zu 85,4 % männlich **Merkmale:** 1. Es geht um beide Eigenschaften (Größe und Geschlecht) 2. Angabe bezieht sich nur auf einen Teil der Grundmenge (nur die großen Personen)	**Vierfeldertafel:** !! Nicht vorhanden !! **Baumdiagramm:** Auf der zweiten Stufe
3. Typ: Ergebniswahrscheinlichkeit **Schreibweise:** $P(gm), P(\overline{g}m), ..., P(\overline{m}\overline{g})$ **Interpretation:** z.B. $P(g\overline{m}) = 0{,}06 \rightarrow$ Zu 6 % ist die ausgewählte Person groß und weiblich **Merkmale:** 1. Es geht um beide Eigenschaften (Größe und Geschlecht) 2. Angabe bezieht sich auf die gesamte Grundmenge (alle Personen)	**Vierfeldertafel:** In den Innenfeldern **Baumdiagramm:** Ergebnis der Pfadmultiplikation („Baumblätter")

Beispiel 1

Die Schüler einer Klasse bereiten sich auf eine Klausur in Mathematik vor. Der Mathematiklehrer der Klasse weiß aus Erfahrung:

63 % der Schüler haben den Stoff verstanden;
Ein Schüler, der den Stoff verstanden hat, erreicht mit einer Wahrscheinlichkeit von 69 % ein positives Ergebnis;
Ein Schüler, der den Stoff nicht verstanden hat, erreicht hingegen nur mit einer Wahrscheinlichkeit von 28 % ein positives Ergebnis.

Ein Schüler dieser Klasse wird zufällig ausgewählt. Mit welcher Wahrscheinlichkeit erreicht er kein positives Ergebnis?

Lösung

Bezeichnungen

v: Schüler hat Stoff verstanden; $\overline{v}$: Schüler hat Stoff nicht verstanden

p: Schüler erreicht pos. Ergebnis; $\overline{p}$: Schüler erreicht kein pos. Ergebnis

Gegebene Typen von Wahrscheinlichkeitsangaben

$P(v) = 0,63$: Eigenschaftswahrscheinlichkeit (nur Eigenschaft „Stoff verstanden")

$P_v(p) = 0,69$: Bed. Wahrscheinlichkeit (nur von Schülern mit „Stoff verstanden")

$P_{\overline{v}}(p) = 0,28$: Bed. Wahrscheinlichkeit (nur von Schülern mit „Stoff nicht verstanden")

Besser: Baumdiagramm

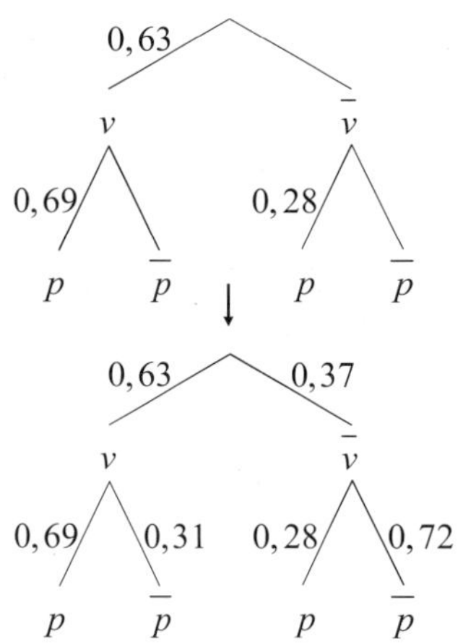

$$P(\overline{p}) = P(v\overline{p}) + P(\overline{v}\overline{p}) = 0,63 \cdot 0,31 + 0,37 \cdot 0,72 = 0,46$$

Vierfeldertafel

	p	$\overline{p}$	
v			0,63
$\overline{v}$			
			1

Problem: Die bedingten Wahrscheinlichkeiten können nicht direkt eingetragen werden

www.mvurl.de/2s3d

Beispiel 2

Die Schulleitung eines beruflichen Gymnasiums erhebt an einem Schultag die folgenden Daten:

40 % der Schüler kamen mit dem Auto in die Schule;
87 % der Schüler erschienen pünktlich im Unterricht;
5 % der Schüler kamen nicht mit dem Auto und erschienen unpünktlich im Unterricht.

Mit welcher Wahrscheinlichkeit trifft man an diesem Schultag zufällig auf einen Schüler, der mit dem Auto in die Schule kam und pünktlich im Unterricht erschien?

Lösung

Bezeichnungen

a: Schüler kam mit Auto; $\overline{a}$: Schüler kam nicht mit Auto
p: Schüler war pünktlich; $\overline{p}$: Schüler war unpünktlich

Gegebene Typen von Wahrscheinlichkeitsangaben

$P(a) = 0,4$: Eigenschaftswahrscheinlichkeit (nur Eigenschaft „kam mit Auto")
$P(p) = 0,87$: Eigenschaftswahrscheinlichkeit (nur Eigenschaft „kam pünktlich")
$P(\overline{a}\,\overline{p}) = 0,05$: Ergebniswahrscheinlichkeit (beide Eigenschaften; von allen Schülern)

Baumdiagramm

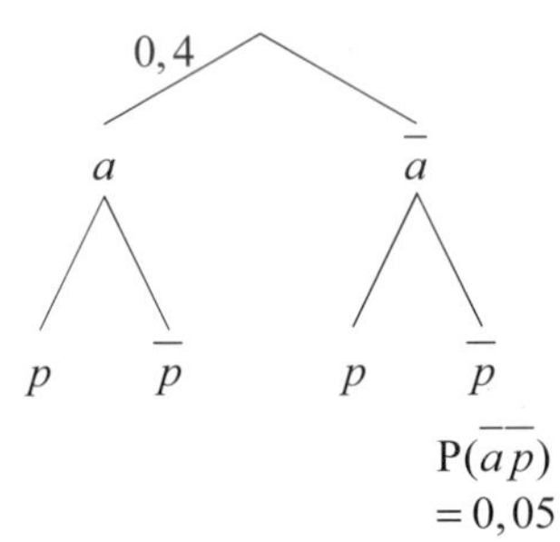

Problem: $P(p) = 0,87$ kann nicht direkt eingetragen werden

Besser: Vierfeldertafel

	p	$\overline{p}$	
a			0,40
$\overline{a}$		0,05	
	0,87		1

↓

	p	$\overline{p}$	
a	**0,32**	0,08	0,40
$\overline{a}$	0,55	0,05	0,60
	0,87	0,13	1

$\Rightarrow P(ap) = \mathbf{0,32}$

Spezialfall : Unabhängige Eigenschaften

Beispiel (entspricht Beispiel 2 auf S. 81)

Über die Personen, die in einer Stadt wohnen, ist bekannt:
- 41 % der Personen sind groß;
- 52 % der Personen haben dunkles Haar;
- Größe und Haarfarbe sind voneinander unabhängig.

Berechnung (mit den Werten aus der Vierfeldertafel auf S. 81)
$P_g(d) = P_{\bar{g}}(d) = P(d) = 0{,}52$

Interpretation
Es haben also sowohl 52 % aller Personen, als auch aller großen und aller kleinen Personen, dunkles Haar. Für die Wahrscheinlichkeit, dass eine zufällig ausgewählte Person dunkles Haar besitzt, ist somit das Vorwissen, dass diese groß (oder klein) ist, völlig unerheblich. Sie beträgt stets 52 %.

Ergebnis
Bei voneinander **unabhängigen Eigenschaften** ist Vorwissen unerheblich.
Damit werden **bedingte Wahrscheinlichkeiten zu Eigenschaftswahrscheinlichkeiten :**
$\mathbf{P_{\not g}(d) = P_{\bar{\not g}}(d) = P(d)}$.

Folgen für das Baumdiagramm

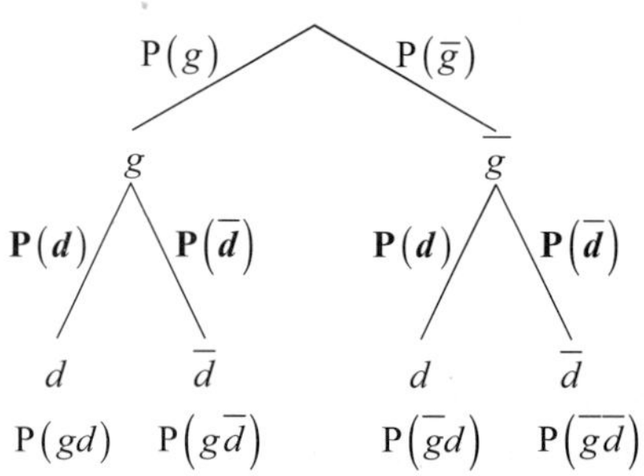

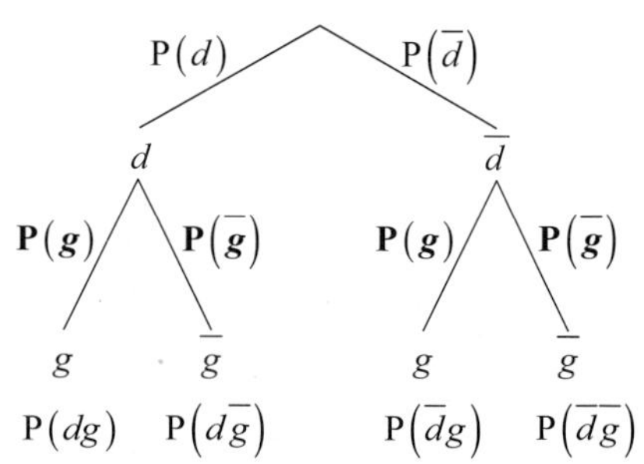

2. Stufe : • **Eigenschaftswahrscheinlichkeiten** statt bedingter Wahrscheinlichkeiten
• **Gleiche Werte** bei beiden Ästen

www.mvurl.de/6vvr

Beispiel 3

60 % der Bewerber eines Unternehmens sind weiblich. 21 % aller Bewerber werden eingestellt. Außerdem gibt das Unternehmen an, dass die beiden Eigenschaften Einstellungschance und Geschlecht unabhängig voneinander sind.

Ein Bewerber wird zufällig ausgewählt. Mit welcher Wahrscheinlichkeit ist er männlich und wird nicht eingestellt?

Lösung

Bezeichnungen

w: Bewerber ist weiblich; $\overline{w}$: Bewerber ist männlich

e: Bewerber wird eingestellt; $\overline{e}$: Bewerber wird nicht eingestellt

Gegebene Typen von Wahrscheinlichkeitsangaben

$P(w) = 0,6$: Eigenschaftswahrscheinlichkeit (nur Eigenschaft „weiblich")
$P(e) = 0,21$: Eigenschaftswahrscheinlichkeit (nur Eigenschaft „eingestellt")

Möglich: Baumdiagramm

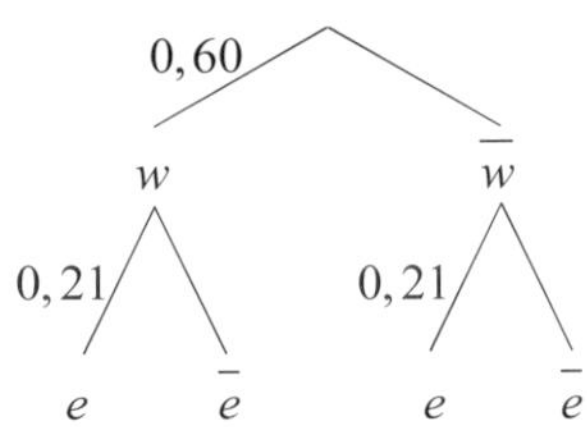

Wegen Unabhängigkeit steht $P(e) = 0,21$ auf 2. Stufe bei beiden Ästen.

↓

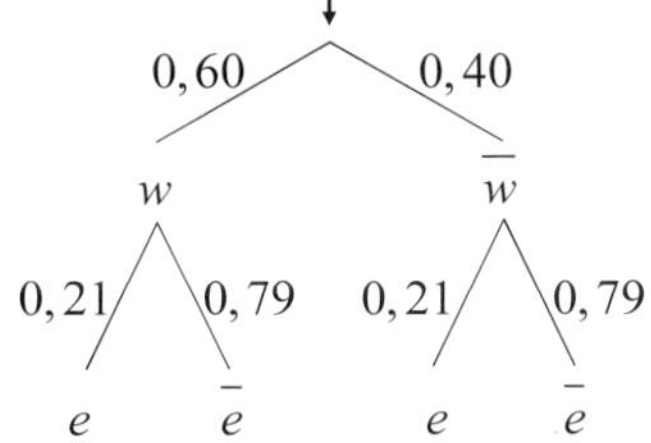

$\Rightarrow P(\overline{w}\,\overline{e}) = 0,4 \cdot 0,79 = 0,32$

Möglich: Vierfeldertafel

	e	$\overline{e}$	
w			0,60
$\overline{w}$			
	0,21		1

Wegen Unabhängigkeit kann die Regel:
P(außen) · P(außen) = P(innen)
genutzt werden.

↓

	e	$\overline{e}$	
w	0,13 $(= 0,60 \cdot 0,21)$	0,47 $(= 0,60 \cdot 0,79)$	0,60
$\overline{w}$	0,08 $(= 0,40 \cdot 0,21)$	**0,32** $(= 0,40 \cdot 0,79)$	0,40
	0,21	0,79	1

$\Rightarrow P(\overline{w}\,\overline{e}) = \mathbf{0,32}$

3. Kombinatorik

3.1 Einführung: Kombinatorische Hilfsmittel

Wozu dienen kombinatorische Hilfsmittel?
Eigentlich ist das Vorgehen zur Berechnung von Wahrscheinlichkeiten doch recht einfach: Zunächst wird ein Baumdiagramm angefertigt, dann werden die Pfadaddition und Pfadmultiplikation angewendet.
Eine gewisse Schwierigkeit kommt jedoch oft hierdurch in die Problemstellungen, dass das Zufallsexperiment „vergrößert" wird, indem beispielsweise mehr Möglichkeiten pro Stufe oder mehr Stufen geschaffen werden. Oftmals ist es dann nicht mehr möglich, ein Baumdiagramm anzufertigen und aus diesem alle relevanten Ergebnisse herauszusuchen. Hier sind kombinatorische Formeln sehr zeitsparend, in manchen Fällen sogar unabdingbar.

Kombinatorisches Hilfsmittel 1: Fakultät $(n!)$

Voraufgabe 1: Wie viele Möglichkeiten gibt es eine schwarze, eine graue und eine weiße Kugel auf die 3 Plätze zu verteilen?

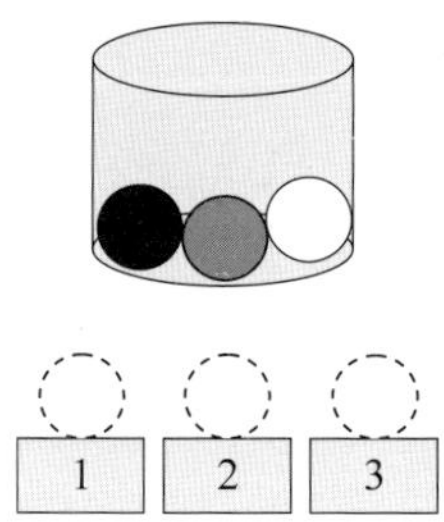

Lösung (ohne Herleitung)
Es gibt $3! = 3 \cdot 2 \cdot 1 = 6$ Möglichkeiten

CASIO
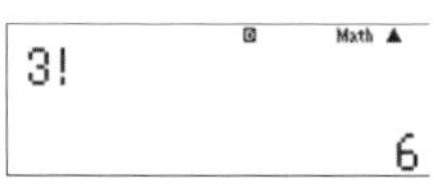

TI
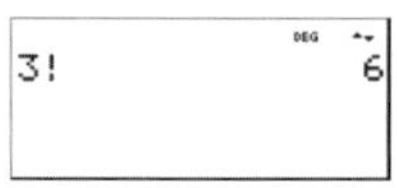

Vorgehen
$\mathbf{(Anz.\ Kugeln\ insgesamt)!}$ bzw. $\boldsymbol{n!}$

Kombinatorisches Hilfsmittel 2: Der Binomialkoeffizient $\binom{n}{k}$

Voraufgabe 2: Wie viele Möglichkeiten gibt es, 3 schwarze und 2 weiße Kugeln auf die 5 Plätze zu verteilen?

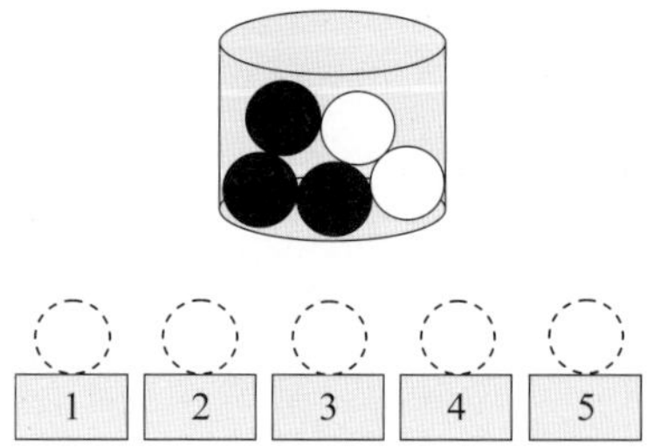

Lösung (ohne Herleitung)
Es gibt $\binom{5}{3} = 10$ Möglichkeiten

CASIO
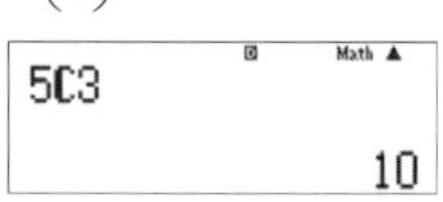

TI
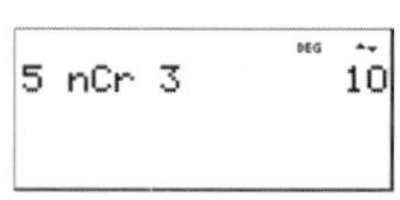

Vorgehen
$\binom{\textbf{Anz. Kugeln insgesamt}}{\textbf{Anz. Kugeln Farbe 1}}$ bzw. $\binom{\boldsymbol{n}}{\boldsymbol{k}}$

www.mvurl.de/ur71

Bemerkungen

- Fakultät (allg.): $n! = n \cdot (n-1) \cdot (n-2) \cdot \ldots \cdot 1$
- Binomialkoeffizient (allg.): $\binom{n}{k} = \dfrac{n!}{k! \cdot (n-k)!}$

Berechnung im Beispiel:

$$\binom{5}{3} = \frac{5!}{3! \cdot (5-3)!} = \frac{5!}{3! \cdot 2!} = \frac{5 \cdot 4 \cdot 3 \cdot 2 \cdot 1}{(3 \cdot 2 \cdot 1) \cdot (2 \cdot 1)} = \frac{5 \cdot 4 \cdot \cancel{3} \cdot \cancel{2} \cdot \cancel{1}}{(\cancel{3} \cdot \cancel{2} \cdot \cancel{1}) \cdot (2 \cdot 1)} = 10$$

- Man könnte die obige Anzahl ebenso, ausgehend von den 2 weißen Kugeln, durch $\binom{5}{2} = \binom{\text{Anz. Kugeln insgesamt}}{\text{Anz. Kugeln Farbe 2}}$ bestimmen. Es gilt: $\binom{5}{3} = \binom{5}{2} = 10.$

3.2 Aufgabentypen

Für die Zugehörigkeit zu einem Aufgabentyp sind 2 Merkmale der Aufgabenstellung entscheidend:

1. Wie viele **verschiedene Kugelfarben** kommen in der Urne vor?

2. Verlangt die Fragestellung, dass von **jeder Kugelfarbe nur eine Kugel gezogen** werden soll, oder sollen von **mindestens einer Kugelfarbe mehrere Kugeln gezogen** werden?

Aufgabentyp 1		***Nur eine*** *gezogene* ***Kugel*** *pro Kugelfarbe*
Aufgabentyp 2	**Aufgabentyp 3**	***Mehr als eine*** *gezogene* ***Kugel*** *pro Kugelfarbe*
Nur 2 *verschiedene* ***Kugelfarben*** *in der Urne*	***Mehr als 2*** *verschiedene* ***Kugelfarben*** *in der Urne*	

Aufgabentyp 1

In einer Urne befinden sich 4 rote, 3 blaue und 2 grüne Kugeln. Es werden 3 Kugeln entnommen. Mit welcher Wahrscheinlichkeit haben alle eine verschiedene Farbe?

Ziehen mit Zurücklegen	**Ziehen ohne Zurücklegen**
Lösung	
$E=\{(rbg);(bgr);(grb);...\text{(weitere)}\}$	
1. Teilüberlegung Beispielhaft wird die Wahrscheinlichkeit von 2 Ergebnissen berechnet:	
$P(rbg)=\frac{4}{9}\cdot\frac{3}{9}\cdot\frac{2}{9}=\frac{8}{243}$	$P(rbg)=\frac{4}{9}\cdot\frac{3}{8}\cdot\frac{2}{7}=\frac{1}{21}$
$P(bgr)=\frac{3}{9}\cdot\frac{2}{9}\cdot\frac{4}{9}=\frac{8}{243}$	$P(bgr)=\frac{3}{9}\cdot\frac{2}{8}\cdot\frac{4}{7}=\frac{1}{21}$
Es wird deutlich, dass alle Ergebnisse aus E die gleiche Wahrscheinlichkeit besitzen.	
2. Teilüberlegung Wie viele derartige Ergebnisse gibt es? Anders gefragt: Wie viele Möglichkeiten gibt es, eine rote, eine blaue und eine grüne Kugel auf 3 Plätze zu verteilen? (vgl. **Voraufgabe 1** auf S. 88) Antwort: Es gibt $3!=6$ Möglichkeiten	
Zusammen	
$P(E)=3!\cdot\frac{4}{9}\cdot\frac{3}{9}\cdot\frac{2}{9}=6\cdot\frac{4}{9}\cdot\frac{3}{9}\cdot\frac{2}{9}=19{,}8\ \%$	$P(E)=3!\cdot\frac{4}{9}\cdot\frac{3}{8}\cdot\frac{2}{7}=6\cdot\frac{4}{9}\cdot\frac{3}{8}\cdot\frac{2}{7}=28{,}6\ \%$
Formel	
$\mathbf{P} = n! \cdot \mathbf{P}(\text{ein Ergebnis}) = (\text{Kugeln gez.})! \cdot \mathbf{P}(\text{ein Ergebnis})$	

Ziehen ohne Zurücklegen

Alternative Lösung
(ohne Herleitung)

$$P = \frac{\binom{\text{rote insg.}}{\text{rote gez.}} \cdot \binom{\text{blaue insg.}}{\text{blaue gez.}} \cdot \binom{\text{grüne insg.}}{\text{grüne gez.}}}{\binom{\text{Kugeln insg.}}{\text{Kugeln gez.}}}$$

$$= \frac{\binom{4}{1} \cdot \binom{3}{1} \cdot \binom{2}{1}}{\binom{9}{3}} = 28{,}6\ \%$$

$$\left(\begin{matrix} \text{Zur Kontrolle:} \\ 4+3+2=9 \\ 1+1+1=3 \end{matrix}\right)$$

Formel

$$\mathbf{P} = \frac{\binom{\textbf{Farbe 1 insg.}}{\textbf{Farbe 1 gez.}} \cdot \binom{\textbf{Farbe 2 insg.}}{\textbf{Farbe 2 gez.}} \cdot \ldots}{\binom{\textbf{Kugeln insg.}}{\textbf{Kugeln gez.}}}$$

Verwendete Abkürzungen: insg. - insgesamt
gez. - gezogen

Aufgabentyp 2

In einer Urne befinden sich 8 schwarze und 6 weiße Kugeln. Es werden 5 Kugeln entnommen. Mit welcher Wahrscheinlichkeit werden insgesamt 3 schwarze und 2 weiße Kugeln gezogen?

Ziehen mit Zurücklegen	Ziehen ohne Zurücklegen

Lösung

$E = \{(ssswo);(swsws);(wwsss);$ ... (**viele** weitere)$\}$

1. Teilüberlegung

Wie beim Aufgabentyp 1 besitzen alle Ergebnisse aus E die gleiche Wahrscheinlichkeit. Beispielhaft wird die Wahrscheinlichkeit von einem Ergebnis berechnet:

Ziehen mit Zurücklegen	Ziehen ohne Zurücklegen
$P(ssswv) = \frac{8}{14} \cdot \frac{8}{14} \cdot \frac{8}{14} \cdot \frac{6}{14} \cdot \frac{6}{14} = \left(\frac{8}{14}\right)^3 \cdot \left(\frac{6}{14}\right)^2$	$P(ssswv) = \frac{8}{14} \cdot \frac{7}{13} \cdot \frac{6}{12} \cdot \frac{6}{11} \cdot \frac{5}{10}$

2. Teilüberlegung

Wie viele derartige Ergebnisse gibt es?

Anders gefragt: Wie viele Möglichkeiten gibt es, 3 schwarze und 2 weiße Kugeln auf 5 Plätze zu verteilen? (vgl. **Voraufgabe 2** auf S. 88)

Antwort: Es gibt $\binom{5}{3} = 10$ Möglichkeiten

Zusammen

Ziehen mit Zurücklegen	Ziehen ohne Zurücklegen
$P(E) = \binom{5}{3} \cdot \left(\frac{8}{14}\right)^3 \cdot \left(\frac{6}{14}\right)^2 = 10 \cdot \left(\frac{8}{14}\right)^3 \cdot \left(\frac{6}{14}\right)^2 = 34{,}3\ \%$	$P(E) = \binom{5}{3} \cdot \frac{8}{14} \cdot \frac{7}{13} \cdot \frac{6}{12} \cdot \frac{6}{11} \cdot \frac{5}{10} = 10 \cdot \frac{8}{14} \cdot \frac{7}{13} \cdot \frac{6}{12} \cdot \frac{6}{11} \cdot \frac{5}{10} = 41{,}96\ \%$

Formel

$$\mathbf{P} = \binom{n}{k} \cdot \mathbf{P(\text{ein Ergebnis})}$$

$$= \binom{\text{Kugeln gez.}}{\text{Farbe 1 gez.}} \cdot \mathbf{P(\text{ein Ergebnis})}$$

Ziehen ohne Zurücklegen

Alternative Lösung
(ohne Herleitung)

$$P = \frac{\binom{\text{schwarze insg.}}{\text{schwarze gez.}} \cdot \binom{\text{weiße insg.}}{\text{weiße gez.}}}{\binom{\text{Kugeln insg.}}{\text{Kugeln gez.}}}$$

$$= \frac{\binom{8}{3} \cdot \binom{6}{2}}{\binom{14}{5}} = 41{,}96\ \%$$

$$\left(\begin{matrix}\text{Zur Kontrolle:} \\ 8+6=14 \\ 3+2=5\end{matrix}\right)$$

Formel

$$\mathbf{P} = \frac{\binom{\textbf{Farbe 1 insg.}}{\textbf{Farbe 1 gez.}} \cdot \binom{\textbf{Farbe 2 insg.}}{\textbf{Farbe 2 gez.}}}{\binom{\textbf{Kugeln insg.}}{\textbf{Kugeln gez.}}}$$

Aufgabentyp 3

In einer Urne befinden sich 10 rote, 9 blaue und 8 grüne Kugeln. Es werden nacheinander 5 Kugeln entnommen. Mit welcher Wahrscheinlichkeit werden insgesamt 2 rote, 2 blaue und eine grüne Kugel gezogen?

Ziehen mit Zurücklegen	Ziehen ohne Zurücklegen
(Aufgabentyp unüblich)	**Lösung** (ohne Herleitung) $\mathrm{E} = \{(rrbbg);(rrbgb);(rgrbb);\ldots$(**viele** weitere)$\}$ $\mathrm{P} = \dfrac{\binom{\text{rote insg.}}{\text{rote gez.}} \cdot \binom{\text{blaue insg.}}{\text{blaue gez.}} \cdot \binom{\text{grüne insg.}}{\text{grüne gez.}}}{\binom{\text{Kugeln insg.}}{\text{Kugeln gez.}}}$ $= \dfrac{\binom{10}{2} \cdot \binom{9}{2} \cdot \binom{8}{1}}{\binom{27}{5}} = 16{,}1\ \%$ $\begin{pmatrix} \text{Zur Kontrolle:} \\ 10+9+8=27 \\ 2+2+1=5 \end{pmatrix}$
	Formel $\mathbf{P} = \dfrac{\binom{\textbf{Farbe 1 insg.}}{\textbf{Farbe 1 gez.}} \cdot \binom{\textbf{Farbe 2 insg.}}{\textbf{Farbe 2 gez.}} \cdot \ldots}{\binom{\textbf{Kugeln insg.}}{\textbf{Kugeln gez.}}}$

Übersicht: Aufgabentypen und zugehörige kombinatorische Formeln

Ziehen mit Zurücklegen

Aufgabentyp 1

$$P = (\text{Kugeln gez.})! \cdot P(\text{ein Ergebnis})$$

Nur eine *gezogene* ***Kugel*** *pro Kugelfarbe*

Aufgabentyp 2

$$P = \binom{\text{Kugeln gez.}}{\text{Farbe 1 gez.}} \cdot P(\text{ein Ergebnis})$$

Nur 2 *verschiedene* ***Kugelfarben*** *in der Urne*

Aufgabentyp 3

(Aufgabentyp unüblich)

Mehr als 2 *verschiedene* ***Kugelfarben*** *in der Urne*

Mehr als eine *gezogene* ***Kugel*** *pro Kugelfarbe*

Ziehen ohne Zurücklegen

Aufgabentyp 1

$$P = (\text{Kugeln gez.})! \cdot P(\text{ein Ergebnis})$$

oder

$$P = \frac{\binom{\text{Farbe 1 insg.}}{\text{Farbe 1 gez.}} \cdot \binom{\text{Farbe 2 insg.}}{\text{Farbe 2 gez.}} \cdot \ldots}{\binom{\text{Kugeln insg.}}{\text{Kugeln gez.}}}$$

Nur eine *gezogene* ***Kugel*** *pro Kugelfarbe*

Aufgabentyp 2

$$P = \binom{\text{Kugeln gez.}}{\text{Farbe 1 gez.}} \cdot P(\text{ein Ergebnis})$$

oder

$$P = \frac{\binom{\text{Farbe 1 insg.}}{\text{Farbe 1 gez.}} \cdot \binom{\text{Farbe 2 insg.}}{\text{Farbe 2 gez.}}}{\binom{\text{Kugeln insg.}}{\text{Kugeln gez.}}}$$

Nur 2 *verschiedene* ***Kugelfarben*** *in der Urne*

Aufgabentyp 3

$$P = \frac{\binom{\text{Farbe 1 insg.}}{\text{Farbe 1 gez.}} \cdot \binom{\text{Farbe 2 insg.}}{\text{Farbe 2 gez.}} \cdot \ldots}{\binom{\text{Kugeln insg.}}{\text{Kugeln gez.}}}$$

Mehr als 2 *verschiedene* ***Kugelfarben*** *in der Urne*

Mehr als eine *gezogene* ***Kugel*** *pro Kugelfarbe*

3.3 Vermischte Beispiele und zugehörige Lösungsansätze

Beispiel	Aufgabentyp und Lösungsansatz
Beispiel 1 Ein Würfel wird 6-mal geworfen. Mit welcher Wahrscheinlichkeit erscheint jede Augenzahl genau ein Mal?	• **Aufgabentyp 1** • Ziehen mit Zurücklegen • $P = 6! \cdot \frac{1}{6} \cdot \frac{1}{6} \cdot \frac{1}{6} \cdot \frac{1}{6} \cdot \frac{1}{6} \cdot \frac{1}{6}$
Beispiel 2 Ein Bogenschütze trifft mit einer Wahrscheinlichkeit von 80 % die Scheibe. Er schießt 14-mal. Mit welcher Wahrscheinlichkeit trifft er genau 10-mal?	• **Aufgabentyp 2** • Ziehen mit Zurücklegen • $P = \binom{14}{10} \cdot 0{,}8^{10} \cdot 0{,}2^{4}$
Beispiel 3 Aus einem Skatkartenspiel mit jeweils 8 Karten der Farben Kreuz, Pik, Herz und Karo, werden 4 Karten entnommen. Entnommene Karten werden nicht zurückgelegt. Mit welcher Wahrscheinlichkeit erhält man jede Farbe genau ein Mal?	• **Aufgabentyp 1** • Ziehen ohne Zurücklegen • $P = 4! \cdot \frac{8}{32} \cdot \frac{8}{31} \cdot \frac{8}{30} \cdot \frac{8}{29}$ oder $P = \frac{\binom{8}{1} \cdot \binom{8}{1} \cdot \binom{8}{1} \cdot \binom{8}{1}}{\binom{32}{4}}$
Beispiel 4 Aus einem Skatkartenspiel mit jeweils 8 Karten der Farben Kreuz, Pik, Herz und Karo, werden 8 Karten entnommen. Entnommene Karten werden nicht zurückgelegt. Mit welcher Wahrscheinlichkeit erhält man jede Farbe genau 2-mal?	• **Aufgabentyp 3** • Ziehen ohne Zurücklegen • $P = \frac{\binom{8}{2} \cdot \binom{8}{2} \cdot \binom{8}{2} \cdot \binom{8}{2}}{\binom{32}{8}}$
Beispiel 5 Ein Glücksrad mit 6 gleich großen Feldern (4 rote Felder, 2 blaue Felder) wird 20-mal gedreht. Mit welcher Wahrscheinlichkeit erscheint genau 12-mal ein rotes Feld?	• **Aufgabentyp 2** • Ziehen mit Zurücklegen • $P = \binom{20}{12} \cdot \left(\frac{4}{6}\right)^{12} \cdot \left(\frac{2}{6}\right)^{8}$

Beispiel 6 Eine Rubbelkarte hat 16 Felder. 3 davon führen zu einem Gewinn, 4 zu einem Trostpreis. Die restlichen Felder sind Nieten. Ein Spieler rubbelt 3 Felder auf. Mit welcher Wahrscheinlichkeit erhält er genau einen Gewinn, einen Trostpreis und eine Niete?	• **Aufgabentyp 1** • Ziehen ohne Zurücklegen • $P = 3! \cdot \frac{3}{16} \cdot \frac{4}{15} \cdot \frac{9}{14}$ oder $P = \frac{\binom{3}{1} \cdot \binom{4}{1} \cdot \binom{9}{1}}{\binom{16}{3}}$
Beispiel 7 Eine Rubbelkarte hat 16 Felder. 3 davon führen zu einem Gewinn, 4 zu einem Trostpreis. Die restlichen Felder sind Nieten. Ein Spieler rubbelt 6 Felder auf. Mit welcher Wahrscheinlichkeit erhält er 3 Gewinne, 2 Trostpreise und eine Niete?	• **Aufgabentyp 3** • Ziehen ohne Zurücklegen • $P = \frac{\binom{3}{3} \cdot \binom{4}{2} \cdot \binom{9}{1}}{\binom{16}{6}}$
Beispiel 8 Es befinden sich 50 Teile in einem Karton. 6 Teile davon sind defekt. Es werden 5 Teile entnommen und kontrolliert. Mit welcher Wahrscheinlichkeit sind genau 3 davon defekt?	• **Aufgabentyp 2** • Ziehen ohne Zurücklegen • $P = \binom{5}{3} \cdot \frac{6}{50} \cdot \frac{5}{49} \cdot \frac{4}{48} \cdot \frac{44}{47} \cdot \frac{43}{46}$ oder $P = \frac{\binom{6}{3} \cdot \binom{44}{2}}{\binom{50}{5}}$

7 Rosner - ISBN 978-3-8120-0383-4

4. Zufallsvariable und Erwartungswert

Erklärende Beispiele

Beispiel 1
Ein Basketballspieler trifft erfahrungsgemäß einen Freiwurf mit einer Wahrscheinlichkeit von 80 %. Er wirft eine Folge aus 2 Würfen.

Die Zufallsvariable **X** gibt die **Anzahl der Treffer bei einer Folge** an.

a) Erstellen Sie für diese Zufallsvariable eine Wahrscheinlichkeitsverteilung.
b) Der Basketballspieler wirft viele Folgen nacheinander. Wie viele Treffer sind im Durchschnitt pro Folge zu erwarten?

Lösung

a) Baumdiagramm

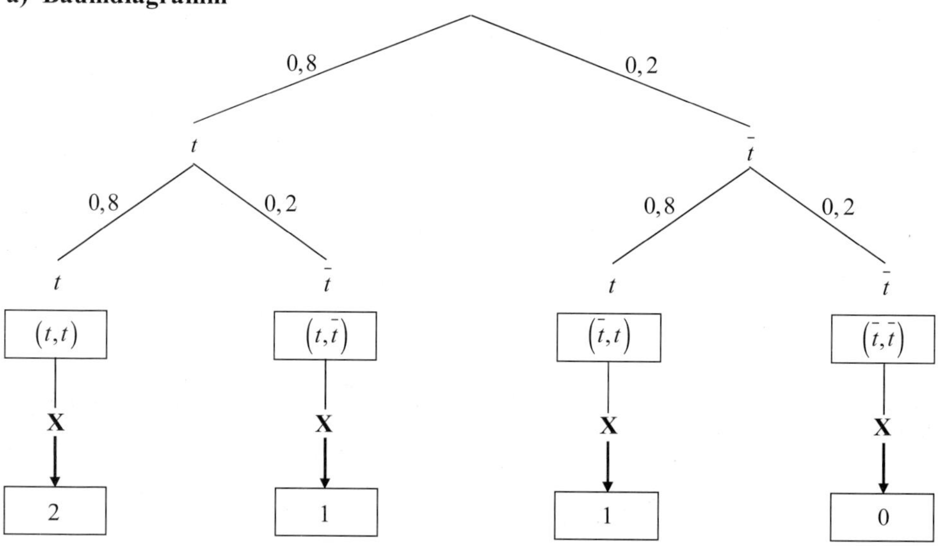

Hinweise

- Die Zufallsvariable X ordnet jedem Ergebnis eine Zahl (hier: Anzahl der Treffer) zu.
- Der Begriff „Zufallsvariable" ist leider etwas irreführend, da es sich hierbei nicht um eine Variable im bisherigen Sinn, sondern um eine Funktion handelt.

www.mvurl.de/ipdh

Wahrscheinlichkeitsverteilung der Zufallsvariablen

Zugehörige Ergebnisse	(t,t)	$(t,\bar{t});(\bar{t},t)$	$(\bar{t},\bar{t})$
x_i (Mögliche Werte der Zufallsvariablen X)	**2**	**1**	**0**
$\mathbf{P}(\mathbf{X}=x_i)$ (Wahrscheinlichkeiten zu den Werten der Zufallsvariablen)	$0{,}8\cdot 0{,}8 = \mathbf{0{,}64}$	$0{,}8\cdot 0{,}2+0{,}2\cdot 0{,}8 = \mathbf{0{,}32}$	$0{,}2\cdot 0{,}2=\mathbf{0{,}04}$ (oder: $1-0{,}64-0{,}32$)

b) Erwartungswert der Zufallsvariablen

Allgemein: $\mathbf{E}(\mathbf{X})=x_1\cdot\mathbf{P}(\mathbf{X}=x_1)+x_2\cdot\mathbf{P}(\mathbf{X}=x_2)+\ldots+x_n\cdot\mathbf{P}(\mathbf{X}=x_n)$

Im Beispiel: $\mathrm{E}(\mathrm{X})=2\cdot 0{,}64+1\cdot 0{,}32(+0\cdot 0{,}04)=1{,}6$

Interpretation

Der Basketballspieler kann durchschnittlich 1,6 Treffer pro Folge erwarten.

Bemerkung

Es wird deutlich, dass die konkrete Berechnung des Erwartungswertes recht einfach ist. Der anspruchsvollere Teilschritt stellt hingegen die Berechnung der Wahrscheinlichkeiten für die Werte der Zufallsvariablen dar.

Beispiel 2

Ein Spieler kann gegen einen Einsatz von 4 € an folgendem Spiel teilnehmen:
Er würfelt ein Mal. Bei einer geraden Zahl erhält er 3 €. Bei einer ungeraden Zahl erhält er den doppelten Betrag der gewürfelten Augenzahl.

Ist es günstig für den Spieler, bei diesem Spiel teilzunehmen?

1. Lösungsvariante: Die **Zufallsvariable X** gibt den **Auszahlungsbetrag an den Spieler** an.

Baumdiagramm

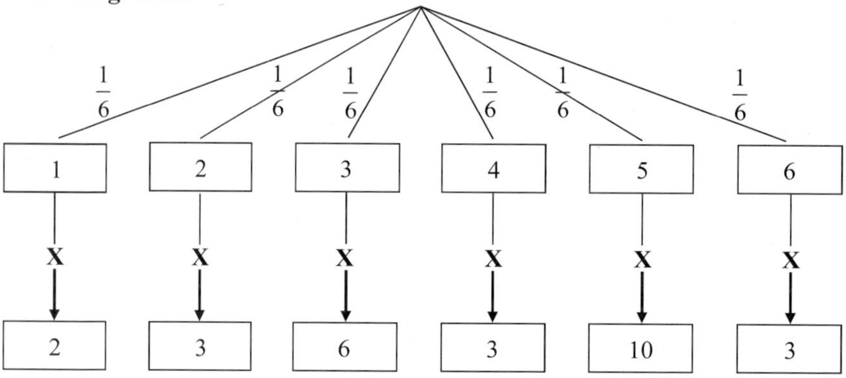

Wahrscheinlichkeitsverteilung der Zufallsvariablen

Zugehörige Ergebnisse	$(2);(4);(6)$	(5)	(3)	(1)
x_i	**3**	**10**	**6**	**2**
$\mathbf{P(X=x_i)}$	$\frac{1}{6}+\frac{1}{6}+\frac{1}{6}=\mathbf{\frac{3}{6}}$	$\mathbf{\frac{1}{6}}$	$\mathbf{\frac{1}{6}}$	$\mathbf{\frac{1}{6}}$

Erwartungswert der Zufallsvariablen

$$\mathbf{E(X)=3\cdot\frac{3}{6}+10\cdot\frac{1}{6}+6\cdot\frac{1}{6}+2\cdot\frac{1}{6}=4,5}$$

Interpretation und Ergebnis

X gibt den Auszahlungsbetrag an den Spieler pro Spiel an. Somit gibt **E(X)** den zu **erwartenden Auszahlungsbetrag** pro Spiel an, den der Spieler bei vielen Spielen durchschnittlich erhalten würde.

www.mvurl.de/kbgk

Der Spieler erreicht hier durch seine Teilnahme einen erwarteten Auszahlungsbetrag von 4,50 € pro Spieldurchgang. Da dieser **höher als sein Einsatz** ist, ist das Spiel **günstig für den Spieler** (und ungünstig für den Anbieter).

2. Lösungsvariante: Die **Zufallsvariable X** gibt den **Gewinn des Spielers** an.

Hinweis : Gewinn = Auszahlungsbetrag – Einsatz

Wahrscheinlichkeitsverteilung der Zufallsvariablen

Zugehörige Ergebnisse	$(2);(4);(6)$	(5)	(3)	(1)
x_i	$\mathbf{-1}\,(=3-4)$	$\mathbf{6}\,(=10-4)$	$\mathbf{2}\,(=6-4)$	$\mathbf{-2}\,(=2-4)$
$\mathbf{P}(\mathbf{X}=x_i)$	$\frac{1}{6}+\frac{1}{6}+\frac{1}{6}=\mathbf{\frac{3}{6}}$	$\mathbf{\frac{1}{6}}$	$\mathbf{\frac{1}{6}}$	$\mathbf{\frac{1}{6}}$

Erwartungswert der Zufallsvariablen

$$E(X)=(-1)\cdot\frac{3}{6}+6\cdot\frac{1}{6}+2\cdot\frac{1}{6}+(-2)\cdot\frac{1}{6}=0,5$$

Interpretation und Ergebnis

X gibt den Gewinn des Spielers pro Spiel an. Somit gibt **E(X)** den zu **erwartenden Gewinn** pro Spiel an, den der Spieler bei vielen Spielen durchschnittlich erhalten würde. Der Spieler erreicht hier durch seine Teilnahme einen erwarteten Durchschnittsgewinn von 0,50 € pro Spieldurchgang. Da dieser **positiv** ist, ist das Spiel **günstig für den Spieler** (und ungünstig für den Anbieter).

Übersicht

X: **Auszahlungsbetrag** an Spieler	
E(X) > **Einsatz**	günstig für Spieler
E(X) = **Einsatz**	faires Spiel
E(X) < **Einsatz**	günstig für Anbieter

X: **Gewinn** des Spielers	
E(X) > **0**	günstig für Spieler
E(X) = **0**	faires Spiel
E(X) < **0**	günstig für Anbieter

III. Grundlagen Stochastik 2

1. Binomialverteilung

1.1 Bernoulli-Formel

Zugrunde liegt ein mehrfach ausgeführtes Bernoulli-Experiment, bei dem …
… nur **zwei mögliche Ergebnisse** („Treffer" und „Niete") eintreten können
und
… sich die **Wahrscheinlichkeiten nicht ändern** („Ziehen **mit** Zurücklegen")

Beispiele: Münzwurf („Kopf" oder „Zahl"); Mehrfach würfeln („6" oder „keine 6"); …

Bernoulliformel (allg.)

$$\mathbf{P(X = k) = \binom{n}{k} \cdot p^k \cdot (1-p)^{n-k}}$$

n: Anzahl der Versuche (Durchführungen)
k: Anzahl der „Treffer"
p: Wahrscheinlichkeit für einen „Treffer"

Bernoulliformel (in Worten)

$$\text{P(X = Anz. Treffer)} = \binom{\text{Anz. Versuche}}{\text{Anz. Treffer}} \cdot \text{Trefferwahrsch.}^{\text{Anz. Treffer}} \cdot \text{Nietenwahrsch.}^{\text{Anz. Nieten}}$$

Beispiel 1

Ein Basketballspieler trifft (t) erfahrungsgemäß einen Freiwurf mit einer Wahrscheinlichkeit von 75 %. Er wirft 8 Mal.
Mit welcher Wahrscheinlichkeit trifft er insgesamt 5 Mal (und 3 Mal nicht)?

$$P(X = 5) = \binom{8}{5} \cdot 0{,}75^5 \cdot 0{,}25^3 \approx 0{,}2076$$

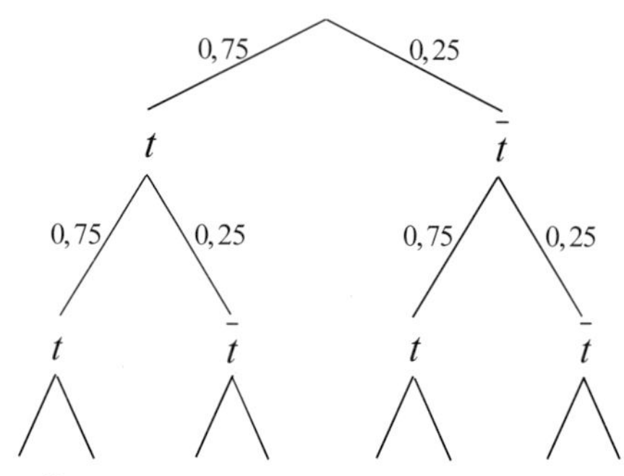

(8 Stufen)
(alle Pfade mit 5 Mal t und 3 Mal $\bar{t}$ relevant)

Eingabe in WTR (mit Taste nCr):

CASIO

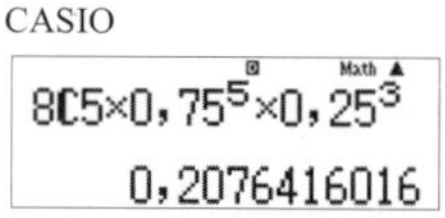

TI

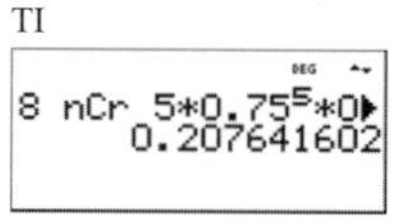

Erläuterungen (siehe Stochastik 1, S. 89)

- Binomialkoeffizient (allg.): $\binom{n}{k} = \frac{n!}{k! \cdot (n-k)!}$
- $n!$ steht für die Fakultät einer Zahl: $n! = n \cdot (n-1) \cdot \ldots \cdot 1$;
- $P(X = 5) = \binom{8}{5} \cdot 0{,}75^5 \cdot 0{,}25^3 = \frac{8!}{5! \cdot (8-5)!} \cdot 0{,}75^5 \cdot 0{,}25^3 = 56 \cdot 0{,}00371 \approx 0{,}2076.$

Es gibt also 56 mögliche Reihenfolgen für 5 Treffer unter 8 Schüssen ($ttttt\bar{t}\bar{t}\bar{t}$, $t\bar{t}tttt\bar{t}\bar{t}$, ...), von welchen jede eine Einzelwahrscheinlichkeit von ungefähr $0{,}00371$ aufweist.

www.mvurl.de/5yml

Beispiel 2

Eine faire Münze wird 5 Mal geworfen. Mit welcher Wahrscheinlichkeit erhält man genau 3 Mal „Zahl“? (Lösen ohne WTR)

$$P(X=3)=\binom{5}{3}\cdot\left(\frac{1}{2}\right)^3\cdot\left(\frac{1}{2}\right)^2=10\cdot\left(\frac{1}{2}\right)^5=10\cdot\frac{1}{32}=\frac{5}{16}$$

$$\left(\text{Nebenrechnung: }\binom{5}{3}=\frac{5!}{3!\cdot(5-3)!}=\frac{5!}{3!\cdot 2!}=\frac{5\cdot4\cdot3\cdot2\cdot1}{(3\cdot2\cdot1)\cdot(2\cdot1)}=\frac{5\cdot4\cdot\cancel{3}\cdot\cancel{2}\cdot\cancel{1}}{(\cancel{3}\cdot\cancel{2}\cdot\cancel{1})\cdot(2\cdot1)}=10\right)$$

Beispiel 3

Ein Bauteil ist mit einer Wahrscheinlichkeit von 4 % defekt. Mit welcher Wahrscheinlichkeit befinden sich in einem Karton mit 50 Bauteilen genau 3 defekte Bauteile?

$$P(X=3)=\binom{50}{3}\cdot 0{,}04^3\cdot 0{,}96^{47}(\approx 19600\cdot 0{,}000009396)\approx 0{,}184=18{,}4\,\%$$

(Es gibt also 19600 mögliche Reihenfolgen für 3 defekte unter 50 (nacheinander entnommenen) Bauteilen.)

Beispiel 4

Jonas würfelt 24 Mal.

a) Mit welcher Wahrscheinlichkeit erhält er genau 7 Mal eine 3?

$$P(X=7)=\binom{24}{7}\cdot\left(\frac{1}{6}\right)^7\cdot\left(\frac{5}{6}\right)^{17}\approx 0{,}056$$

b) Mit welcher Wahrscheinlichkeit erhält er genau 10 Mal eine 2 oder eine 3?

$$\left(\text{Wahrscheinlichkeit für 2 oder 3: }\frac{2}{6}\right)$$

$$P(X=10)=\binom{24}{10}\cdot\left(\frac{2}{6}\right)^{10}\cdot\left(\frac{4}{6}\right)^{14}\approx 0{,}114$$

1.2 Binomialverteilung und kumulierte Binomialverteilung

Beispiel: Ein Basketballspieler trifft erfahrungsgemäß einen Freiwurf mit einer Wahrscheinlichkeit von 75 %. Er wirft 8 Mal. Die Zufallsvariable X gibt die Anzahl der Treffer an.

Die Wahrscheinlichkeit, dass X einen bestimmten Wert annimmt, kann mit Hilfe der Bernoulliformel (mit $n = 8$ und $p = 0,75$) berechnet werden.
Somit ist die Zufallsvariable X binomial verteilt.

1. Die Binomialverteilung $P(X = k)$

gibt für jeden möglichen Wert der Zufallsvariablen die **zugehörige Wahrscheinlichkeit** an.

Beispiel:

$$P(X = 4) = \binom{8}{4} \cdot 0,75^4 \cdot 0,25^4 \approx 0,0865$$

Die Wahrscheinlichkeit für 4 Treffer beträgt ca. 8,65 %.

CASIO

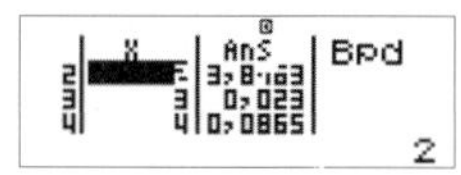

TI

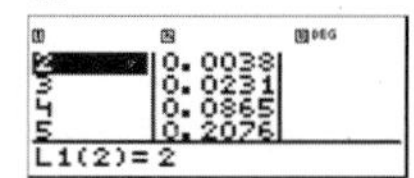

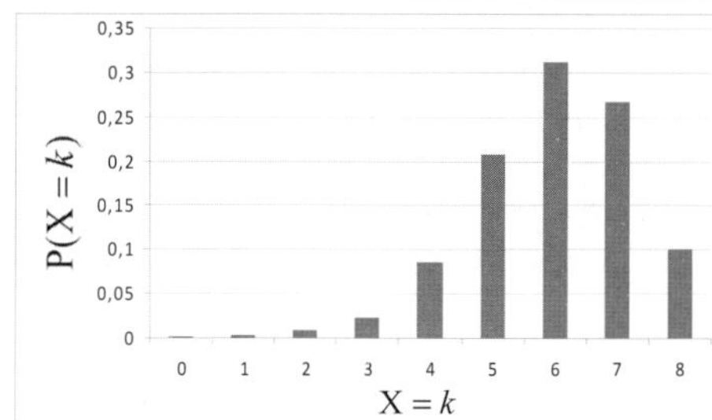

2. Die kumulierte (aufsummierte) Binomialverteilung $P(X \leq k)$

gibt für jeden möglichen Wert der Zufallsvariablen die **Wahrscheinlichkeit** an, dass **dieser oder ein geringeren Wert als dieser** angenommen wird.

Beispiel:

$$P(X \leq 4) = P(X = 0) + P(X = 1) + ... + P(X = 4) \approx 0,1138$$

Die Wahrscheinlichkeit für 0 bis 4 Treffer beträgt ca. 11,38 %.

CASIO

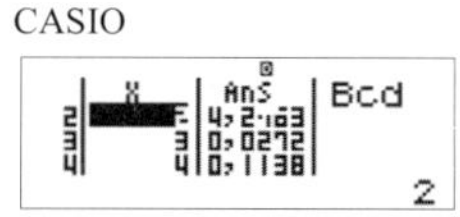

TI

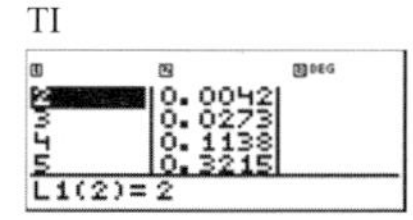

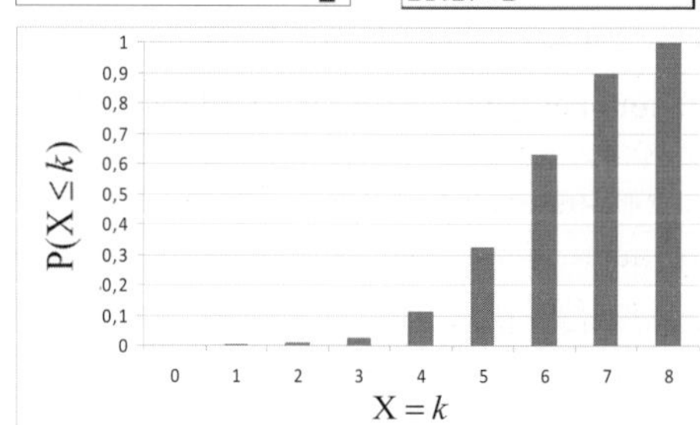

Weiteres Beispiel

Binomialverteilte Zufallsvariable mit $p = 0,5$ und $n = 50$.

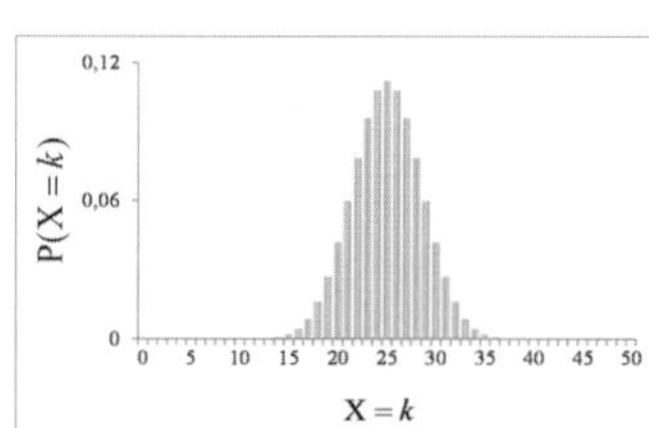

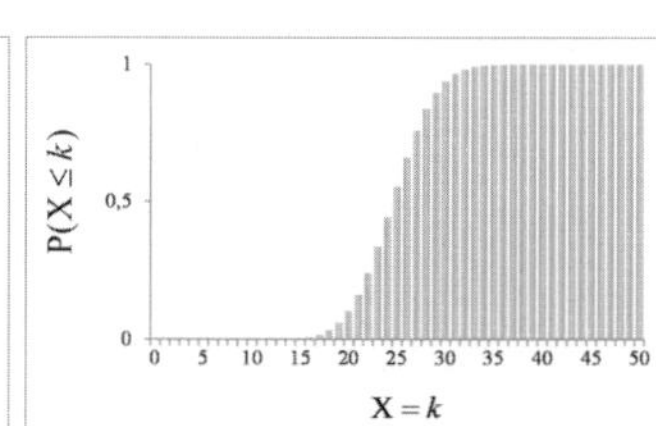

www.mvurl.de/3917

1.3 Erwartungswert und Standardabweichung

Formeln

- **Erwartungswert**
  $E(X) = n \cdot p \quad (= \mu)$
- **Standardabweichung**
  $\sigma = \sqrt{n \cdot p \cdot (1-p)}$

n: Anzahl der Versuche (Durchführungen)
p: Wahrscheinlichkeit für einen „Treffer"
(μ: Andere Abkürzung für den Erwartungswert)

Am Beispiel

Ein Basketballspieler trifft erfahrungsgemäß einen Freiwurf mit einer Wahrscheinlichkeit von 75 %. Er wirft 8 Mal. Die Zufallsvariable X gibt die Anzahl der Treffer an.

- **Erwartungswert:** $E(X) = 8 \cdot 0{,}75 = 6 \quad (= \mu)$

Interpretation: Der Spieler kann durchschnittlich 6 Treffer bei 8 Würfen erwarten.

Grafische Betrachtung

„In der Nähe des Erwartungswertes" befinden sich die Werte von X mit den höchsten Wahrscheinlichkeiten. „Fällt" der Erwartungswert (wie hier) direkt auf einen Wert von X, so liegt an diesem stets die höchste Wahrscheinlichkeit vor.

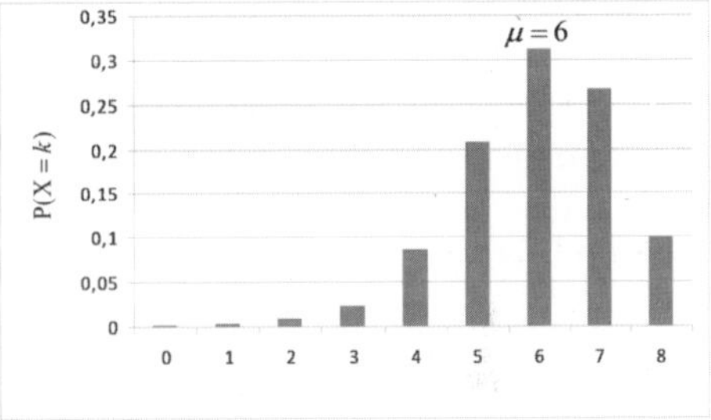

- **Standardabweichung**: $\sigma = \sqrt{8 \cdot 0{,}75 \cdot 0{,}25} \approx 1{,}22$

Interpretation: Die Standardabweichung ist ein Maß dafür, wie stark die Werte der Zufallsvariablen um den Erwartungswert streuen, d.h. ob man mit hoher Wahrscheinlichkeit stets einen Wert „in der Nähe des Erwartungswertes" erhält (geringe Standardabw.), oder ob auch Werte „weit ab vom Erwartungswert" wahrscheinlich sind (hohe Standardabw.).

Grafische Betrachtung

Ein höherer Wert der Standardabweichung führt zu einer „breiteren" Verteilung.

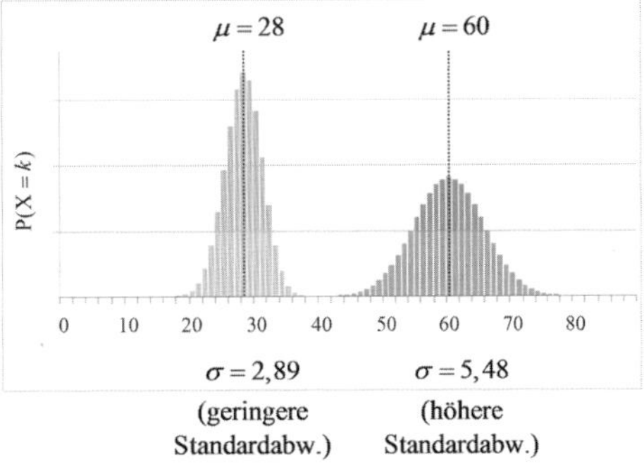

www.mvurl.de/sl71

1.4 **Aufgabentypen zur Binomialverteilung** (mit WTR)

Aufgabentypen	**Beispiel 1:** Eine faire Münze wird 8 Mal geworfen. ($n = 8;\ p = 0{,}5$) Wie groß ist die Wahrscheinlichkeit für ...
1. „genau *k* Treffer“ $\mathbf{P(X = k)}$	a) ... genau 3 Mal „Zahl“? $P(X = 3) \approx 0{,}2188$
2. „höchstens *k* Treffer“ $\mathbf{P(X \leq k)}$	b) ... höchstens 3 Mal „Zahl“? $P(X \leq 3) \approx 0{,}3633$
3. „mindestens *k* Treffer“ $\mathbf{P(X \geq k) = 1 - P(X \leq k-1)}$	c) ... mindestens 3 Mal „Zahl“? $P(X \geq 3) = 1 - P(X \leq 2) \approx 1 - 0{,}1445 \approx 0{,}8555$ ↓ (Gegenereignis: „Höchstens 2 Mal Zahl“)
4. „mindestens *k* und höchstens“ *h* Treffer“ $\mathbf{P(k \leq X \leq h) = P(X \leq h) - P(X \leq k-1)}$	d) ... mindestens 2 Mal und höchstens 5 Mal „Zahl“? $P(2 \leq X \leq 5) = P(X \leq 5) - P(X \leq 1) \approx 0{,}8555 - 0{,}0352 \approx 0{,}8203$

1. **Aufgabentyp** mit Binomialverteilung $\mathbf{P(X = k)}$

2., **3.** und **4. Aufgabentyp** mit kumulierter Binomialverteilung $\mathbf{P(X \leq k)}$

Eingabe in WTR (2. Aufgabentyp, Aufgabe b))

CASIO FX-87DE	**TI-30X Plus MultiView**

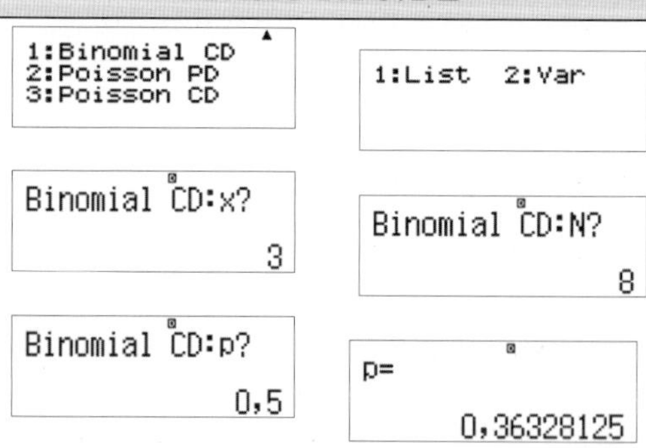

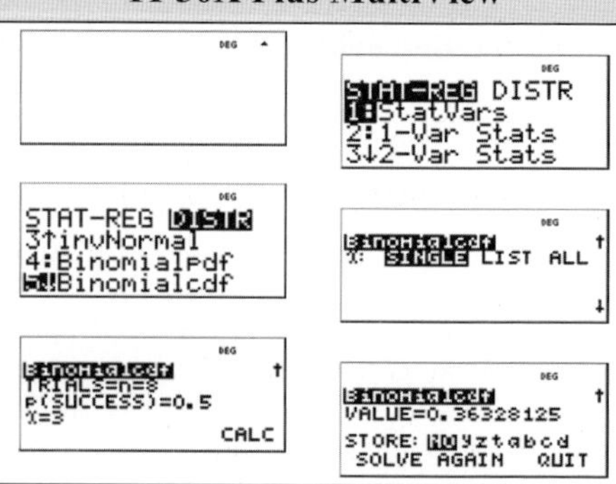

www.mvurl.de/4zoz

Beispiel 2: Erfahrungsgemäß sind 12 % der produzierten Smartphones eines Herstellers defekt. Ein Kunde erhält ein Paket mit 20 Smartphones des Herstellers.

a) Berechnen Sie jeweils die Wahrscheinlichkeit für die Anzahl an defekten Smartphones.

Anzahl	Aufgabentyp	Lösung
Genau 3	1	$P(X=3)\approx 0{,}2242$
Höchstens 4	2	$P(X\leq 4)\approx 0{,}9173$
5 oder 6	1	$P(X=5)+P(X=6)\approx 0{,}0567+0{,}0193=0{,}076$
Mindestens 6	3	$P(X\geq 6)=1-P(X\leq 5)\approx 1-0{,}974\approx 0{,}026$
Mehr als 5	3	$P(X>5)=1-P(X\leq 5)\approx 1-0{,}974\approx 0{,}026$
Weniger als 8	2	$P(X<8)=P(X\leq 7)\approx 0{,}9986$
Mindestens 4, höchstens 8.	4	$P(4\leq X\leq 8)=P(X\leq 8)-P(X\leq 3)$ $\approx 0{,}9998-0{,}7873\approx 0{,}2125$
Mehr als 2, aber weniger als 6	4	$P(2<X<6)=P(X\leq 5)-P(X\leq 2)$ $\approx 0{,}974-0{,}5631\approx 0{,}4109$

b) Wie viele Smartphones müsste der Kunde mindestens überprüfen, um mit einer Wahrscheinlichkeit von mehr als 95 % mindestens ein defektes zu erhalten?

$$
\begin{aligned}
P(\text{mind. ein defektes}) &> 0{,}95 && \text{(Aufgabenstellung abschreiben)}\\
1-P(\text{kein defektes}) &> 0{,}95 && \text{(Vorgehen über Gegenereignis)}\\
1-P(\text{alle intakt}) &> 0{,}95 &&\\
1-0{,}88^n &> 0{,}95 \quad |-1 &&\\
-0{,}88^n &> -0{,}05 \quad |\cdot(-1) && \text{(Mult. mit neg. Zahl: } > \to < \text{ (S. 33))}\\
0{,}88^n &< 0{,}05 \quad |\ln && \text{(ln, da Exponentialgleichung)}\\
\ln(0{,}88^n) &< \ln(0{,}05) &&\\
n\cdot\ln(0{,}88) &< \ln(0{,}05) && \text{(Regel: } \ln(a^b)=b\cdot\ln(a)\text{)}\\
n\cdot(-0{,}128) &< -2{,}996 \quad |:(-0{,}128) && \text{(Division durch neg. Zahl: } < \to > \text{ (S. 33))}\\
n &> 23{,}43 &&
\end{aligned}
$$

A: Mindestens 24 überprüfen! (Immer Aufrunden!)

Hinweis: Diesen Aufgabentyp „Wie oft muss man mindestens“ finden Sie auch auf S. 77.

1.5 Sigma–Regeln

Ausgangssituation (Gesamtheit → Stichprobe)

Durch die Sigma-Regeln können ausgehend von der (bekannten) „wahren Wahrscheinlichkeit" (p) Aussagen in Bezug auf die Ergebnisse einer Stichprobe getätigt werden.

Als Formeln

1. σ-Regel: $\mathbf{P(\mu-1\cdot\sigma \le X \le \mu+1\cdot\sigma) \approx 68,3\%}$ $\quad$ $\mathbf{1\sigma}$-Intervall: $[\mu-1\cdot\sigma;\ \mu+1\cdot\sigma]$

2. σ-Regel: $\mathbf{P(\mu-2\cdot\sigma \le X \le \mu+2\cdot\sigma) \approx 95,4\%}$ $\quad$ $\mathbf{2\sigma}$-Intervall: $[\mu-2\cdot\sigma;\ \mu+2\cdot\sigma]$

3. σ-Regel: $\mathbf{P(\mu-3\cdot\sigma \le X \le \mu+3\cdot\sigma) \approx 99,7\%}$ $\quad$ $\mathbf{3\sigma}$-Intervall: $[\mu-3\cdot\sigma;\ \mu+3\cdot\sigma]$

Am Schaubild

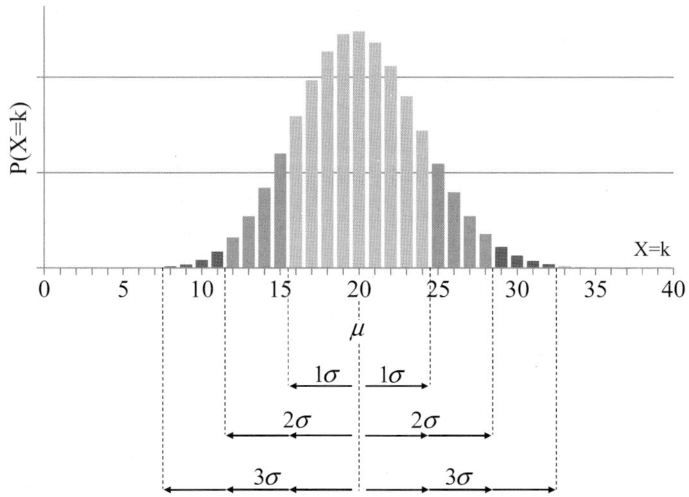

Am Beispiel

Ein von der Mikro AG hergestellter Mikrochip ist erfahrungsgemäß mit einer Wahrscheinlichkeit von 20 % fehlerhaft. Ein Kunde bestellt 100 Mikrochips. X gibt die Anzahl der fehlerhaften Mikrochips in der Bestellung an.

$\mu = n\cdot p = 100\cdot 0,2 = 20;$

$\sigma = \sqrt{n\cdot p\cdot(1-p)} = \sqrt{100\cdot 0,2\cdot(1-0,2)} = 4$

1-σ-Intervall: $[20-1\cdot 4;\ 20+1\cdot 4] = [16;\ 24]$

2-σ-Intervall: $[20-2\cdot 4;\ 20+2\cdot 4] = [12;\ 28]$

3-σ-Intervall: $[20-3\cdot 4;\ 20+3\cdot 4] = [8;\ 32]$

Die Wahrscheinlichkeit, dass in der Bestellung mindestens 16 und höchstens 24 Mikrochips fehlerhaft sind, beträgt also 68,3 %.
Entsprechend 95,4 % Wahrscheinlichkeit für $[12;\ 28]$ bzw. 99,7 % für $[8;\ 32]$.

www.mvurl.de/pnd8

Beispiel 2: Bei der Bundestagswahl erreichte eine Partei einen Anteil von 15 % der gültigen Zweistimmen. Am Tag nach der Wahl werden 1500 Personen befragt, ob sie diese Partei gewählt haben. Geben Sie das zugehörige 1-, 2- und 3-Sigma-Intervall an.

$\mu = n \cdot p = 1500 \cdot 0{,}15 = 225;$

$\sigma = \sqrt{n \cdot p \cdot (1-p)} = \sqrt{1500 \cdot 0{,}15 \cdot (1-0{,}15)} \approx 13{,}83$

1-σ-Intervall: $[225 - 1 \cdot 13{,}83;\ 225 + 1 \cdot 13{,}83] = [211{,}17;\ 238{,}83] = [212;\ 238]$

2-σ-Intervall: $[225 - 2 \cdot 13{,}83;\ 225 + 2 \cdot 13{,}83] = [197{,}34;\ 252{,}66] = [198;\ 252]$

3-σ-Intervall: $[225 - 3 \cdot 13{,}83;\ 225 + 3 \cdot 13{,}83] = [183{,}51;\ 266{,}49] = [184;\ 266]$

Die Wahrscheinlichkeit, dass bei der Befragung mindestens 212 und höchstens 238 Personen angeben, die Partei gewählt zu haben, beträgt also 68,3 %.
Entsprechend 95,4 % Wahrscheinlichkeit für $[198;\ 252]$ bzw. 99,7 % für $[184;\ 266]$.

(Klein-) **Runden** des Intervalls:
Untergrenze **auf**runden
Obergrenze **ab**runden

Intervalle für weitere Wahrscheinlichkeiten bilden

Entsprechend der Sigma-Regeln können Intervalle der Form $[\mu - c \cdot \sigma;\ \mu + c \cdot \sigma]$ auch für weitere Wahrscheinlichkeiten (γ) gebildet werden.

Tabelle

γ (Wahrscheinlichkeit)	0,683	0,90	0,95	0,954	0,99	0,997	0,999
c (Faktor für Intervallgröße)	1 (1σ-Regel)	1,64	1,96	2 (2σ-Regel)	2,58	3 (3σ-Regel)	3,29

Beispiel 3: Der Hersteller eines Medikaments behauptet, dass dieses nur bei 3 % der Patienten Nebenwirkungen verursacht. Das Medikament wird bei 400 Personen getestet. In welchem Intervall müsste die Anzahl an Personen mit Nebenwirkungen mit einer Wahrscheinlichkeit von 95 % liegen?

$\mu = n \cdot p = 400 \cdot 0{,}03 = 12;$

$\sigma = \sqrt{n \cdot p \cdot (1-p)} = \sqrt{400 \cdot 0{,}03 \cdot (1-0{,}03)} = 3{,}41$

$\gamma = 0{,}95 \overset{\text{Tabelle}}{\rightarrow} c = 1{,}96$

1,96-σ-Intervall: $[12 - 1{,}96 \cdot 3{,}41;\ 12 + 1{,}96 \cdot 3{,}41] = [5{,}32;\ 18{,}68] = [6;\ 18]$

Mit einer Wahrscheinlichkeit von 95 % müssten bei mindestens 6 und höchstens 18 Personen Nebenwirkungen auftreten.

2. Vertrauensintervalle (Konfidenzintervalle)

2.1 Das Bilden von Vertrauensintervallen

Ausgangssituation (Stichprobe → Gesamtheit)

In der Realität liegt häufig die (im Vergleich zu den Sigma-Regeln umgekehrte Situation) vor, dass die **„wahre bzw. grundsätzliche Wahrscheinlichkeit“ p** (z.B. Fehlerwahrscheinlichkeit einer Maschine) **unbekannt** ist und durch den proz. Anteil h (z.B. proz. Fehleranteil bei 100 Stück) in einer Stichprobe abgeschätzt werden soll.

Vorgehen: Vertrauensintervalle zur Abschätzung der „wahren Wahrscheinlichkeit“ p

- Zunächst wird aus der Stichprobe der Wert des proz. Anteils h ermittelt. Dieser Wert ist ein erster Schätzwert für p, stimmt aber in der Regel nicht genau mit p überein.
- Um die wahre Wahrscheinlichkeit p eingrenzen zu können, bildet man ein Intervall um h herum (also dessen Mitte h ist), welches p überdecken (beinhalten) soll.
- Abhängig von der gewünschten Wahrscheinlichkeit γ (Vertrauensniveau), mit der das Intervall p überdecken soll, wird dann dessen Größe berechnet.

Formel

$$\left[h - c\cdot\sqrt{\frac{h\cdot(1-h)}{n}};\ h + c\cdot\sqrt{\frac{h\cdot(1-h)}{n}} \right]$$

h: proz. Anteil in Stichprobe
n: Stichprobenumfang
c: Faktor aus Tabelle (S. 111), entsprechend Vertrauensniveau γ („Überdeckungswahrscheinlichkeit“)

Beispiel 1: Um zu ermitteln, ob die Mikro AG ein zuverlässiger Lieferant ist, bestellt ein Kunde probehalber 100 Mikrochips. Er stellt fest, dass 26 % der gelieferten Mikrochips fehlerhaft sind.
Der Kunde möchte die (grundsätzliche) Wahrscheinlichkeit (p) dafür abschätzen, dass ein bei der Mikro AG hergestellter Chip fehlerhaft ist. Geben Sie ein Intervall an, in welchem p mit einer Wahrscheinlichkeit von 95 % liegt.

$$h = 0{,}26;\quad n = 100;\quad \gamma = 0{,}95 \xrightarrow{\text{Tabelle}} c = 1{,}96$$

$$\left[0{,}26 - 1{,}96\cdot\sqrt{\frac{0{,}26\cdot(1-0{,}26)}{100}};\ 0{,}26 + 1{,}96\cdot\sqrt{\frac{0{,}26\cdot(1-0{,}26)}{100}} \right] = [0{,}174;\ 0{,}346]$$

Mit einer Wahrscheinlichkeit von 95 % liegt die (grundsätzliche) Defektwahrscheinlichkeit eines von der Mikro AG hergestellten Chips zwischen 17,4 % und 34,6 %.

Problem: γ hoch $\xrightarrow{\text{Tabelle}}$ c hoch → „langes“ Intervall → unpräzise Eingrenzung von p

Über die Tabelle und die obige Formel führt eine hohe „Überdeckungswahrscheinlichkeit“ immer auf ein langes Intervall, welches p (leider) nur unpräzise eingrenzt.

www.mvurl.de/ykoo

Beispiel 2: Eine Partei möchte ihr Ergebnis (proz. Stimmenanteil) (p) bei der nächsten Bundestagswahl abschätzen. Hierzu werden einige Tage vor der Bundestagswahl 1500 Personen nach ihrem Wahlverhalten befragt. 120 Befragte geben an, dass sie diese Partei wählen werden.
Geben Sie ein 90 % - Vertrauensintervall für p an.

$$h=\frac{120}{1500}=0{,}08;\quad n=1500;\quad \gamma=0{,}90 \overset{\text{Tabelle}}{\rightarrow} c=1{,}64$$

$$\left[0{,}08-1{,}64\cdot\sqrt{\frac{0{,}08\cdot(1-0{,}08)}{1500}};\ 0{,}08+1{,}64\cdot\sqrt{\frac{0{,}08\cdot(1-0{,}08)}{1500}}\right]=[0{,}069;\ 0{,}091]$$

Mit einer Wahrscheinlichkeit von 90 % liegt das Wahlergebnis der Partei bei der Bundestagswahl zwischen 6,9 % und 9,1 %.

Beispiel 3: Im Training trifft ein Basketballspieler 51 von 60 Freiwürfen. Der Trainer möchte die grundsätzliche Trefferwahrscheinlichkeit (p) des Spielers abschätzen.
Geben Sie ein 95,4 % - Vertrauensintervall für p an.

$$h=\frac{51}{60}=0{,}85;\quad n=60;\quad \gamma=0{,}954 \overset{\text{Tabelle}}{\rightarrow} c=2\ (2\sigma\text{-Regel})$$

$$\left[0{,}85-2\cdot\sqrt{\frac{0{,}85\cdot(1-0{,}85)}{60}};\ 0{,}85+2\cdot\sqrt{\frac{0{,}85\cdot(1-0{,}85)}{60}}\right]=[0{,}758;\ 0{,}942]$$

Mit einer Wahrscheinlichkeit von 95,4 % liegt die Trefferwahrscheinlichkeit zwischen 75,8 % und 94,2 %.

Beispiel 4: 7 von 25 Schülern aus einer Klasse geben an, ein iPhone zu nutzen. Schätzen Sie den gesamten Anteil (p) an iPhone-Nutzern in der Schule ab. Geben Sie hierfür ein 99 % - Vertrauensintervall an.

$$h=\frac{7}{25}=0{,}28;\quad n=25;\quad \gamma=0{,}99 \overset{\text{Tabelle}}{\rightarrow} c=2{,}58$$

$$\left[0{,}28-2{,}58\cdot\sqrt{\frac{0{,}28\cdot(1-0{,}28)}{25}};\ 0{,}28+2{,}58\cdot\sqrt{\frac{0{,}28\cdot(1-0{,}28)}{25}}\right]=[0{,}048;\ 0{,}512]$$

Mit einer Wahrscheinlichkeit von 99 % liegt der gesamte Anteil an iPhone-Nutzern in der Schule zwischen 4,8 % und 51,2 %.

Hinweis: Der **gesamte Anteil** an iPhone-Nutzern entspricht natürlich auch der **Wahrscheinlichkeit**, dass ein zufällig ausgewählter Schüler ein iPhone-Nutzer ist. ***p*** kann also für beide Größen stehen und die Aufgabenbearbeitung verläuft gleich.

8 Rosner - ISBN 978-3-8120-0383-4

2.2 Stichprobenumfang und Länge des Vertrauensintervalls

Grundsätzlich sollte natürlich **eine geringe Größe des Vertrauensintervalls** angestrebt werden, da hierdurch der abzuschätzende p-Wert stärker eingegrenzt wird. Hierzu muss jedoch leider ein entsprechend **hoher Stichprobenumfang** gewählt werden.

Mit der nachfolgenden Formel ist es möglich, zu einer gegebenen Länge des Vertrauensintervalls (l) und einem gegebenen c–Wert (aus Tabelle, entsprechend γ) den hierfür benötigten Mindeststichprobenumfang (n) zu berechnen:

Formel: $n \geq \frac{c^2}{l^2}$

Beispiel 1: Ein Kunde möchte die Wahrscheinlichkeit (p), dass ein bei der Mikro AG hergestellter Mikrochip fehlerhaft ist, durch ein 95 % - Vertrauensintervall abschätzen. Das Intervall soll hierbei höchstens eine Länge von 10 % besitzen.
Wie viele Mikrochips müsste er hierfür überprüfen?

$$\gamma = 0,95 \overset{\text{Tabelle}}{\rightarrow} c = 1,96$$

$$n \geq \frac{1,96^2}{0,10^2} = 384,16$$

Der Kunde müsste mindestens 385 Mikrochips überprüfen.

Beispiel 2: Eine Partei möchte ihr zu proz. Wahlergebnis (p) auf 5 % genau abschätzen. Die Wahrscheinlichkeit, dass das proz. Wahlergebnis in diesem Intervall liegen wird, soll hierbei 68,3 % betragen.
Wie viele Personen müssen befragt werden?

$$\gamma = 0,683 \rightarrow c = 1 \ (1\sigma\text{-Regel})$$

$$n \geq \frac{1^2}{0,05^2} = 400$$

Es müssten also mindestens 400 Personen befragt werden.

www.mvurl.de/8fpq

2.3 Zusammenhang: Sigma-Regeln und Vertrauensintervalle

Gesamtheit		**Stichprobe**
(Proz.) Wahrscheinlichkeit, dass ein hergestellter Mikrochip fehlerhaft ist (p).	**σ - Regeln** → ← **Vertr.intervall**	Es werden 100 Mikrochips getestet. (Absolute) Anzahl an defekten Mikrochips. (Proz.) Anteil an defekten Mikrochips (h).
(Proz.) Anteil an Personen im ganzen Land, die Partei A gewählt haben (p).	**σ - Regeln** → ← **Vertr.intervall**	1500 Personen werden nach ihrem Wahlverhalten befragt. (Absolute) Anzahl an Personen, die Partei A gewählt haben. (Proz.) Anteil an Personen, die Partei A gewählt haben (h).
(Proz.) Wahrscheinlichkeit, dass das Medikament zu Nebenwirkungen führt (p).	**σ - Regeln** → ← **Vertr.intervall**	200 Personen haben das Medikament eingenommen. (Absolute) Anzahl von Personen mit Nebenwirkungen. (Proz.) Anteil von Personen mit Nebenwirkungen (h).
Wahre Wahrscheinlichkeit bzw. **gesamter (proz.) Anteil (p)**	**σ - Regeln** → ← **Vertr.intervall**	**(Absolute) Anzahl in Stichprobe** **(Proz.) Anteil in Stichprobe (h)**

www.mvurl.de/ztoi

IV. Mathematische Beschreibung von Prozessen durch Matrizen

1. Matrizen

1.1 Begriffe zur Matrix

Matrix: Eine **Anordung von Zahlen**

Format (Matrix) = (Anzahl Zeilen × Anzahl Spalten)

$$A = \begin{pmatrix} 2 & 3 & 4 \\ -4 & 0 & -1 \end{pmatrix} \qquad (2\times3)$$

$$B = \begin{pmatrix} 1 & 2 \\ 2 & 0 \\ 7 & -6 \\ 0 & -1 \end{pmatrix} \qquad (4\times2)$$

Vektor: Eine Matrix, die nur eine Zeile oder eine Spalte besitzt. Ein Vektor wird mit einem kleinen Buchstaben und einem Pfeil bezeichnet.

$$\vec{e} = \begin{pmatrix} 2 \\ 1 \end{pmatrix}; \quad \vec{f} = \begin{pmatrix} 1 & 2 & -3 \end{pmatrix}$$

Quadratische Matrix: Eine Matrix, die gleich viele Zeilen wie Spalten besitzt.

$$C = \begin{pmatrix} 2 & 0 & 1 \\ -8 & 1 & 3 \\ -4 & 1 & -9 \end{pmatrix} \qquad (3\times3)$$

Einheitsmatrix: Eine quadratische Matrix, deren Diagonalelemente den Wert 1 und deren andere Elemente den Wert 0 haben.

$$E = \begin{pmatrix} 1 & 0 \\ 0 & 1 \end{pmatrix} \text{ bzw. } E = \begin{pmatrix} 1 & 0 & 0 \\ 0 & 1 & 0 \\ 0 & 0 & 1 \end{pmatrix}$$

Hinweis: Das Thema **Lineare Gleichungssysteme (LGS)** befindet sich auf S. 34.

www.mvurl.de/y6zh

1.2 Rechnen mit Matrizen

Addition und Subtraktion

Nur bei Matrizen vom gleichen Format möglich.

1. Beispiel: $\begin{pmatrix} 2 & 0 & 4 \\ 1 & -1 & 4 \end{pmatrix} + \begin{pmatrix} -2 & 3 & 2 \\ -1 & 0 & -4 \end{pmatrix} = \begin{pmatrix} 0 & 3 & 6 \\ 0 & -1 & 0 \end{pmatrix}$

2. Beispiel: $\begin{pmatrix} 5 & 2 \\ 0 & -3 \end{pmatrix} - \begin{pmatrix} 1 & 0 \\ 3 & -2 \end{pmatrix} = \begin{pmatrix} 4 & 2 \\ -3 & -1 \end{pmatrix}$

Skalare Multiplikation („Zahl · Matrix“)

1. Beispiel: $4 \cdot \begin{pmatrix} 1 & -2 & 4 \\ 2 & 0 & 5 \end{pmatrix} = \begin{pmatrix} 4 & -8 & 16 \\ 8 & 0 & 20 \end{pmatrix}$

2. Beispiel: $\begin{pmatrix} -1 & 2 \\ 0 & -3 \end{pmatrix} \cdot (-2) = \begin{pmatrix} 2 & -4 \\ 0 & 6 \end{pmatrix}$

Multiplikation von Matrizen („Matrix · Matrix“)

• Nur möglich, falls Spaltenanzahl der ersten Matrix gleich Zeilenanzahl der zweiten Matrix. Formatbeispiel: $(2\times\mathbf{3})\cdot(\mathbf{3}\times 2) \to (2\times 2)$.

Beispiel 1

$$\begin{pmatrix} 1 & -2 & 1 \\ 0 & -1 & -1 \end{pmatrix} \cdot \begin{pmatrix} 2 & 0 \\ 0 & -1 \\ 1 & 0 \end{pmatrix} \to$$

$(2\times\mathbf{3}) \quad \cdot \quad (\mathbf{3}\times 2)$

	$\begin{pmatrix} 2 & 0 \\ 0 & -1 \\ 1 & 0 \end{pmatrix}$
$\begin{pmatrix} 1 & -2 & 1 \\ 0 & -1 & -1 \end{pmatrix}$	$\begin{pmatrix} 1\cdot 2-2\cdot 0+1\cdot 1=3 & 1\cdot 0-2\cdot(-1)+1\cdot 0=2 \\ 0\cdot 2-1\cdot 0-1\cdot 1=-1 & 0\cdot 0-1\cdot(-1)-1\cdot 0=1 \end{pmatrix}$

$$= \begin{pmatrix} 3 & 2 \\ -1 & 1 \end{pmatrix}$$

$\to (2\times 2)$

Beispiel 2

$$\begin{pmatrix} 1 & 2 \\ 3 & 4 \end{pmatrix} \cdot \begin{pmatrix} 1 & 0 \\ 0 & 1 \end{pmatrix} \to$$

	$\begin{pmatrix} 1 & 0 \\ 0 & 1 \end{pmatrix}$
$\begin{pmatrix} 1 & 2 \\ 3 & 4 \end{pmatrix}$	$\begin{pmatrix} 1\cdot 1+2\cdot 0=1 & 1\cdot 0+2\cdot 1=2 \\ 3\cdot 1+4\cdot 0=3 & 3\cdot 0+4\cdot 1=4 \end{pmatrix}$

$$= \begin{pmatrix} 1 & 2 \\ 3 & 4 \end{pmatrix}$$

• Es gilt: $A\cdot E = E\cdot A = A$. Wenn man die Matrix A mit der Einheitsmatrix E multipliziert (Reihenfolge egal), erhält man die Matrix A als Ergebnis. Die Einheitsmatrix E entspricht also der „normalen Zahl“ 1.

• Achtung: Multiplikation von Matrizen ist nicht kommutativ. Die Reihenfolge macht also einen Unterschied ($A\cdot B \neq B\cdot A$).

Achtung : Division von Matrizen („Matrix : Matrix“) ist nicht definiert !

1.3 Die inverse Matrix (A^{-1})

Vorüberlegung: Welche ist die „inverse Zahl" zu 3? Die Zahl 1/3! Grund: $3 \cdot 1/3 = 1$. Welche ist die inverse Matrix zu A? Diejenige Matrix, welche im Produkt mit A die Einheitsmatrix E ergibt: $A \cdot A^{-1} = E$ (Abkürzung für inverse Matrix: A^{-1}).

Beispiel: $A = \begin{pmatrix} 1 & 3 \\ 1 & 2 \end{pmatrix}$ und $A^{-1} = \begin{pmatrix} -2 & 3 \\ 1 & -1 \end{pmatrix}$ sind invers, da $\begin{pmatrix} 1 & 3 \\ 1 & 2 \end{pmatrix} \cdot \begin{pmatrix} -2 & 3 \\ 1 & -1 \end{pmatrix} = \begin{pmatrix} 1 & 0 \\ 0 & 1 \end{pmatrix}$.

Berechnung von A^{-1}: $\quad (\mathbf{A} \mid \mathbf{E})$

gleiche LGS-Umformungen $\downarrow$ auf beiden Seiten

$$(\mathbf{E} \mid \mathbf{A}^{-1})$$

Beispiel 1: Inverse zu $A = \begin{pmatrix} 1 & 3 \\ 1 & 2 \end{pmatrix}$?

$$\left(\begin{array}{cc|cc} 1 & 3 & 1 & 0 \\ 1 & 2 & 0 & 1 \end{array}\right) \quad \begin{array}{l} \\ \mathrm{I} - \mathrm{II} \end{array}$$

$$\left(\begin{array}{cc|cc} 1 & 3 & 1 & 0 \\ 0 & 1 & 1 & -1 \end{array}\right) \quad \begin{array}{l} \mathrm{I} - 3 \cdot \mathrm{II} \\ \end{array}$$

$$\left(\begin{array}{cc|cc} 1 & 0 & -2 & 3 \\ 0 & 1 & 1 & -1 \end{array}\right) \rightarrow A^{-1} = \begin{pmatrix} -2 & 3 \\ 1 & -1 \end{pmatrix}$$

Beispiel 2: Inverse zu $B = \begin{pmatrix} 2 & 0 & 0 \\ 0 & 1 & -1 \\ 4 & 0 & 1 \end{pmatrix}$?

$$\left(\begin{array}{ccc|ccc} 2 & 0 & 0 & 1 & 0 & 0 \\ 0 & 1 & -1 & 0 & 1 & 0 \\ 4 & 0 & 1 & 0 & 0 & 1 \end{array}\right) \quad \mathrm{III} - 2 \cdot \mathrm{I}$$

$$\left(\begin{array}{ccc|ccc} 2 & 0 & 0 & 1 & 0 & 0 \\ 0 & 1 & -1 & 0 & 1 & 0 \\ 0 & 0 & 1 & -2 & 0 & 1 \end{array}\right) \quad \mathrm{II} + \mathrm{III}$$

$$\left(\begin{array}{ccc|ccc} 2 & 0 & 0 & 1 & 0 & 0 \\ 0 & 1 & 0 & -2 & 1 & 1 \\ 0 & 0 & 1 & -2 & 0 & 1 \end{array}\right) \quad :2$$

$$\left(\begin{array}{ccc|ccc} 1 & 0 & 0 & 0{,}5 & 0 & 0 \\ 0 & 1 & 0 & -2 & 1 & 1 \\ 0 & 0 & 1 & -2 & 0 & 1 \end{array}\right) \rightarrow B^{-1} = \begin{pmatrix} 0{,}5 & 0 & 0 \\ -2 & 1 & 1 \\ -2 & 0 & 1 \end{pmatrix}$$

Tipp: „Abkürzung" bei Format (2×2)

$$\mathbf{A} = \begin{pmatrix} a_1 & b_1 \\ a_2 & b_2 \end{pmatrix} \rightarrow \mathbf{A}^{-1} = \frac{1}{a_1 \cdot b_2 - a_2 \cdot b_1} \cdot \begin{pmatrix} b_2 & -b_1 \\ -a_2 & a_1 \end{pmatrix} \quad (\text{für } a_1 \cdot b_2 - a_2 \cdot b_1 \neq 0)$$

$$A = \begin{pmatrix} 1 & 3 \\ 1 & 2 \end{pmatrix} \rightarrow A^{-1} = \frac{1}{1 \cdot 2 - 1 \cdot 3} \cdot \begin{pmatrix} 2 & -3 \\ -1 & 1 \end{pmatrix} = -\begin{pmatrix} 2 & -3 \\ -1 & 1 \end{pmatrix} = \begin{pmatrix} -2 & 3 \\ 1 & -1 \end{pmatrix} \quad (\text{siehe oben})$$

Inverse existiert nicht immer

- **Nichtquadratische** Matrizen haben **niemals** eine zugehörige Inverse.
- Auch manche quadratische Matrizen haben keine zugehörige Inverse: Dies erkennt man bei dem Versuch der Berechnung (nach obigem Schema) daran, dass die Matrix (links) nicht zur Einheitsmatrix umgeformt werden kann (hierbei wird mind. ein Diagonalelement zu 0).

Wozu inverse Matrizen? Um Matrizengleichungen zu lösen (siehe nachfolgende Seite).

www.mvurl.de/zz5z

1.4 Matrizengleichungen

Vorüberlegung: Wie kann die „Zahlengleichung" $3x = 9$ gelöst werden, ohne durch 3 zu teilen? Indem mit 1/3 (der „inversen Zahl" zu 3) multipliziert wird:

$$\begin{aligned} 3x &= 9 \quad \Big| \cdot 1/3 \\ x &= 3 \end{aligned}$$

Übertragung auf Matrizengleichungen: Teilen durch Matrizen ist nicht definiert. Man löst Matrizengleichungen, indem man statt dessen mit der inversen Matrix multipliziert.

Beispiel

$$\begin{aligned} A \cdot X &= B \qquad \Big| \cdot A^{-1} \textit{ von links} \\ \Big(A^{-1} \cdot A \cdot X &= A^{-1} \cdot B \\ E \cdot X &= A^{-1} \cdot B \Big) \\ X &= A^{-1} \cdot B \end{aligned}$$

Hinweise

- Teilen durch A ist nicht definiert (S. 119).
- Durch Multiplikation mit A^{-1} kann X isoliert werden.
- *von links*, sodass A und A^{-1} direkt nebeneinander stehen.

Weitere Beispiele

a)

$$\begin{aligned} XA + B &= C \qquad \Big| -B \\ XA &= C - B \qquad \Big| \cdot A^{-1} \textit{ von rechts} \\ X &= (C - B) \cdot A^{-1} \end{aligned}$$

b)

$$\begin{aligned} AX + B &= BX + 3B \qquad \Big| -B - BX \\ AX - BX &= 2B \\ (A - B) \cdot X &= 2B \qquad \Big| \cdot (A - B)^{-1} \textit{ von links} \\ X &= (A - B)^{-1} \cdot 2B \end{aligned}$$

c)

$$\begin{aligned} X + XA &= B \\ X \cdot (E + A) &= B \qquad \Big| \cdot (E + A)^{-1} \textit{ von rechts} \\ X &= B \cdot (E + A)^{-1} \end{aligned}$$

(2. Zeile: Nicht die Zahl 1, sondern die Einheitsmatrix E steht nach dem Ausklammern in der Klammer.)

d) $AX + XB = C$

Nicht lösbar, da X weder nach links noch nach rechts ausgeklammert werden kann (Wegen $A \cdot X \neq X \cdot A$ (S. 119) darf die Reihenfolge nicht vertauscht werden.)

2. Mehrstufige Produktionsprozesse

2.1 Zweistufige Produktionsprozesse

• Schritt 1: Verflechtungsmatrizen und Verflechtungsdiagramme

Beispiel: Der Pralinenhersteller Pralini AG stellt zwei Pralinentypen („Praline jour" und „Praline nuit") in einem 2-stufigen Produktionsprozess her. Aus den Rohstoffen (Kakao, Milchpulver, Zucker) werden zunächst Zwischenprodukte (Weiße Schokolade, Dunkle Schokolade) gefertigt, aus welchen dann die Endprodukte („Praline jour", „Praline nuit") hergestellt werden.

Benötigte Matrizen

A Rohstoff-Zwischenprodukt-Matrix (Benötigte Rohstoffe für die Zwischenprodukte)
B Zwischenprodukt-Endprodukt-Matrix
C Rohstoff-Endprodukt-Matrix

im Beispiel:

2 Wege über **Verflechtungsmatrizen**

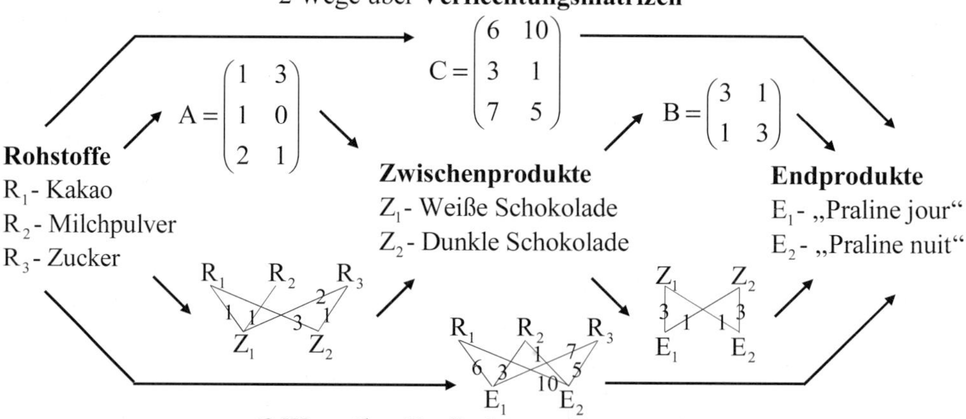

2 Wege über **Verflechtungsdiagramme**

Formel: $\mathbf{A \cdot B = C}$

Beschreibung (jeweils nur anhand der 1. Spalte)

• 1. Spalte von Matrix A: Für 1 Einheit Z_1 (Weiße Schokolade) benötigt man 1 EH R_1 (Kakao), 1 EH R_2 (Milchpulver) und 2 EH R_3 (Zucker).

• 1. Spalte von Matrix B: Für 1 EH E_1 („Praline jour") benötigt man 3 EH Z_1 (Weiße Schokolade) und 1 EH Z_2 (Dunkle Schokolade).

• 1. Spalte von Matrix C: Für 1 EH E_1 („Praline jour") benötigt man 6 EH R_1 (Kakao), 3 EH R_2 (Milchpulver) und 7 EH R_3 (Zucker).

Bei A, B und C
Spalte - „nehmen"
Zeile - „geben"

www.mvurl.de/brq4

• Schritt 2: Produktionsvektoren

Beispiel: Wie viele Rohstoffe müssen eingekauft werden, wenn 17 „Pralines jour“ und 21 „Pralines nuit“ hergestellt werden sollen?

Benötigte Vektoren		im Beispiel
$\vec{r}$	verwendete Rohstoffeinheiten (in ME R)	
$\vec{z}$	hergestellte Zwischenprodukteinheiten (in ME Z)	
$\vec{p}$	hergestellte Endprodukteinheiten (in ME P)	$\vec{p}=\begin{pmatrix}17\\21\end{pmatrix}$

Formeln: $\vec{r}=\mathbf{A}\cdot\vec{z}$ $\quad\vec{z}=\mathbf{B}\cdot\vec{p}$ $\quad\vec{r}=\mathbf{C}\cdot\vec{p}$ (siehe Merkhilfe)

im Beispiel:

$\vec{r}=C\cdot\vec{p}$

$\vec{r}=A\cdot\vec{z}$ $\quad\vec{z}=B\cdot\vec{p}$

Rohstoffe
R_1 - Kakao
R_2 - Milchpulver
R_3 - Zucker

Zwischenprodukte
Z_1 - Weiße Schokolade
Z_2 - Dunkle Schokolade

Endprodukte
E_1 - „Praline jour“
E_2 - „Praline nuit“

[2] $$\vec{r}=\begin{pmatrix}1&3\\1&0\\2&1\end{pmatrix}\cdot\begin{pmatrix}72\\80\end{pmatrix}=\begin{pmatrix}312\\72\\224\end{pmatrix}$$

[1] $$\vec{z}=\begin{pmatrix}3&1\\1&3\end{pmatrix}\cdot\begin{pmatrix}17\\21\end{pmatrix}=\begin{pmatrix}72\\80\end{pmatrix}$$

[3] $$\vec{r}=\begin{pmatrix}6&10\\3&1\\7&5\end{pmatrix}\cdot\begin{pmatrix}17\\21\end{pmatrix}=\begin{pmatrix}312\\72\\224\end{pmatrix}$$

Beschreibung

Ausgehend von den benötigten Endprodukten (17 „Pralines jour“ und 21 „Pralines nuit“) wird „von rechts nach links“ gerechnet.

[1] Über $\vec{z}=B\cdot\vec{p}$ wird ermittelt, dass hierfür 72 EH Weiße Schokolade und 80 EH Dunkle Schokolade an Zwischenprodukten hergestellt werden müssen.

[2] Die Rohstoffmengen, die wiederum hierfür eingekauft werden müssen, werden über $\vec{r}=A\cdot\vec{z}$ errechnet. Man benötigt 312 EH Kakao, 72 EH Milchpulver und 224 EH Zucker.

[3] Über $\vec{r}=C\cdot\vec{p}$ kann direkt (Zwischenprodukte werden rechnerisch „übersprungen“) aus den bestellten Endprodukten die hierfür benötigten Rohstoffmengen berechnet werden.

www.mvurl.de/vz6k

• Schritt 3: Berechnung der Herstellungskosten

- Für die Berechnung der gesamten Herstellungskosten müssen zunächst die Fixkosten (Miete, Zinsen, Löhne, ...) des Unternehmens berücksichtigt werden.
(Im Beispiel: 100 Geldeinheiten, siehe unten.)

- Dazu kommen die Kosten für den Einkauf der Rohstoffe (Kakao, Milchpulver, Zucker).
(Im Beispiel 1 GE pro EH Kakao, 2 GE pro EH Milchpulver und 1 GE pro EH Zucker.)

- Außerdem kommen die Fertigungskosten eines Arbeiters hinzu, der die Zwischenprodukte Weiße Schokolade und Dunkle Schokolade aus den Rohstoffen fertigt (rösten, mischen, ...).

- Zuletzt müssen noch die Fertigungskosten eines weiteren Arbeiters berechnet werden, der die Endprodukte „Praline jour“ und „Praline nuit“ wiederum aus den Zwischenprodukten fertigt (portionieren, in Form gießen, …).

Beispiel: Gesamte Herstellungskosten für 17 „Pralines jour“ und 21 „Pralines nuit“?

Benötigte Größen		im Beispiel
K	Herstellungskosten (in GE)	
K_{fix}	Fixkosten (in GE)	100
$K_R / K_Z / K_E$	Gesamte Kosten für Einkauf der Rohstoffe / Fertigung der Zwischenprodukte / Fertigung der Endprodukte (in GE)	
$\overrightarrow{k_R}$	Stückkosten für den Einkauf der Rohstoffe (in GE pro ME R)	$\begin{pmatrix} 1 & 2 & 1 \end{pmatrix}$
$\overrightarrow{k_Z}$	Stückkosten für die Fertigung der Zwischenprodukte (aus den Rohstoffen) (in GE pro ME Z)	$\begin{pmatrix} 6 & 4 \end{pmatrix}$
$\overrightarrow{k_E}$	Stückkosten für die Fertigung der Endprodukte (aus den Zwischenprodukten) (in GE pro ME P)	$\begin{pmatrix} 5 & 7 \end{pmatrix}$

Formeln: $\mathbf{K} = \mathbf{K_{fix}} + \mathbf{K_R} + \mathbf{K_Z} + \mathbf{K_E}$

$$= \mathbf{K_{fix}} + \overrightarrow{\boldsymbol{k}_R} \cdot \vec{\boldsymbol{r}} + \overrightarrow{\boldsymbol{k}_Z} \cdot \vec{\boldsymbol{z}} + \overrightarrow{\boldsymbol{k}_E} \cdot \vec{\boldsymbol{p}}$$ (jeweils aufteilen in Stückkosten · Menge)

im Beispiel:

$$K = 100 + \begin{pmatrix} 1 & 2 & 1 \end{pmatrix} \cdot \begin{pmatrix} 312 \\ 72 \\ 224 \end{pmatrix} + \begin{pmatrix} 6 & 4 \end{pmatrix} \cdot \begin{pmatrix} 72 \\ 80 \end{pmatrix} + \begin{pmatrix} 5 & 7 \end{pmatrix} \cdot \begin{pmatrix} 17 \\ 21 \end{pmatrix}$$

$$= 100 + 680 + 752 + 232 = 1764 \text{ GE}$$

www.mvurl.de/akz8

Beschreibung: Um z.B. die gesamten Fertigungskosten für die Zwischenprodukte K_Z zu berechnen, werden die Stückfertigungskosten $\overrightarrow{k_Z}$ mit den benötigten Zwischenproduktmengen $\vec{z}$ multipliziert. Entsprechend werden K_R und K_E errechnet.

Im Beispiel verursacht die Bestellung gesamte Herstellkosten in Höhe von 1764 GE.

Hinweis
Mengen werden stets in **Spaltenvektoren** notiert,
(Stück-)kosten hingegen stets in **Zeilenvektoren**.
(Grund: Keine Formatprobleme bei den Formeln.)

Mengen in **Spalten**vektoren
Kosten in **Zeilen**vektoren

• Schritt 4: Berechnung der variablen Stückkosten

Beispiel: Die Pralini AG überlegt, wie hoch sie die Verkaufspreise für eine „Praline jour" bzw. „Praline nuit" ansetzen soll. Jede Praline soll für 20 GE mehr verkauft werden, als sie in der Herstellung an variablen Stückkosten (gesamte Einkaufs- und Fertigungskosten, ohne Fixkosten) verursacht hat.
Wie hoch sind also die variablen Stückkosten der beiden Pralinen?

Benötigte Größen

K_V Gesamte variable Kosten (in GE)

$\overrightarrow{k_V}$ Variable Stückkosten für die Herstellung der Endprodukte (in GE pro ME P)

Herleitung:
$$\begin{aligned}
K &= K_{fix} + \overrightarrow{k_R}\cdot\vec{r} + \overrightarrow{k_Z}\cdot\vec{z} + \overrightarrow{k_E}\cdot\vec{p} && \text{(siehe Vorseite)}\\
&= K_{fix} + \overrightarrow{k_R}\cdot C\cdot\vec{p} + \overrightarrow{k_Z}\cdot B\cdot\vec{p} + \overrightarrow{k_E}\cdot\vec{p} && \text{(einsetzen: } \vec{r} = C\cdot\vec{p};\ \vec{z} = B\cdot\vec{p})\\
&= K_{fix} + \left(\overrightarrow{\boldsymbol{k}_R}\cdot \mathbf{C} + \overrightarrow{\boldsymbol{k}_Z}\cdot \mathbf{B} + \overrightarrow{\boldsymbol{k}_E}\right)\cdot\vec{p} && \text{(ausklammern von } \vec{p})\\
&= K_{fix} + \overrightarrow{\boldsymbol{k}_V}\cdot\vec{p} && \text{(„zusammenfassen" zu } \overrightarrow{k_V})\\
&(= K_{fix} + K_V)
\end{aligned}$$

Formel: $\overrightarrow{\boldsymbol{k}_V} = \overrightarrow{\boldsymbol{k}_R}\cdot \mathbf{C} + \overrightarrow{\boldsymbol{k}_Z}\cdot \mathbf{B} + \overrightarrow{\boldsymbol{k}_E}$

im Beispiel:
$$\begin{aligned}
\overrightarrow{k_V} &= \begin{pmatrix}1 & 2 & 1\end{pmatrix}\cdot\begin{pmatrix}6 & 10\\ 3 & 1\\ 7 & 5\end{pmatrix} + \begin{pmatrix}6 & 4\end{pmatrix}\cdot\begin{pmatrix}3 & 1\\ 1 & 3\end{pmatrix} + \begin{pmatrix}5 & 7\end{pmatrix}\\
&= \begin{pmatrix}19 & 17\end{pmatrix} + \begin{pmatrix}22 & 18\end{pmatrix} + \begin{pmatrix}5 & 7\end{pmatrix}\\
&= \begin{pmatrix}46 & 42\end{pmatrix}
\end{aligned}$$

Beschreibung: Eine „Praline jour" kostet also 46 GE in der Herstellung, eine „Praline nuit" 42 GE. Die Verkaufspreise sollten also 66 GE bzw. 62 GE betragen.

Bemerkung: Durch fixe und variable Kosten ergeben sich ebenfalls 1764 GE als gesamte Herstellungskosten: $K = K_{fix} + \overrightarrow{k_V}\cdot\vec{p} = 100 + \begin{pmatrix}46 & 42\end{pmatrix}\cdot\begin{pmatrix}17\\ 21\end{pmatrix} = 100 + 1664 = 1764\,\text{GE}.$

www.mvurl.de/pfpf

• Schritt 5: Berechnung des Gewinns

Beispiel: Welcher Gewinn wird durch den Verkauf von 17 „Pralines jour" und 21 „Pralines nuit" erzielt?

Benötigte Größen		im Beispiel
G	Gesamter Gewinn (in GE)	
E	Gesamter Erlös bzw. Umsatz (in GE)	
$\vec{e}$	Verkaufspreise der Endprodukte (in GE pro ME P)	$\begin{pmatrix} 66 & 62 \end{pmatrix}$

Formeln:
$$\mathbf{G} = \vec{\boldsymbol{e}} \cdot \vec{\boldsymbol{p}} - \mathbf{K} = \mathbf{E} - \mathbf{K}$$

im Beispiel:
$$\mathrm{G} = \begin{pmatrix} 66 & 62 \end{pmatrix} \cdot \begin{pmatrix} 17 \\ 21 \end{pmatrix} - 1764 = 2424 - 1764 = 660 \text{ GE}$$

Beschreibung

Die Erlöse von 2424 GE sind höher als die gesamten Herstellungskosten von 1764 EUR. Durch die Bestellung wird also ein Gewinn von 660 GE erzielt.

www.mvurl.de/z5op

2.2 Einstufige Produktionsprozesse (Kurzform)

Hier werden aus den Rohstoffen direkt Endprodukte gefertigt. Zwischenprodukte treten im Produktionsprozess also nicht auf.

• Schritt 1: Verflechtungsmatrizen und Verflechtungsdiagramme

Weg über **Verflechtungsmatrix C**

Rohstoffe R_1 … ⟶ **C** ⟶ **Endprodukte** E_1 …

Rohstoffe R_1 … ⟶ R_1 … / E_1 … ⟶ **Endprodukte** E_1 …

Weg über das **Verflechtungsdiagramm**

• Schritt 2: Produktionsvektoren

Rohstoffe R_1 … ⟶ $\vec{r} = \mathbf{C} \cdot \vec{p}$ ⟶ **Endprodukte** E_1 …

• Schritt 3: Berechnung der Herstellungskosten

$$\mathbf{K} = \mathbf{K}_{\text{fix}} + \mathbf{K}_{\text{R}} + \mathbf{K}_{\text{E}}$$
$$= \mathbf{K}_{\text{fix}} + \overrightarrow{k_{\text{R}}} \cdot \vec{r} + \overrightarrow{k_{\text{E}}} \cdot \vec{p}$$

⟶ **Rohstoffe** R_1 … ⟶ **Endprodukte** E_1 …

• Schritt 4: Berechnung der variablen Stückkosten

$$\overrightarrow{k_{\text{V}}} = \overrightarrow{k_{\text{R}}} \cdot \mathbf{C} + \overrightarrow{k_{\text{E}}}$$

• Schritt 5: Berechnung des Gewinns

$$\mathbf{G} = \vec{e} \cdot \vec{p} - \mathbf{K}$$
$$= \mathbf{E} - \mathbf{K}$$

www.mvurl.de/1ewr

3. Übergangsprozesse

3.1 Stochastische Übergangsprozesse (Austauschprozesse)

Beispiel: In Kaffhausen eröffnen zeitgleich zwei Discos A und B. Die Betreiber rechnen mit einer festen Anzahl an Jugendlichen, welche an jedem Samstag eine der beiden Discos besuchen.
Ein Besucher der Disco A besucht am Samstag der darauf folgenden Woche mit einer Wahrscheinlichkeit von 70 % wieder Disco A (und mit einer Wahrscheinlichkeit von 30 % Disco B.)
Ein Besucher der Disco B besucht am Samstag der darauf folgenden Woche mit einer Wahrscheinlichkeit von 80 % wieder Disco B (und mit einer Wahrscheinlichkeit von 20 % Disco A.)

Darstellungsmöglichkeiten

Diagramm

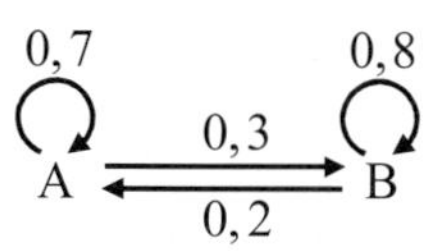

Tabelle

	von A	von B
nach A	0,7	0,2
nach B	0,3	0,8

Übergangsmatrix

$$A = \begin{pmatrix} 0,7 & 0,2 \\ 0,3 & 0,8 \end{pmatrix}$$

- Stochastische Matrix mit **Wahrscheinlichkeiten**
- **Spaltensumme = 1**

Merkmale

Eine **feste Anzahl** an beteiligten Objekten (z.B. Jugendliche), bewegen sich („tauschen") gemäß **Wahrscheinlichkeiten** schrittweise (z.B. von Woche zu Woche) zwischen verschiedenen Zuständen (Discos).

Formel: $\mathbf{A} \cdot \overrightarrow{\boldsymbol{x}_{\text{alt}}} = \overrightarrow{\boldsymbol{x}_{\text{neu}}}$ bzw. $\overrightarrow{\boldsymbol{x}_{\text{neu}}} = \mathbf{A} \cdot \overrightarrow{\boldsymbol{x}_{\text{alt}}}$ (Reihenfolge je nach Aufgabenstellung)

Berechnung der Entwicklung

$\overrightarrow{x_0}$ (Anfangszustand)

$\overrightarrow{x_1} = A \cdot \overrightarrow{x_0}$

$\overrightarrow{x_2} = A \cdot \overrightarrow{x_1} = A \cdot A \cdot \overrightarrow{x_0} = A^2 \cdot \overrightarrow{x_0}$

$\overrightarrow{x_3} = A \cdot \overrightarrow{x_2} = A^3 \cdot \overrightarrow{x_0}$

...

Abkürzungen

$\overrightarrow{x_{...}}$: proz. Verteilung bzw. Anzahl im Zeitschritt ...

A : enthält Übergangswahrscheinlichkeiten von einem Zeitschritt zum nächsten

A^2 : enthält Übergangswahrscheinlichkeiten von einem Zeitschritt zum übernächsten

...

- Durch Multiplikation mit A erfolgt die Berechnung „von Zustand zu Folgezustand".
- Bei „Springen" über mehrere Zustände erhält A eine entsprechende Hochzahl.

www.mvurl.de/5rim

Beispiel (Disco)

a) Am Eröffnungstag befinden sich 20 % der Jugendlichen in Disco A und 80 % der Jugendlichen in Disco B. Berechnen Sie die Verteilung für den ersten (auf den Eröffnungstag folgenden) Samstag.

$$\overrightarrow{x_0} = \begin{pmatrix} 0,2 \\ 0,8 \end{pmatrix}; \quad \overrightarrow{x_1} = A \cdot \overrightarrow{x_0} = \begin{pmatrix} 0,7 & 0,2 \\ 0,3 & 0,8 \end{pmatrix} \cdot \begin{pmatrix} 0,2 \\ 0,8 \end{pmatrix} = \begin{pmatrix} 0,3 \\ 0,7 \end{pmatrix} \quad \textbf{(Formel)}$$

Am (auf den Eröffnungstag folgenden) ersten Samstag besuchen 30 % der Jugendlichen Disco A und 70 % die Disco B.

b) Berechnen Sie die Verteilung für den zweiten (auf den Eröffnungstag folgenden) Samstag.

$$\overrightarrow{x_2} = A \cdot \overrightarrow{x_1} = \begin{pmatrix} 0,7 & 0,2 \\ 0,3 & 0,8 \end{pmatrix} \cdot \begin{pmatrix} 0,3 \\ 0,7 \end{pmatrix} = \begin{pmatrix} 0,35 \\ 0,65 \end{pmatrix}$$

Alternativ $\overrightarrow{x_2}$ aus $\overrightarrow{x_0}$ berechnen:

$$\overrightarrow{x_2} = A^2 \cdot \overrightarrow{x_0} = \begin{pmatrix} 0,7 & 0,2 \\ 0,3 & 0,8 \end{pmatrix}^2 \cdot \begin{pmatrix} 0,2 \\ 0,8 \end{pmatrix} = \begin{pmatrix} 0,7 & 0,2 \\ 0,3 & 0,8 \end{pmatrix} \cdot \begin{pmatrix} 0,7 & 0,2 \\ 0,3 & 0,8 \end{pmatrix} \cdot \begin{pmatrix} 0,2 \\ 0,8 \end{pmatrix}$$

$$= \begin{pmatrix} 0,55 & 0,3 \\ 0,45 & 0,7 \end{pmatrix} \cdot \begin{pmatrix} 0,2 \\ 0,8 \end{pmatrix} = \begin{pmatrix} 0,35 \\ 0,65 \end{pmatrix}$$

Rechnen
„Vorwärts“: Einsetzen in **Formel**
„Rückwärts“: LGS (oder Inverse)

c) Interpretieren Sie die Einträge der Matrix A^2.

$$A^2 = \begin{pmatrix} 0,55 & 0,3 \\ 0,45 & 0,7 \end{pmatrix}$$

Z.B. 1. Spalte: Die Wahrscheinlichkeit, dass ein Jugendlicher, der heute Disco A besucht, in 2 Wochen wieder Disco A besucht, beträgt 55 %. Die Wahrscheinlichkeit, dass er in 2 Wochen Disco B besucht, beträgt 45 %.

d) An einem Samstag besuchen 70 Jugendliche die Disco A und 130 Jugendliche die Disco B. Berechnen Sie hieraus die Besuchszahlen in der Vorwoche.

$$A \cdot \overrightarrow{x_{\text{alt}}} = \overrightarrow{x_{\text{neu}}} \quad \Leftrightarrow \quad \begin{pmatrix} 0,7 & 0,2 \\ 0,3 & 0,8 \end{pmatrix} \cdot \begin{pmatrix} x_1 \\ x_2 \end{pmatrix} = \begin{pmatrix} 70 \\ 130 \end{pmatrix} \quad \Leftrightarrow \quad \begin{matrix} 0,7x_1 + 0,2x_2 = 70 \\ 0,3x_1 + 0,8x_2 = 130 \end{matrix} \quad \textbf{(LGS)}$$

$$\text{Lösen des LGS: } \left(\begin{array}{cc|c} 0,7 & 0,2 & 70 \\ 0,3 & 0,8 & 130 \end{array}\right) \; \text{II} \cdot 0,7 - \text{I} \cdot 0,3 \quad \Leftrightarrow \quad \left(\begin{array}{cc|c} 0,7 & 0,2 & 70 \\ 0 & 0,5 & 70 \end{array}\right)$$

LGS hat eindeutige Lösung: $\text{II}: \; 0,5x_2 = 70 \quad \Rightarrow x_2 = 140$

$\text{in I}: \; 0,7x_1 + 0,2 \cdot 140 = 70 \Rightarrow x_1 = 60$

In der Vorwoche waren 60 Jugendliche in Disco A und 140 in Disco B.

Hinweis: Alternativer Lösungsweg durch $\overrightarrow{x_{\text{alt}}} = A^{-1} \cdot \overrightarrow{x_{\text{neu}}}$ (mit inverser Matrix, S. 121).

9 Rosner - ISBN 978-3-8120-0383-4

3.2 Stabiler Vektor (stationäre Verteilung) und Grenzmatrix

Der stabile Vektor (Fixvektor, stationäre Verteilung) $\vec{x}$

Beispiel (Disko, S. 128): Man erhält folgende Verteilungen

$$\vec{x_0}=\begin{pmatrix}0{,}2\\0{,}8\end{pmatrix};\ \vec{x_1}=\begin{pmatrix}0{,}3\\0{,}7\end{pmatrix};\ \vec{x_2}=\begin{pmatrix}0{,}35\\0{,}65\end{pmatrix};\ \dots;\ \vec{x_{11}}=\begin{pmatrix}0{,}4\\0{,}6\end{pmatrix};\ \dots;\vec{x_{20}}=\begin{pmatrix}0{,}4\\0{,}6\end{pmatrix};\ \dots;\vec{x_\infty}=\begin{pmatrix}0{,}4\\0{,}6\end{pmatrix}$$

$\Rightarrow$ Stabiler Vektor: $\vec{x}=\begin{pmatrix}0{,}4\\0{,}6\end{pmatrix}$

Begriff : Der stabile Vektor $\vec{x}$ ist der Verteilungsvektor, der sich beim Prozess **nicht mehr ändert**, sobald er erreicht ist. Von einem Zeitschritt zum nächsten entsprechen sich dann alte und neue Verteilung.

Gleichung für stabilen Vektor : $\mathbf{A}\cdot\vec{x}=\vec{x}$ $\left(\text{im Beispiel: } \begin{pmatrix}0{,}7 & 0{,}2\\0{,}3 & 0{,}8\end{pmatrix}\cdot\begin{pmatrix}0{,}4\\0{,}6\end{pmatrix}=\begin{pmatrix}0{,}4\\0{,}6\end{pmatrix}\right)$

Berechnung des stabilen Vektors $\vec{x}$ (am Beispiel „Disko“)	
1. Einsetzen von **A** und $\begin{pmatrix}x_1\\1-x_1\end{pmatrix}$ in $\mathbf{A}\cdot\vec{x}=\vec{x}$.	$\mathrm{A}\cdot\vec{x}=\vec{x}\Rightarrow \mathrm{A}\cdot\begin{pmatrix}x_1\\x_2\end{pmatrix}=\begin{pmatrix}x_1\\x_2\end{pmatrix}\Rightarrow\begin{pmatrix}0{,}7 & 0{,}2\\0{,}3 & 0{,}8\end{pmatrix}\cdot\begin{pmatrix}x_1\\1-x_1\end{pmatrix}=\begin{pmatrix}x_1\\1-x_1\end{pmatrix}$
2. Ausmultiplizieren, Lösen.	Ausmultiplizieren ergibt 2 Gleichungen mit (nur) einer Unbekannten: I. $0{,}7x_1+0{,}2\cdot(1-x_1)=x_1\Rightarrow -0{,}5x_1=-0{,}2\Rightarrow x_1=0{,}4$ (II. führt zum gleichen Ergebnis: $0{,}3x_1+0{,}8\cdot(1-x_1)=1-x_1\Rightarrow 0{,}5x_1=0{,}2\Rightarrow x_1=0{,}4$)
3. Einsetzen in $x_2=1-x_1$ und angeben von $\vec{x}$.	$x_2=1-x_1=1-0{,}4=0{,}6$ $\Rightarrow\vec{x}=\begin{pmatrix}0{,}4\\0{,}6\end{pmatrix}$

- Es gilt $x_1+x_2=1$ (100%). Hieraus ergibt sich $x_2=1-x_1$. Deshalb wird im 1. Schritt $\begin{pmatrix}x_1\\1-x_1\end{pmatrix}$ für $\begin{pmatrix}x_1\\x_2\end{pmatrix}$ eingesetzt. So wird beim Rechnen die Variable x_2 „eingespart“.
- Bei 3 (statt 2) möglichen Zuständen gilt $x_1+x_2+x_3=1$ und damit $x_3=1-x_1-x_2$.

Einsetzen von $\begin{pmatrix}x_1\\x_2\\1-x_1-x_2\end{pmatrix}$ für $\begin{pmatrix}x_1\\x_2\\x_3\end{pmatrix}$, dann LGS lösen. ($x_3$ „einsparen“).

www.mvurl.de/j3v6

Die Grenzmatrix G

Begriff : Enthält Übergangswahrscheinlichkeiten von „heute“ bis zum „Zeitschritt ∞“.

Definition : Man erhält **G** aus $\mathbf{A}^n$ für $\boldsymbol{n} \to \infty$.
(Da A^{∞} nicht berechnet werden kann, wird als Näherung z.B. A^{100} berechnet, wobei auch dies nicht ohne digitale Hilfsmittel möglich ist.)

Beispiel (Disko) : $G = \begin{pmatrix} 0,4 & 0,4 \\ 0,6 & 0,6 \end{pmatrix}$ $\left(\text{„Rechnung“: } A^{100} = \begin{pmatrix} 0,4 & 0,4 \\ 0,6 & 0,6 \end{pmatrix}\right)$

Merkmal : Aus den Spalten von G kann der stabile Vektor abgelesen werden:

$$G = \begin{pmatrix} 0,4 & 0,4 \\ 0,6 & 0,6 \end{pmatrix} \Rightarrow \text{Stabiler Vektor: } \vec{x} = \begin{pmatrix} 0,4 \\ 0,6 \end{pmatrix}$$

Bemerkungen

- Falls ein stochastischer Prozess eine Grenzmatrix besitzt, wird der stabile Vektor stets irgendwann und unabhängig von der Anfangsverteilung erreicht. Danach ändert sich die Verteilung nicht mehr. Der stabile Vektor bildet die „Endverteilung“.
- Jedoch gibt es nicht zu jedem stochastischen Übergangsprozess eine Grenzmatrix.

3.3 Absorbierender Zustand

Begriff : Ein Zustand, der erreicht, aber nicht wieder verlassen werden kann.

Erkennbar an Übergangsmatrix A : Zustand mit **„Verbleibwahrscheinlichkeit“ 100 %** (**Diagonalelement** hat den Wert **1**).

Beispiel

In einer Stadt gibt es nur die drei Dönerläden (D1, D2, D3).
Das Wechselverhalten der Kunden nach jedem Besuch wird durch die Übergangsmatrix A dargestellt.

$$A = \begin{pmatrix} 0,5 & 0 & 0,2 \\ 0,2 & \mathbf{1} & 0,6 \\ 0,3 & 0 & 0,2 \end{pmatrix}$$

a) Geben Sie den absorbierenden Zustand an.

Der Zustand D2 ist absorbierend, da hier eine Verbleibwahrscheinlichkeit von 1 vorliegt.

b) Geben Sie den stabilen Vektor ohne Rechnung an.

Stabiler Vektor: $\vec{x} = \begin{pmatrix} 0 \\ 1 \\ 0 \end{pmatrix}$. Irgendwann gehen alle Kunden zu D2.

3.4 Zyklische Populationsprozesse

Beispiel 1: Bei einer Insektenart entwickeln sich innerhalb eines Monats 25 % der vorhandenen Eiern zu Larven. Nach einem weiteren Monat haben sich 40 % der vorhandenen Larven zu Insekten entwickelt. Im nachfolgenden Monat legt jedes Insekt 10 Eier und stirbt kurz danach.

Darstellungsmöglichkeiten

<table>
<tr><th>Diagramm</th><th>Tabelle</th><th>Übergangsmatrix</th></tr>
<tr>
<td>
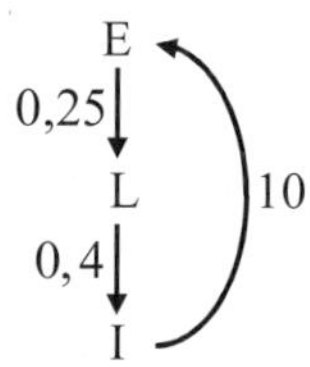

</td>
<td>
<table>
<tr><th></th><th>von E</th><th>von L</th><th>von I</th></tr>
<tr><td>nach E</td><td>0</td><td>0</td><td>10</td></tr>
<tr><td>nach L</td><td>0,25</td><td>0</td><td>0</td></tr>
<tr><td>nach I</td><td>0</td><td>0,4</td><td>0</td></tr>
</table>
</td>
<td>
$A = \begin{pmatrix} 0 & 0 & 10 \\ 0{,}25 & 0 & 0 \\ 0 & 0{,}4 & 0 \end{pmatrix}$
$\mathbf{A} = \begin{pmatrix} \mathbf{0} & \mathbf{0} & \boldsymbol{v} \\ \boldsymbol{a_1} & \mathbf{0} & \mathbf{0} \\ \mathbf{0} & \boldsymbol{a_2} & \mathbf{0} \end{pmatrix}$ **(allg.)**
a_1, a_2 : **proz. Überlebensrate / Überlebenswahrsch.**
v : **Vermehrungsrate**
</td>
</tr>
</table>

Unterschied zum Stochastischen Übergangsprozess (S. 128):

Gesamtzahl an beteiligten Objekten **verändert sich** von Zustand zu Zustand.
Übergangsmatrix enthält **nicht nur Wahrscheinlichkeiten** (keine stochastische Matrix).

Formel: $\overrightarrow{x_{neu}} = \mathbf{A} \cdot \overrightarrow{x_{alt}}$ bzw. $\mathbf{A} \cdot \overrightarrow{x_{alt}} = \overrightarrow{x_{neu}}$ (Reihenfolge je nach Aufgabenstellung)

Berechnung der Entwicklung

$\overrightarrow{x_0}$ (Anfangszustand)

$\overrightarrow{x_1} = A \cdot \overrightarrow{x_0}$

$\overrightarrow{x_2} = A \cdot \overrightarrow{x_1} = A \cdot A \cdot \overrightarrow{x_0} = A^2 \cdot \overrightarrow{x_0}$

$\overrightarrow{x_3} = A \cdot \overrightarrow{x_2} = A^3 \cdot \overrightarrow{x_0}$

...

Abkürzungen

$\overrightarrow{x_{...}}$: Anzahl im Zeitschritt ...

A : Übergangsmatrix von einem Zeitschritt zum nächsten

A^2 : Übergangsmatrix von einem Zeitschritt zum übernächsten

...

Hinweis: Gleiche Formel(n) wie bei stoch. Übergangsprozessen!

www.mvurl.de/z111

Entwicklung der Population

Im Beispiel: Zu Beginn sind 140 Eier, 40 Larven und 20 Insekten vorhanden.

$$\vec{x}_0 = \begin{pmatrix} 140 \\ 40 \\ 20 \end{pmatrix}; \vec{x}_1 = \begin{pmatrix} 200 \\ 35 \\ 16 \end{pmatrix}; \vec{x}_2 = \begin{pmatrix} 160 \\ 50 \\ 14 \end{pmatrix};$$

$$\vec{x}_3 = \begin{pmatrix} 140 \\ 40 \\ 20 \end{pmatrix}; \vec{x}_4 = \begin{pmatrix} 200 \\ 35 \\ 16 \end{pmatrix}; \vec{x}_5 = \begin{pmatrix} 160 \\ 50 \\ 14 \end{pmatrix}; \ldots$$

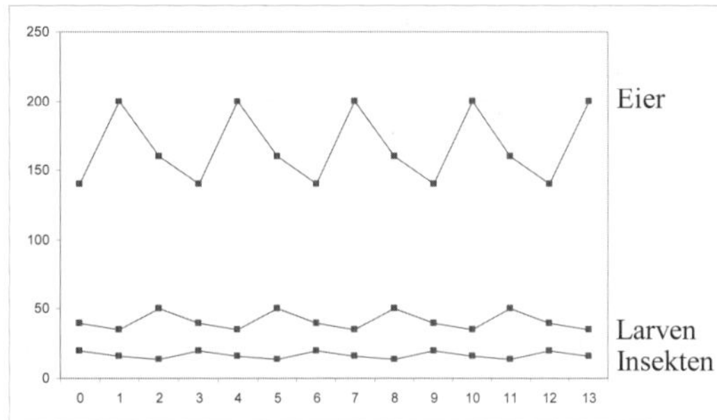

Die Population entwickelt sich zyklisch. Nach einem Zyklus von 3 Monaten ist stets die Startpopulation wieder vorhanden.

Entwicklung bei verschiedenen Vermehrungsraten (v)

Pro Insekt **10** Eier (s. o.)

$$A = \begin{pmatrix} 0 & 0 & \mathbf{10} \\ 0{,}25 & 0 & 0 \\ 0 & 0{,}4 & 0 \end{pmatrix}$$

$(0{,}25 \cdot 0{,}4 \cdot 10 \ \mathbf{= 1})$

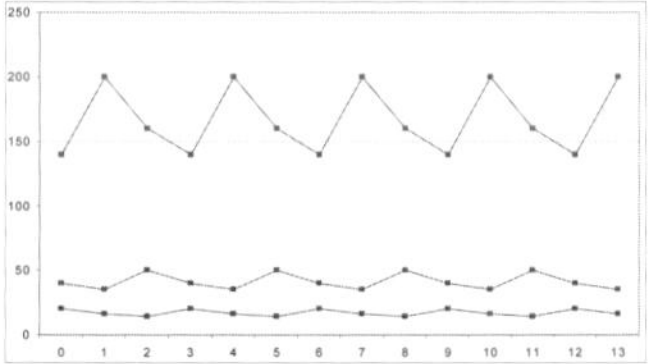

Zyklische Entwicklung
(Zyklus: 3 Monate)

Pro Insekt **20** Eier

$$A = \begin{pmatrix} 0 & 0 & \mathbf{20} \\ 0{,}25 & 0 & 0 \\ 0 & 0{,}4 & 0 \end{pmatrix}$$

$(0{,}25 \cdot 0{,}4 \cdot 20 = 2 \ \mathbf{> 1})$

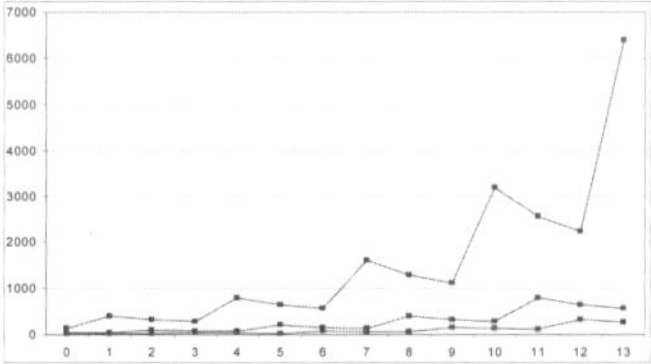

Population **wächst an**

Pro Insekt **5** Eier

$$A = \begin{pmatrix} 0 & 0 & \mathbf{5} \\ 0{,}25 & 0 & 0 \\ 0 & 0{,}4 & 0 \end{pmatrix}$$

$(0{,}25 \cdot 0{,}4 \cdot 5 = 0{,}5 \ \mathbf{< 1})$

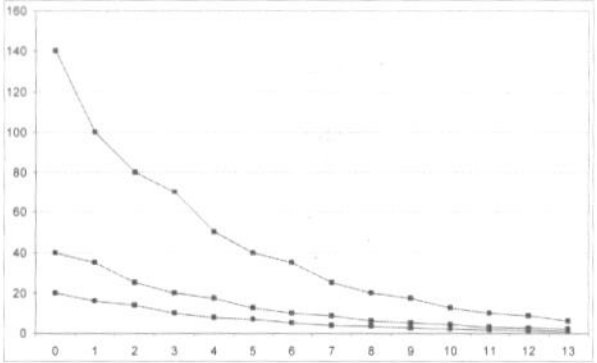

Population **stirbt aus**

Ergebnis

$$\text{Bei } \mathbf{A} = \begin{pmatrix} \mathbf{0} & \mathbf{0} & \boldsymbol{v} \\ \boldsymbol{a_1} & \mathbf{0} & \mathbf{0} \\ \mathbf{0} & \boldsymbol{a_2} & \mathbf{0} \end{pmatrix}, \text{ falls: } \begin{cases} a_1 \cdot a_2 \cdot v > 1 & \textbf{wächst} \text{ die Population } \textbf{an} \\ a_1 \cdot a_2 \cdot v = 1 & \textbf{zyklische} \text{ Entwicklung (Zyklus: } \mathbf{3} \text{ Zeitschritte)} \\ a_1 \cdot a_2 \cdot v < 1 & \textbf{stirbt} \text{ die Population } \textbf{aus} \end{cases}$$

→ Gilt (z.B.) $a \cdot b \cdot v = \mathbf{2}$ **verdoppelt** sich, gilt $a \cdot b \cdot v = \mathbf{0{,}5}$ **halbiert** sich die Population stets nach 3 Zeitschritten.

→ Bei einem zyklischen Prozess mit 3 Zuständen gilt : $\mathbf{A}^3 = \mathbf{E}$.

→ Bei (z. B.) einem Prozess mit **4** möglichen **Zuständen** (Format von A: (4×4)) finden die Entwicklungen auch stets in **4 Zeitschritten** statt.

Beispiel 2

Bei einer bestimmten Käferart entwickeln sich innerhalb eines Monats 10 % der vorhandenen Eiern zu Larven. Nach einem weiteren Monat haben sich 40 % der vorhandenen Larven zu Käfern entwickelt. Im nachfolgenden Monat legt jeder Käfer durchschnittlich 25 Eier und stirbt kurz danach.
Zu Beginn („0. Monat") sind jeweils 50 Eier, Larven und Käfer vorhanden.

a) Geben Sie die zugehörige Übergangsmatrix an.

$$A = \begin{pmatrix} 0 & 0 & 25 \\ 0{,}1 & 0 & 0 \\ 0 & 0{,}4 & 0 \end{pmatrix}$$

b) Beschreiben Sie die langfristige Entwicklung der Population.

Es gilt: $0{,}1 \cdot 0{,}4 \cdot 25 = 1$. Die Population entwickelt sich zyklisch (Zyklus: 3 Monate).

c) In welchem Bereich schwankt die Anzahl der vorhandenen Käfer?

$$\overrightarrow{x_0} = \begin{pmatrix} 50 \\ 50 \\ 50 \end{pmatrix} \qquad (= \overrightarrow{x_3} = \overrightarrow{x_6} = ...)$$

$$\overrightarrow{x_1} = A \cdot \overrightarrow{x_0} = \begin{pmatrix} 0 & 0 & 25 \\ 0{,}1 & 0 & 0 \\ 0 & 0{,}4 & 0 \end{pmatrix} \cdot \begin{pmatrix} 50 \\ 50 \\ 50 \end{pmatrix} = \begin{pmatrix} 1250 \\ 5 \\ 20 \end{pmatrix} \qquad (= \overrightarrow{x_4} = \overrightarrow{x_7} = ...)$$

$$\overrightarrow{x_2} = A \cdot \overrightarrow{x_1} = \begin{pmatrix} 0 & 0 & 25 \\ 0{,}1 & 0 & 0 \\ 0 & 0{,}4 & 0 \end{pmatrix} \cdot \begin{pmatrix} 1250 \\ 5 \\ 20 \end{pmatrix} = \begin{pmatrix} 500 \\ 125 \\ 2 \end{pmatrix} \qquad (= \overrightarrow{x_5} = \overrightarrow{x_8} = ...)$$

Die Anzahl an Käfer (jeweils 3. Zeile) schwankt also zwischen 2 und 50 Stück.

d) Geben Sie die Größe der Population nach 7 Monaten an.

Da eine zyklische Entwicklung vorliegt, liegt die Anfangspopulation auch wieder im 3. und im 6 Monat vor. Im 7. Monat liegt somit auch wieder die Population aus dem 1. Monat vor ($\overrightarrow{x_7} = \overrightarrow{x_1}$): 1250 Eier, 5 Larven und 20 Käfer.

Hinweis: $A^{...}$ bei einem zykischem Prozess (mit 3 mögl. Zuständen)

$E = A^3 = A^6 = A^9 = ...$ (Deshalb z.B.: $\overrightarrow{x_3} = A^3 \cdot \overrightarrow{x_0} = E \cdot \overrightarrow{x_0} = \overrightarrow{x_0}$)

$A = A^4 = A^7 = A^{10} = ...$ (Deshalb z.B.: $\overrightarrow{x_7} = A^7 \cdot \overrightarrow{x_0} = A \cdot \overrightarrow{x_0} = \overrightarrow{x_1}$)

$A^2 = A^5 = A^8 = A^{11} = ...$

www.mvurl.de/27ri

e) Falls bei dieser Käferart (zufällig) irgendwann 100 Eier, 10 Larven und 4 Käfer vorhanden sind, bleibt diese Population nachfolgend immer bestehen. Weisen Sie dies rechnerisch nach.

$$\vec{x} = \begin{pmatrix} 100 \\ 10 \\ 4 \end{pmatrix};$$

$$A \cdot \vec{x} = \begin{pmatrix} 0 & 0 & 25 \\ 0{,}1 & 0 & 0 \\ 0 & 0{,}4 & 0 \end{pmatrix} \cdot \begin{pmatrix} 100 \\ 10 \\ 4 \end{pmatrix} = \begin{pmatrix} 100 \\ 10 \\ 4 \end{pmatrix} = \vec{x}$$

Da der Vektor $\vec{x}$ die Gleichung $A \cdot \vec{x} = \vec{x}$ erfüllt, kann dieser als **stabil** bezeichnet werden. Die zugehörige Verteilung wird als stationär (sich reproduzierend) bezeichnet.

Hinweis

Die Ermittlung des stabilen Vektors erfolgt (wieder) über $\mathbf{A} \cdot \vec{\mathbf{x}} = \vec{\mathbf{x}}$, siehe S. 130.

V. Grundlagen Vektorgeometrie

1. Grundlagen

1.1 Punkte (im $\mathbb{R}^3$)

Beispiel: $A(4|3|5)$

Vom **Ursprung** geht man
4 Einheiten nach vorne, 3 nach
rechts und 5 Einheiten nach oben.

$B(-3|2|-0{,}5)$; $C(0|-2|0)$

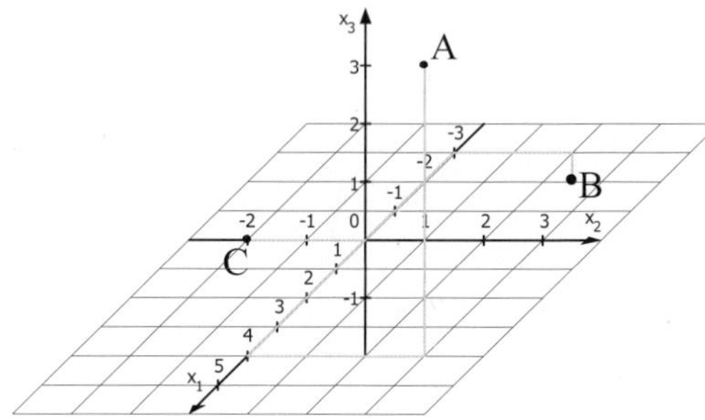

1.2 Vektoren (im $\mathbb{R}^3$)

Beispiel: $\vec{u} = \begin{pmatrix} 3 \\ 0 \\ -3 \end{pmatrix}$

Von einem beliebigen
Anfangspunkt geht man
3 Einheiten nach vorne und
3 Einheiten nach unten.

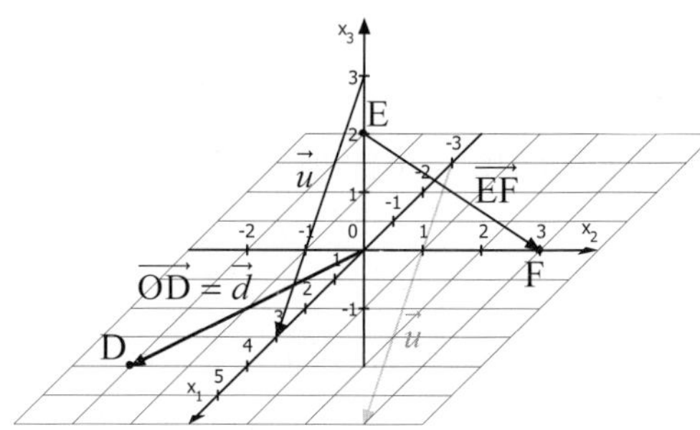

Bemerkungen

- **Ortsvektor** eines Punktes: Zeigt vom Ursprung auf den Punkt (also auf einen „Ort").

Beispiel: $D(4|-2|0)$ und $\overrightarrow{OD} = \vec{d} = \begin{pmatrix} 4 \\ -2 \\ 0 \end{pmatrix}$.

- **Verbindungsvektor** zwischen 2 Punkten:

Beispiel: $E(0|0|2)$ und $F(0|3|0) \rightarrow \overrightarrow{EF} = \vec{f} - \vec{e} = \begin{pmatrix} 0-0 \\ 3-0 \\ 0-2 \end{pmatrix} = \begin{pmatrix} 0 \\ 3 \\ -2 \end{pmatrix}$

„Verbindungsvektor = Endpunkt − Startpunkt"

- **Spezielle Vektoren**

Nullvektor $\vec{O} = \begin{pmatrix} 0 \\ 0 \\ 0 \end{pmatrix}$; Einheitsvektoren: $\vec{e_1} = \begin{pmatrix} 1 \\ 0 \\ 0 \end{pmatrix}$; $\vec{e_2} = \begin{pmatrix} 0 \\ 1 \\ 0 \end{pmatrix}$; $\vec{e_3} = \begin{pmatrix} 0 \\ 0 \\ 1 \end{pmatrix}$

Hinweis: Das Thema **Lineare Gleichungssysteme (LGS)** befindet sich auf S. 34.

www.mvurl.de/d7o3

1.3 Rechnen mit Vektoren

1. Addition und Subtraktion von Vektoren

$$\vec{a}+\vec{b}=\begin{pmatrix}a_1\\a_2\\a_3\end{pmatrix}+\begin{pmatrix}b_1\\b_2\\b_3\end{pmatrix}=\begin{pmatrix}a_1+b_1\\a_2+b_2\\a_3+b_3\end{pmatrix}$$

$$\begin{pmatrix}1\\0\\-2\end{pmatrix}+\begin{pmatrix}3\\-1\\2\end{pmatrix}=\begin{pmatrix}4\\-1\\0\end{pmatrix}\text{ (Beispiel)}$$

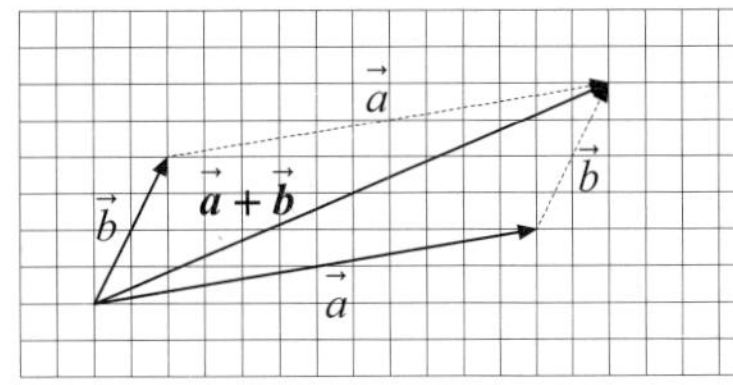

$$\vec{a}-\vec{b}=\begin{pmatrix}a_1\\a_2\\a_3\end{pmatrix}-\begin{pmatrix}b_1\\b_2\\b_3\end{pmatrix}=\begin{pmatrix}a_1-b_1\\a_2-b_2\\a_3-b_3\end{pmatrix}$$

$$\begin{pmatrix}1\\0\\-2\end{pmatrix}-\begin{pmatrix}3\\-1\\2\end{pmatrix}=\begin{pmatrix}-2\\1\\-4\end{pmatrix}\text{ (Beispiel)}$$

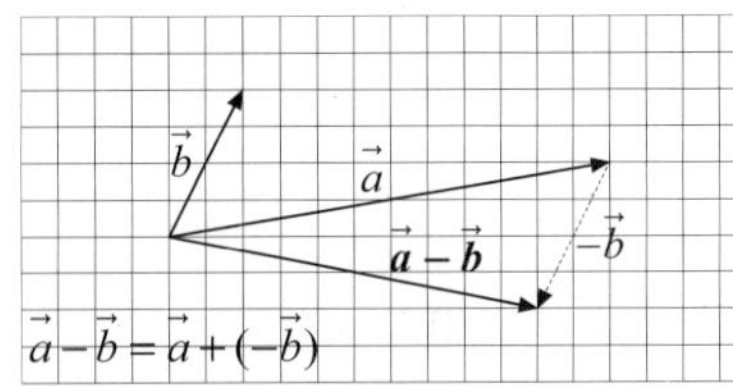

Hinweis: Grafisch wird bei der Subtraktion der Gegenvektor $-\vec{b}$ addiert.

2. Länge (Betrag) eines Vektors

$$\vec{a}=\begin{pmatrix}a_1\\a_2\\a_3\end{pmatrix}\rightarrow|\vec{a}|=\sqrt{a_1^2+a_2^2+a_3^2};$$

Beispiel: $\vec{a}=\begin{pmatrix}3\\0\\-4\end{pmatrix}\rightarrow|\vec{a}|=\sqrt{3^2+0^2+(-4)^2}=\sqrt{25}=5$ LE

3. S(kalare) – Multiplikation (Zahl · Vektor)

$$k\cdot\vec{a}=\begin{pmatrix}k\cdot a_1\\k\cdot a_2\\k\cdot a_3\end{pmatrix}\ (k\in\mathbb{R})$$

Beispiel: $2\cdot\begin{pmatrix}3\\0\\-4\end{pmatrix}=\begin{pmatrix}6\\0\\-8\end{pmatrix}$

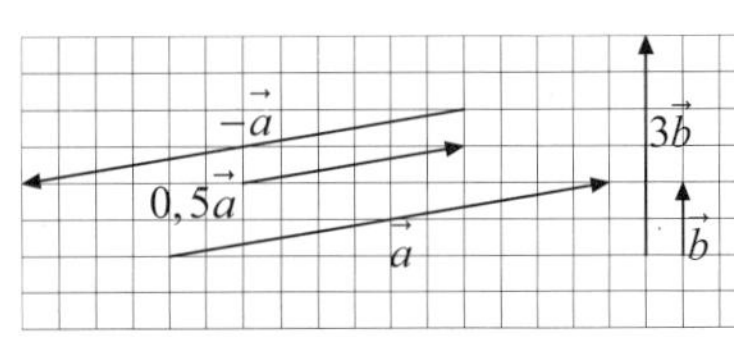

Bemerkungen

- Der Vektor $k\cdot\vec{a}$ hat die $|k|$-fache Länge von $\vec{a}$ und ist parallel zu $\vec{a}$.
- Der **Gegenvektor** $-\vec{a}$ ist parallel und besitzt die gleiche Länge wie $\vec{a}$, ist jedoch entgegengesetzt gerichtet.

Beispiel: $\vec{a}=\begin{pmatrix}-2\\1\\3\end{pmatrix};\ -\vec{a}=\begin{pmatrix}2\\-1\\-3\end{pmatrix}$

- Ein **Einheitsvektor** ist ein Vektor, dessen **Länge 1** ist. Teilt man einen gegebenen Vektor durch seine Länge (Betrag), erhält man den zugehörigen Einheitsvektor.

Beispiel: $\vec{a}=\begin{pmatrix}3\\0\\-4\end{pmatrix}$ hat die Länge $|\vec{a}|=5$; Einheitsvektor: $\vec{a_0}=\frac{1}{|\vec{a}|}\cdot\vec{a}=\frac{1}{5}\cdot\begin{pmatrix}3\\0\\-4\end{pmatrix}=\begin{pmatrix}0,6\\0\\-0,8\end{pmatrix}$

www.mvurl.de/23it

4. Linearkombination von Vektoren

$\boldsymbol{k} \cdot \vec{\boldsymbol{a}} + \boldsymbol{l} \cdot \vec{\boldsymbol{b}}$ (mit $k, l \in \mathbb{R}$)

ist eine Summe von Vielfachen von Vektoren. Man bildet auf diese Art „neue“ Vektoren.

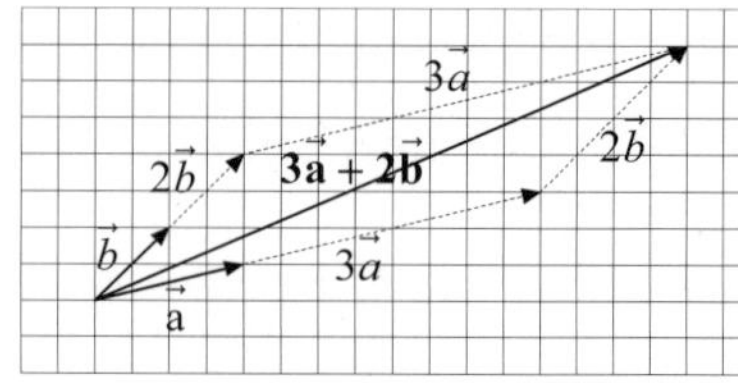

5. Lineare Abhängigkeit und Unabhängigkeit

2 Vektoren im $\mathbb{R}^2$

$\vec{a}$ und $\vec{b}$ sind linear abhängig

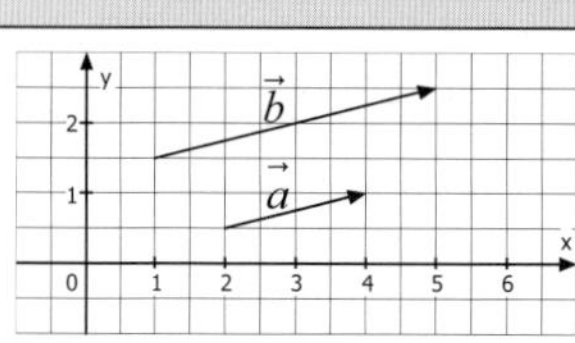

Beispiel: $\begin{pmatrix} 4 \\ 1 \end{pmatrix} = 2 \cdot \begin{pmatrix} 2 \\ 0,5 \end{pmatrix}$

Es gilt: $\vec{\boldsymbol{b}} = \boldsymbol{k} \cdot \vec{\boldsymbol{a}}$ (mit $k \in \mathbb{R}$)

Der Vektor $\vec{b}$ ist ein (skalares) **Vielfaches** des Vektors $\vec{a}$. $\vec{a}$ und $\vec{b}$ sind **parallel**.

$\vec{a}$ und $\vec{b}$ sind linear unabhängig

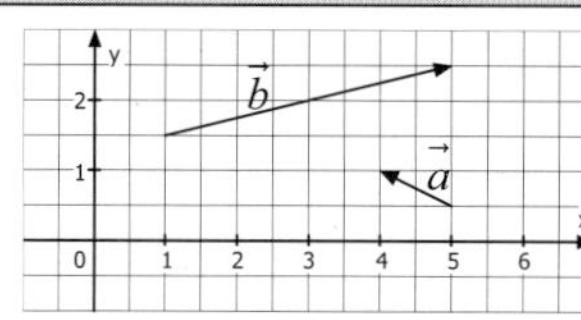

Beispiel: $\begin{pmatrix} 4 \\ 1 \end{pmatrix} \neq k \cdot \begin{pmatrix} -1 \\ 0,5 \end{pmatrix}$.

Es gilt: $\vec{\boldsymbol{b}} \neq \boldsymbol{k} \cdot \vec{\boldsymbol{a}}$ (mit $k \in \mathbb{R}$)

$\vec{a}$ und $\vec{b}$ sind **nicht parallel**.

3 Vektoren im $\mathbb{R}^3$

$\vec{a}, \vec{b}$ und $\vec{c}$ sind linear abhängig

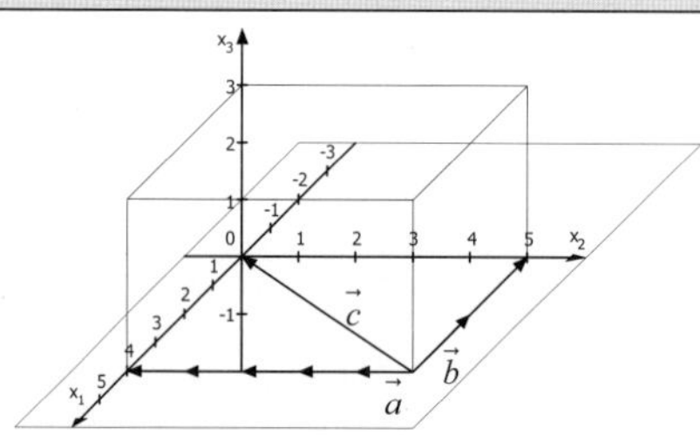

Beispiel: $\vec{c} = 5\vec{a} + 2\vec{b}$

Es gilt: $\vec{c} = k \cdot \vec{a} + l \cdot \vec{b}$ (mit $k,\ l \in \mathbb{R}$)

Der Vektor $\vec{c}$ lässt sich als **Linear-kombination** aus $\vec{a}$ und $\vec{b}$ darstellen.

$\vec{a}$, $\vec{b}$ und $\vec{c}$ **liegen in einer Ebene**.

$\vec{a}, \vec{b}$ und $\vec{c}$ sind linear unabhängig

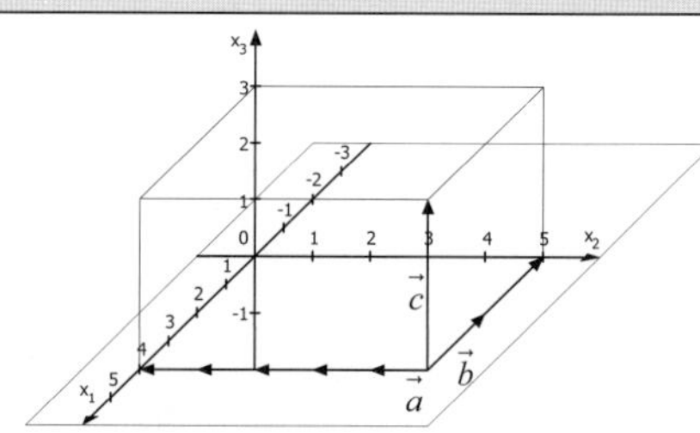

Kein Vektor lässt sich als **Linear-kombination** aus den beiden anderen Vektoren darstellen.

$\vec{a}$, $\vec{b}$ und $\vec{c}$ **spannen einen Raum auf**.

Bedeutung der linearen Unabhängigkeit

- Durch eine Linearkombination aus 3 linear unabhängigen Vektoren kann jeder beliebige Vektor im $\mathbb{R}^3$ dargestellt werden.
- 2 linear unabhängige Vektoren spannen im $\mathbb{R}^3$ eine Ebene auf.

www.mvurl.de/76b2

6. Skalarprodukt (Vektor · Vektor)

Das Skalarprodukt zweier Vektoren **ergibt eine reelle Zahl**.

$$\begin{pmatrix} a_1 \\ a_2 \\ a_3 \end{pmatrix} \cdot \begin{pmatrix} b_1 \\ b_2 \\ b_3 \end{pmatrix} = a_1 \cdot b_1 + a_2 \cdot b_2 + a_3 \cdot b_3 \qquad \text{Beispiel: } \begin{pmatrix} 2 \\ 0 \\ -1 \end{pmatrix} \cdot \begin{pmatrix} 4 \\ -2 \\ 3 \end{pmatrix} = 2 \cdot 4 + 0 \cdot (-2) + (-1) \cdot 3 = 5$$

Das Skalarprodukt wird vor allem dazu verwendet, um zu untersuchen, ob zwei Vektoren **senkrecht (orthogonal)** aufeinander stehen. In diesem Fall ergibt ihr **Skalarprodukt 0**.

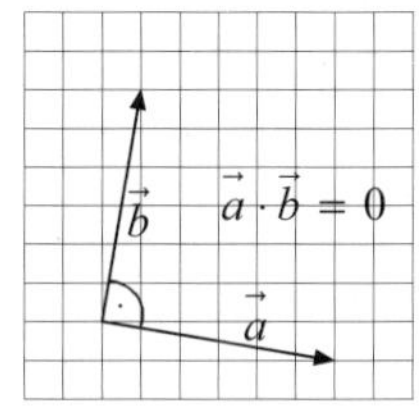

$$\text{Beispiel: } \vec{a} \cdot \vec{b} = \begin{pmatrix} 1 \\ 1 \\ -4 \end{pmatrix} \cdot \begin{pmatrix} -1 \\ 9 \\ 2 \end{pmatrix} = 1 \cdot (-1) + 1 \cdot 9 + (-4) \cdot 2 = 0$$

Somit stehen $\vec{a}$ und $\vec{b}$ senkrecht aufeinander.

7. Vektorprodukt bzw. Kreuzprodukt (Vektor × Vektor)

Das Vektorprodukt zweier Vektoren **ergibt einen Vektor**, der auf **beiden Vektoren senkrecht** steht.

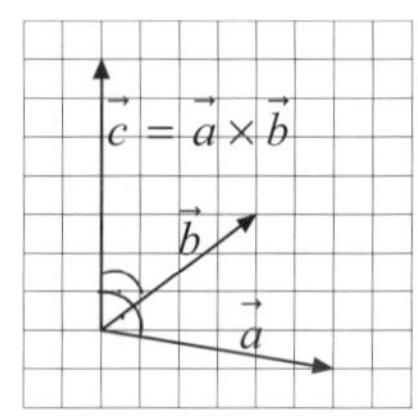

$$\vec{c} = \vec{a} \times \vec{b} = \begin{pmatrix} a_1 \\ a_2 \\ a_3 \end{pmatrix} \times \begin{pmatrix} b_1 \\ b_2 \\ b_3 \end{pmatrix} = \begin{pmatrix} a_2 \cdot b_3 - a_3 \cdot b_2 \\ a_3 \cdot b_1 - a_1 \cdot b_3 \\ a_1 \cdot b_2 - a_2 \cdot b_1 \end{pmatrix}$$

(Hilfsschema)

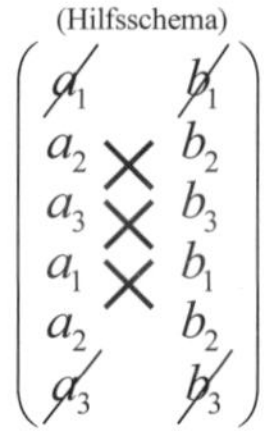

Beispiel:

$$\vec{c} = \begin{pmatrix} 2 \\ -1 \\ 3 \end{pmatrix} \times \begin{pmatrix} -3 \\ 2 \\ 0 \end{pmatrix} = \begin{pmatrix} (-1) \cdot 0 - 3 \cdot 2 \\ 3 \cdot (-3) - 2 \cdot 0 \\ 2 \cdot 2 - (-1) \cdot (-3) \end{pmatrix} = \begin{pmatrix} -6 \\ -9 \\ 1 \end{pmatrix}$$

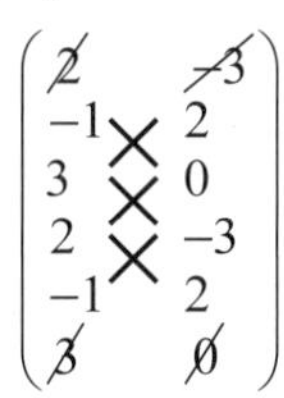

Anwendung des Vektorproduktes
Das Vektorprodukt kann auch zur Flächen- und Volumenberechnungen verwendet werden (S. 168).

www.mvurl.de/ojfe

2. Geraden

2.1 Geradengleichungen in Parameterform

Die Punkt-Richtungs-Form:

$g: \vec{x} = \vec{p} + r \cdot \vec{u}$ (mit $r \in \mathbb{R}$)

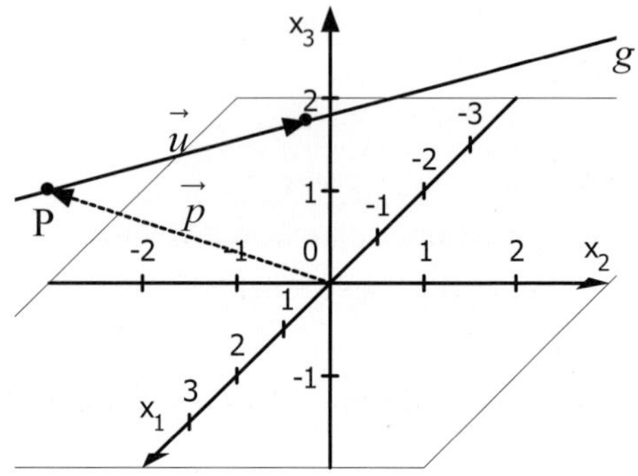

- $\vec{p}$: Stützvektor (Ortsvektor des Stützpunktes P)
- $\vec{u}$: Richtungsvektor
- r: Parameter (mit $r \in \mathbb{R}$)

Beispiel: $g: \vec{x} = \begin{pmatrix} 2 \\ -2 \\ 2 \end{pmatrix} + r \cdot \begin{pmatrix} -0,5 \\ 2,5 \\ 0,5 \end{pmatrix}$ (mit $r \in \mathbb{R}$)

Spezielle Geraden: z.B. x_1-Achse: $\vec{x} = \begin{pmatrix} 0 \\ 0 \\ 0 \end{pmatrix} + r \cdot \begin{pmatrix} 1 \\ 0 \\ 0 \end{pmatrix}$; x_3-Achse: $\vec{x} = \begin{pmatrix} 0 \\ 0 \\ 0 \end{pmatrix} + r \cdot \begin{pmatrix} 0 \\ 0 \\ 1 \end{pmatrix}$

Elementare Aufgabenstellungen

- **Geradenpunkte ermitteln**

Beispiel: Bestimmung eines Punktes auf $g: \vec{x} = \begin{pmatrix} 2 \\ -2 \\ 2 \end{pmatrix} + r \cdot \begin{pmatrix} -0,5 \\ 2,5 \\ 0,5 \end{pmatrix}$ (mit $r \in \mathbb{R}$).

Einsetzen eines beliebigen Wertes für r (z.B. $r = 2$):

$$\overrightarrow{OD} = \begin{pmatrix} 2 \\ -2 \\ 2 \end{pmatrix} + 2 \cdot \begin{pmatrix} -0,5 \\ 2,5 \\ 0,5 \end{pmatrix} = \begin{pmatrix} 1 \\ 3 \\ 3 \end{pmatrix} \rightarrow D(1|3|3).$$

- **Überprüfen, ob ein Punkt auf einer Geraden liegt (Punktprobe)**

Beispiel: Liegt $Q(0|8|4)$ auf der Geraden $g: \vec{x} = \begin{pmatrix} 2 \\ -2 \\ 2 \end{pmatrix} + r \cdot \begin{pmatrix} -0,5 \\ 2,5 \\ 0,5 \end{pmatrix}$ (mit $r \in \mathbb{R}$)?

Der Ortsvektor von Q wird für $\vec{x}$ eingesetzt, man erhält ein LGS.

$$\begin{pmatrix} 0 \\ 8 \\ 4 \end{pmatrix} = \begin{pmatrix} 2 \\ -2 \\ 2 \end{pmatrix} + r \cdot \begin{pmatrix} -0,5 \\ 2,5 \\ 0,5 \end{pmatrix} \Leftrightarrow \begin{array}{l} 0 = 2 - 0,5r \Leftrightarrow r = 4 \\ 8 = -2 + 2,5r \Leftrightarrow r = 4 \\ 4 = 2 + 0,5r \Leftrightarrow r = 4 \end{array}$$

LGS ist eindeutig lösbar, somit liegt Q auf der Geraden.
(Bei verschiedenen Ergebnissen für r (Widerspruch) liegt der Punkt nicht auf der Geraden.)

www.mvurl.de/pd8q

- **Aufstellen einer Geradengleichung aus zwei Punkten**

Zwei-Punkte-Form:

$\mathbf{g:\ \vec{x} = \overrightarrow{OA} + r \cdot \overrightarrow{AB}}$ (mit $r \in \mathbb{R}$)

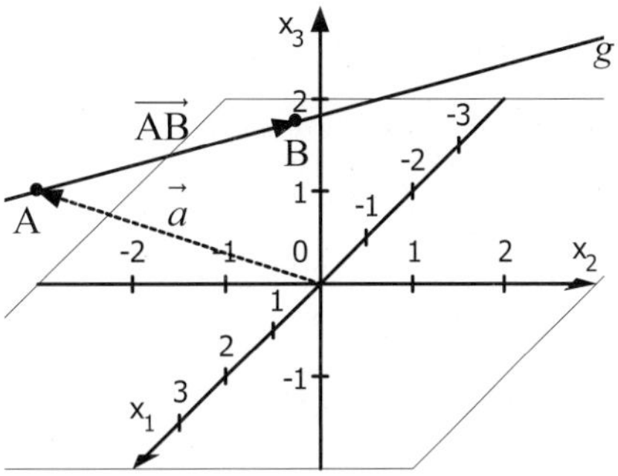

- $\overrightarrow{OA} = \vec{a}$, der Ortsvektor des Punktes A, wird als Stützvektor verwendet
- $\overrightarrow{AB} = \vec{b} - \vec{a}$, der Verbindungsvektor der Punkte A und B, bildet den Richtungsvektor
- r: Parameter (mit $r \in \mathbb{R}$)

Beispiel: Gerade durch $A(2|-2|2)$ und $B(1{,}5|0{,}5|2{,}5)$.

$$g:\ \vec{x} = \begin{pmatrix} 2 \\ -2 \\ 2 \end{pmatrix} + r \cdot \begin{pmatrix} 1{,}5-2 \\ 0{,}5-(-2) \\ 2{,}5-2 \end{pmatrix} \Leftrightarrow g:\ \vec{x} = \begin{pmatrix} 2 \\ -2 \\ 2 \end{pmatrix} + r \cdot \begin{pmatrix} -0{,}5 \\ 2{,}5 \\ 0{,}5 \end{pmatrix} \quad (\text{mit } r \in \mathbb{R})$$

Hinweis: Die Gleichung einer Geraden ist nicht eindeutig. Durch „Vertauschen" der Punkte erhält man eine „zahlenmäßig andere" Gleichung (derselben Geraden):

$$g:\ \vec{x} = \begin{pmatrix} 1{,}5 \\ 0{,}5 \\ 2{,}5 \end{pmatrix} + r \cdot \begin{pmatrix} 0{,}5 \\ -2{,}5 \\ -0{,}5 \end{pmatrix} \quad (\text{mit } r \in \mathbb{R})$$

- **Spurpunkte ermitteln (Schnittpunkte einer Geraden mit den Koordinatenebenen)**

Beispiel: Berechnen des Schnittpunktes von $g:\ \vec{x} = \begin{pmatrix} 3 \\ -2 \\ 0 \end{pmatrix} + r \cdot \begin{pmatrix} -3 \\ 4 \\ 3 \end{pmatrix}$ mit der x_2x_3-Ebene.

Da der gesuchte Schnittpunkt in der x_2x_3-Ebene liegt, hat seine x_1-Koordinate den Wert 0
$S_{x_2x_3}(0|...|...)$.
Dies wird in die Geradengleichung für x_1 eingesetzt: $0 = 3 - 3r \rightarrow r = 1$.
Nun wird $r = 1$ eingesetzt:

$$\vec{x} = \begin{pmatrix} 3 \\ -2 \\ 0 \end{pmatrix} + 1 \cdot \begin{pmatrix} -3 \\ 4 \\ 3 \end{pmatrix} = \begin{pmatrix} 0 \\ 2 \\ 3 \end{pmatrix} \Rightarrow S_{23}(0|2|3)$$

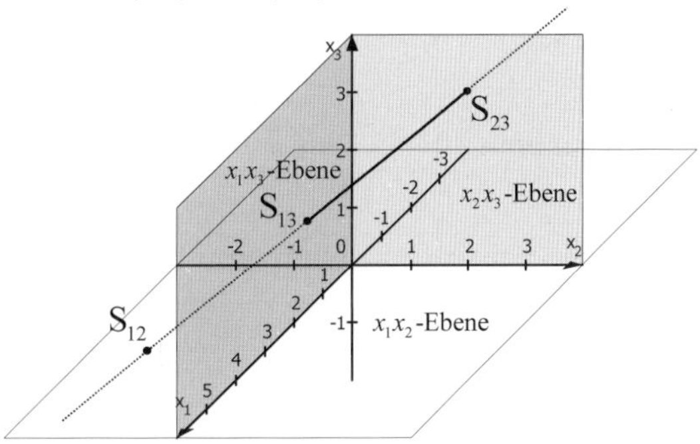

Beachten Sie: Für den Schnittpunkt mit der $\begin{Bmatrix} \mathbf{x_1x_2\text{-Ebene}} \\ \mathbf{x_1x_3\text{-Ebene}} \\ \mathbf{x_2x_3\text{-Ebene}} \end{Bmatrix}$ wird $\begin{Bmatrix} \mathbf{x_3 = 0} \\ \mathbf{x_2 = 0} \\ \mathbf{x_1 = 0} \end{Bmatrix}$ gesetzt.

2.2 Gegenseitige Lage von Geraden

Beispiel 1

$g:\vec{x}=\begin{pmatrix}1\\-5\\5\end{pmatrix}+r\cdot\begin{pmatrix}2\\1\\1\end{pmatrix}$ und $h:\vec{x}=\begin{pmatrix}3\\1\\9\end{pmatrix}+s\cdot\begin{pmatrix}1\\3\\2\end{pmatrix}$

Beispiel 2

$g:\vec{x}=\begin{pmatrix}1\\2\\0\end{pmatrix}+r\cdot\begin{pmatrix}1\\2\\1\end{pmatrix}$ und $h:\vec{x}=\begin{pmatrix}2\\2\\2\end{pmatrix}+s\cdot\begin{pmatrix}4\\8\\4\end{pmatrix}$

Vorgehen

<table>
<tr><td colspan="2">Schritt 1: Gleichsetzen.</td></tr>
<tr><td>$\begin{pmatrix}1\\-5\\5\end{pmatrix}+r\cdot\begin{pmatrix}2\\1\\1\end{pmatrix}=\begin{pmatrix}3\\1\\9\end{pmatrix}+s\cdot\begin{pmatrix}1\\3\\2\end{pmatrix}$</td><td>$\begin{pmatrix}1\\2\\0\end{pmatrix}+r\cdot\begin{pmatrix}1\\2\\1\end{pmatrix}=\begin{pmatrix}2\\2\\2\end{pmatrix}+s\cdot\begin{pmatrix}4\\8\\4\end{pmatrix}$</td></tr>
<tr><td colspan="2">Schritt 2: LGS in r und s ordnen.</td></tr>
<tr><td>$\begin{array}{rcl}1+2r&=&3+s\\-5+r&=&1+3s\\5+r&=&9+2s\end{array}\quad\Leftrightarrow\quad\begin{array}{rcll}2r-s&=&2&(1)\\r-3s&=&6&(2)\\r-2s&=&4&(3)\end{array}$</td><td>$\begin{array}{rcl}1+r&=&2+4s\\2+2r&=&2+8s\\0+r&=&2+4s\end{array}\quad\Leftrightarrow\quad\begin{array}{rcll}r-4s&=&1&(1)\\2r-8s&=&0&(2)\\r-4s&=&2&(3)\end{array}$</td></tr>
<tr><td colspan="2">Schritt 3: LGS aus zwei (beliebig) ausgewählten Gleichungen mit dem Gauß-Verfahren lösen. Mit der Lösung dann eine Probe in der verbliebenen Gleichung durchführen.</td></tr>
<tr><td>LGS aus den Gleichungen (2) und (3):
$\left(\begin{array}{cc|c}1&-3&6\\1&-2&4\end{array}\right)$ ↲−
$\left(\begin{array}{cc|c}1&-3&6\\0&-1&2\end{array}\right)$
Man erhält $\boldsymbol{s=-2}$.
Einsetzen: $r-3\cdot(-2)=6\Leftrightarrow \boldsymbol{r=0}$.

Probe in (1): $2\cdot0-(-2)=2\Leftrightarrow 2=2$

Das LGS hat also eine eindeutige Lösung.</td><td>LGS aus den Gleichungen (1) und (3):
$\left(\begin{array}{cc|c}1&-4&1\\1&-4&2\end{array}\right)$ ↲−
$\left(\begin{array}{cc|c}1&-3&6\\0&0&-1\end{array}\right)$

($0=-1$ Widerspruch)

Das LGS hat also keine Lösung.</td></tr>
</table>

www.mvurl.de/bq5l

Schritt 4: Interpretation anhand der nachfolgenden **Übersicht**.

LGS hat **eindeutige Lösung**.
Geraden **schneiden sich** in einem Punkt.

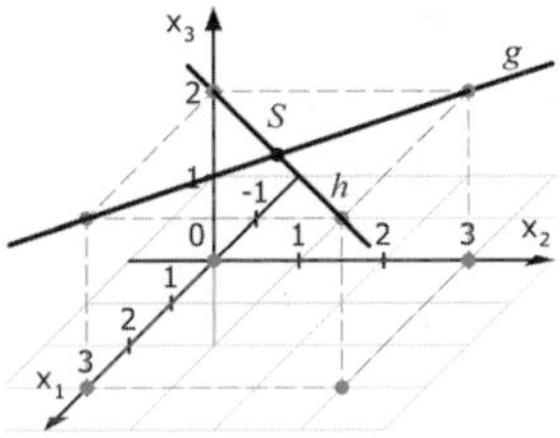

LGS hat **keine Lösung**.

↓

Sind die Richtungsvektoren Vielfache voneinander?

ja – Geraden sind **parallel**.

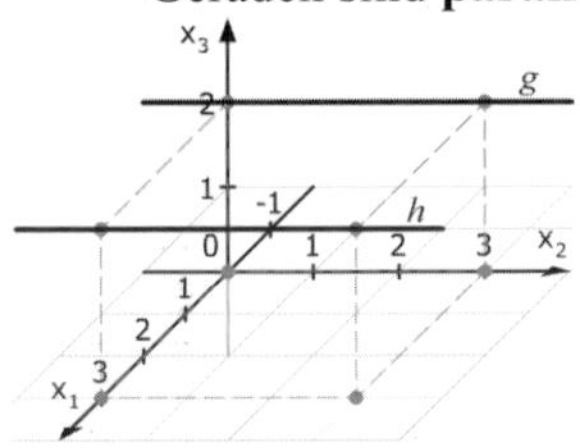

nein – Geraden sind **windschief**.

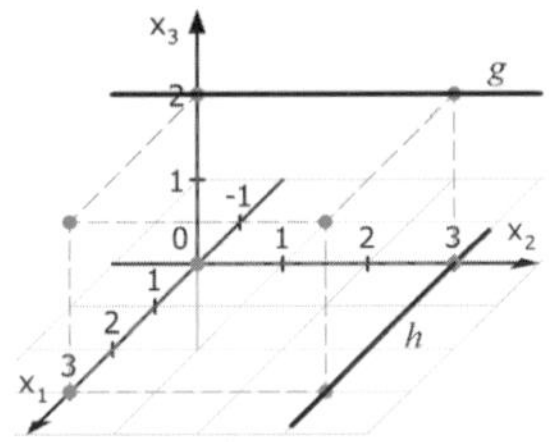

LGS hat **unendlich viele Lösungen**.
Geraden sind **identisch**.

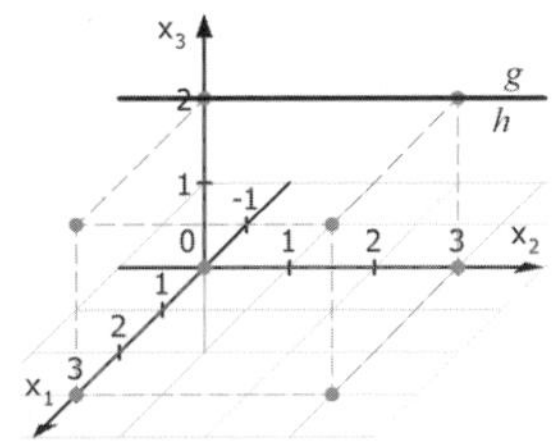

zurück zu Beispiel 1: Die beiden Geraden **schneiden** sich also in einem Punkt.

zurück zu Beispiel 2: Die beiden Geraden sind also **parallel oder windschief**.

Eventuell Schritt 5: Ergebnisabhängige weitere Berechnungen.

Berechnung der Koordinaten des **Schnittpunktes** durch Einsetzen von $r = 0$ in g (oder $s = -2$ in h):

$$\overrightarrow{OS} = \begin{pmatrix} 1 \\ -5 \\ 5 \end{pmatrix} + 0 \cdot \begin{pmatrix} 2 \\ 1 \\ 1 \end{pmatrix} = \begin{pmatrix} 1 \\ -5 \\ 5 \end{pmatrix} \rightarrow S(1|-5|5)$$

Es gilt: $\begin{pmatrix} 4 \\ 8 \\ 4 \end{pmatrix} = 4 \cdot \begin{pmatrix} 1 \\ 2 \\ 1 \end{pmatrix}$

Die beiden Richtungsvektoren sind (skalare) **Vielfache** voneinander. Somit liegen die Geraden **parallel** zueinander.

„Abkürzung"

Wird gleich zu Beginn erkannt, dass die **Richtungsvektoren Vielfache** voneinander sind (Beispiel 2), so sind die Geraden entweder **parallel** oder **identisch**.
Befindet sich der Stützpunkt der einen Geraden auf der anderen Geraden (**Punktprobe** mit Stützvektor), so sind die Geraden identisch. Ansonsten sind sie parallel.

10 Rosner - ISBN 978-3-8120-0383-4

3. Ebenen

3.1 Ebenengleichungen in Parameterform

Die Punkt-Richtungs-Form:

$\mathbf{E:}\ \vec{x} = \vec{p} + r \cdot \vec{u} + s \cdot \vec{v}$ (mit $r, s \in \mathbb{R}$)

- $\vec{p}$: Stützvektor (Ortsvektor des Stützpunktes P)
- $\vec{u}$, $\vec{v}$: Spannvektoren (keine Vielfachen voneinander)
- r, s: Parameter (mit $r, s \in \mathbb{R}$)

Beispiel: $\mathrm{E}: \vec{x} = \begin{pmatrix} -3 \\ 3 \\ 1 \end{pmatrix} + \mathrm{r} \cdot \begin{pmatrix} 3 \\ 0 \\ 0 \end{pmatrix} + \mathrm{s} \cdot \begin{pmatrix} 0 \\ -3 \\ 0,5 \end{pmatrix}$

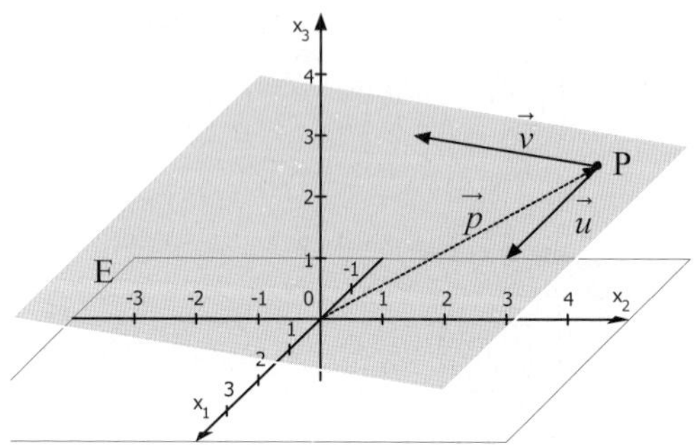

Die Koordinatenebenen in der Parameterform

x_1x_2-Ebene: $\vec{x} = \begin{pmatrix} 0 \\ 0 \\ \mathbf{0} \end{pmatrix} + r \cdot \begin{pmatrix} 1 \\ 0 \\ \mathbf{0} \end{pmatrix} + s \cdot \begin{pmatrix} 0 \\ 1 \\ \mathbf{0} \end{pmatrix}$

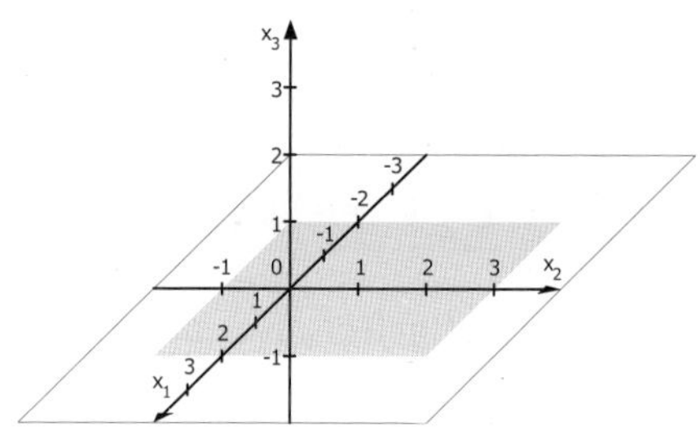

x_2x_3-Ebene: $\vec{x} = \begin{pmatrix} \mathbf{0} \\ 0 \\ 0 \end{pmatrix} + r \cdot \begin{pmatrix} \mathbf{0} \\ 1 \\ 0 \end{pmatrix} + s \cdot \begin{pmatrix} \mathbf{0} \\ 0 \\ 1 \end{pmatrix}$

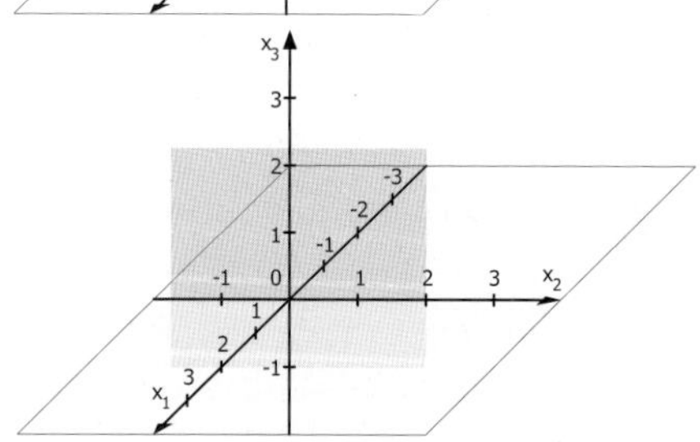

x_1x_3-Ebene: $\vec{x} = \begin{pmatrix} 0 \\ \mathbf{0} \\ 0 \end{pmatrix} + r \cdot \begin{pmatrix} 1 \\ \mathbf{0} \\ 0 \end{pmatrix} + s \cdot \begin{pmatrix} 0 \\ \mathbf{0} \\ 1 \end{pmatrix}$

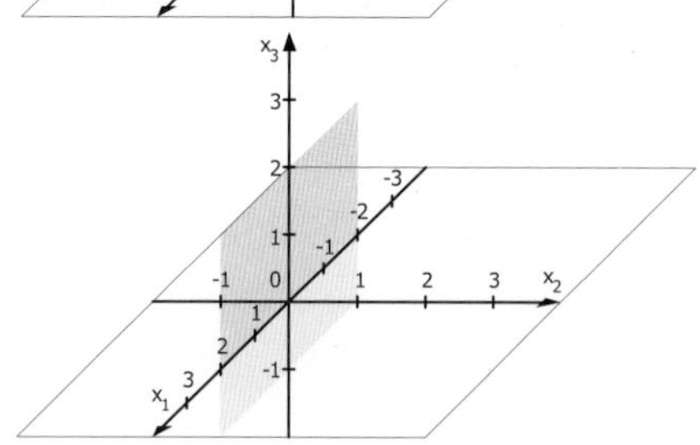

www.mvurl.de/jrh3

Elementare Aufgabenstellungen in der Parameterform

- **Überprüfen, ob ein Punkt in einer Ebene liegt (Punktprobe)**

Beispiel: Liegt $Q(1,5\,|\,-3\,|\,2)$ in der Ebene

$$E:\ \vec{x}=\begin{pmatrix}-3\\3\\1\end{pmatrix}+r\cdot\begin{pmatrix}3\\0\\0\end{pmatrix}+s\cdot\begin{pmatrix}0\\-3\\0,5\end{pmatrix}\ (\text{mit } r,\, s\in\mathbb{R})?$$

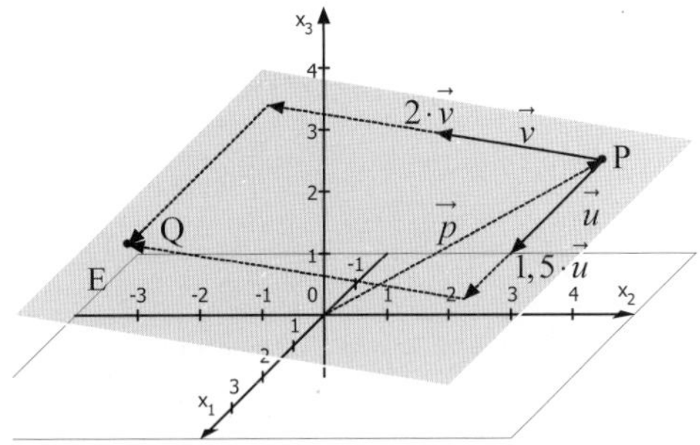

Durch Einsetzen erhält man ein LGS:

$$\begin{pmatrix}1,5\\-3\\2\end{pmatrix}=\begin{pmatrix}-3\\3\\1\end{pmatrix}+r\cdot\begin{pmatrix}3\\0\\0\end{pmatrix}+s\cdot\begin{pmatrix}0\\-3\\0,5\end{pmatrix}\quad\Leftrightarrow$$

$$\begin{aligned}1,5&=-3+3r & & & r&=1,5 & (1)\\ -3&=3-3s & &\Leftrightarrow & s&=2 & (2)\\ 2&=1+0,5s & & & s&=2 & (3)\end{aligned}$$

Das LGS hat eine Lösung. Somit liegt Q in der Ebene.

- **Ebenengleichung aufstellen aus 3 Punkten**

Zwei-Punkte-Form:

$$\mathbf{E:}\ \vec{x}=\overrightarrow{OA}+r\cdot\overrightarrow{AB}+s\cdot\overrightarrow{AC}\quad(\text{mit } r,\, s\in\mathbb{R})$$

- $\overrightarrow{OA}$, der Ortsvektor des Punktes A, wird als Stützvektor verwendet
- $\overrightarrow{AB}$ und $\overrightarrow{AC}$, die Verbindungsvektoren der Punkte, bilden die Richtungsvektoren.
- $r,\ s$: Parameter (mit $r,\, s\in\mathbb{R}$)

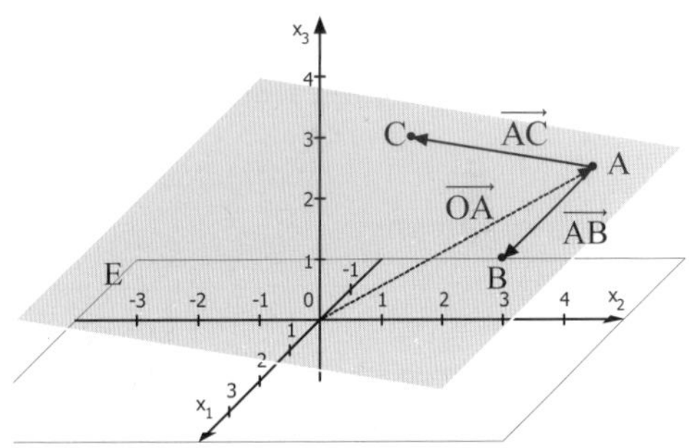

Beispiel: Ebene durch $A(0\,|\,1\,|\,2)$, $B(3\,|\,2\,|\,2)$ und $C(-1\,|\,1\,|\,0)$.

$$E:\ \vec{x}=\begin{pmatrix}0\\1\\2\end{pmatrix}+r\cdot\begin{pmatrix}3-0\\2-1\\2-2\end{pmatrix}+s\cdot\begin{pmatrix}-1-0\\1-1\\0-2\end{pmatrix}\Leftrightarrow E:\ \vec{x}=\begin{pmatrix}0\\1\\2\end{pmatrix}+r\cdot\begin{pmatrix}3\\1\\0\end{pmatrix}+s\cdot\begin{pmatrix}-1\\0\\-2\end{pmatrix}\ (\text{mit } r,\, s\in R)$$

Parameterform, geeignet für:
Aufstellen aus 3 Punkten

3.2 Ebenengleichungen in Normalenform

$\mathbf{E:}\ \left(\vec{x}-\vec{p}\right)\cdot\vec{n}=\mathbf{0}$

- $\vec{p}$: Stützvektor (Ortsvektor des Ebenenpunktes P)
- $\vec{n}$: Normalenvektor (steht senkrecht auf der Ebene)

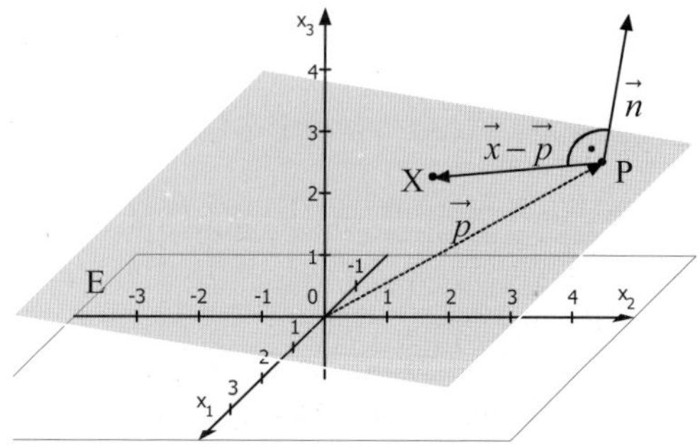

Beispiel: $\text{E}: \left(\vec{x}-\begin{pmatrix}-3\\3\\1\end{pmatrix}\right)\cdot\begin{pmatrix}0\\0{,}5\\3\end{pmatrix}=0$

Hinweise

- Der Vektor $\overrightarrow{PX}=\vec{x}-\vec{p}$, der ausgehend von P zu einem allgemeinen Ebenenpunkt X zeigt, steht senkrecht auf $\vec{n}$. Deshalb ergibt das Skalarprodukt in der Normalengleichung 0.

- Machen Sie sich klar, dass eine Ebene schon eindeutig festgelegt ist, wenn man nur **einen** Ebenenpunkt und **einen** Vektor kennt, der senkrecht auf der Ebene steht.

Normalenform, geeignet für:
Aufstellen aus senkrechtem Vektor + Punkt

Beispiele und Lage im Koordinatensystem

1. „Normalfall": 3 Schnittpunkte mit den Koordinatenachsen	2. Parallel zu einer Achse (x_3-Achse)
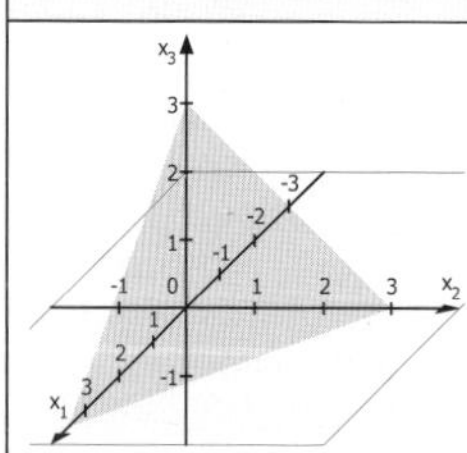 $\text{E}: \left(\vec{x}-\vec{p}\right)\cdot\begin{pmatrix}n_1\\n_2\\n_3\end{pmatrix}=0$	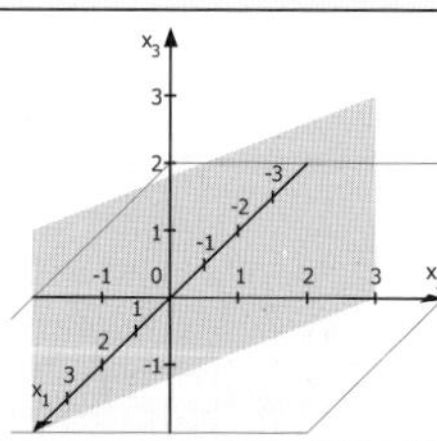 $\text{E}: \left(\vec{x}-\vec{p}\right)\cdot\begin{pmatrix}n_1\\n_2\\\mathbf{0}\end{pmatrix}=0$
3. Parallel zu 2 Achsen (x_2 und x_3-Achse) bzw. einer Koordinatenebene (x_2x_3-Ebene)	4. Ebene liegt in einer Koordinatenebene (x_2x_3-Ebene)
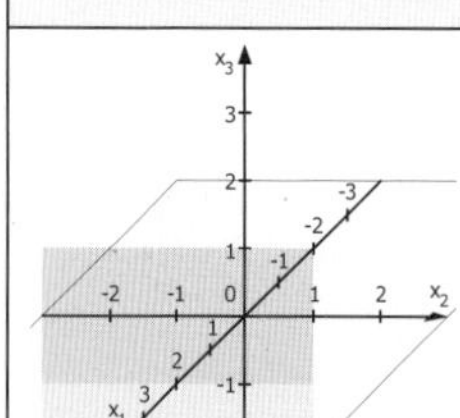 $\text{E}: \left(\vec{x}-\vec{p}\right)\cdot\begin{pmatrix}n_1\\\mathbf{0}\\\mathbf{0}\end{pmatrix}=0$	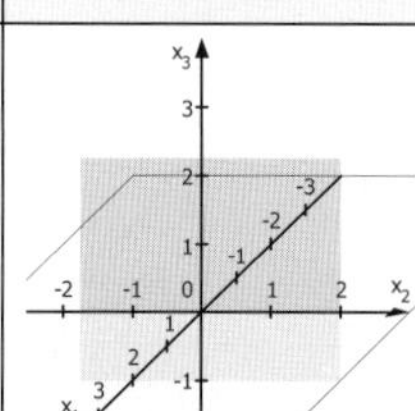 $\text{E}: \left(\vec{x}-\begin{pmatrix}\mathbf{0}\\\mathbf{0}\\\mathbf{0}\end{pmatrix}\right)\cdot\begin{pmatrix}n_1\\\mathbf{0}\\\mathbf{0}\end{pmatrix}=0$

www.mvurl.de/9pl1

Elementare Aufgabenstellungen in der Normalenform

- **Überprüfen, ob ein Punkt in einer Ebene liegt (Punktprobe)**

Beispiel: Liegt $Q(1|3|1)$ in der Ebene $E: \left(\vec{x}-\begin{pmatrix}-3\\3\\1\end{pmatrix}\right)\cdot\begin{pmatrix}0\\0,5\\3\end{pmatrix}=0$?

Einsetzen und Ausmultiplizieren führt auf eine Gleichung:

$$\left(\begin{pmatrix}1\\3\\1\end{pmatrix}-\begin{pmatrix}-3\\3\\1\end{pmatrix}\right)\cdot\begin{pmatrix}0\\0,5\\3\end{pmatrix}=0 \Leftrightarrow \begin{pmatrix}4\\0\\0\end{pmatrix}\cdot\begin{pmatrix}0\\0,5\\3\end{pmatrix}=0 \Leftrightarrow 4\cdot 0+0\cdot 0,5+0\cdot 3 \Leftrightarrow 0=0$$

Man erhält eine wahre Aussage. Somit liegt Q in der Ebene.
(Bei einem Widerspruch liegt Q nicht in der Ebene.)

- **Ebenengleichung aufstellen aus 3 Punkten**

Beispiel: Ebene durch $A(0|1|2)$, $B(3|2|2)$ und $C(-1|1|0)$.

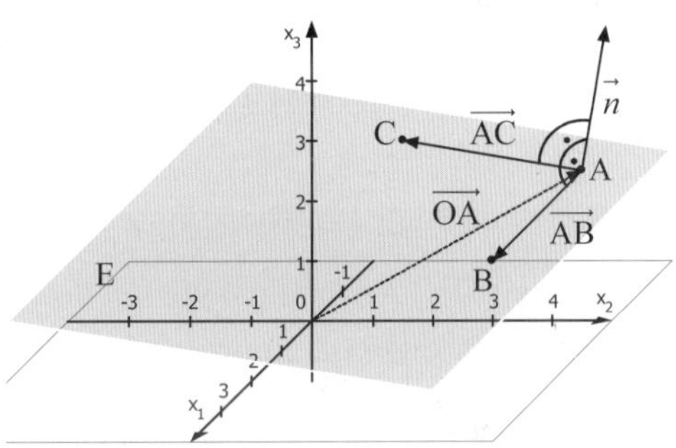

$A(0|1|2)$ wird als Stützpunkt verwendet:

$$E: \left(\vec{x}-\begin{pmatrix}0\\1\\2\end{pmatrix}\right)\cdot\vec{n}=0.$$

Verbindungsvektoren:

$$\overrightarrow{AB}=\begin{pmatrix}3-0\\2-1\\2-2\end{pmatrix}=\begin{pmatrix}3\\1\\0\end{pmatrix};\ \overrightarrow{AC}=\begin{pmatrix}-1\\0\\-2\end{pmatrix}$$

Der Normalenvektor $\vec{n}$ steht **senkrecht** auf diesen beiden Vektoren und kann deshalb mit dem **Vektorprodukt** errechnet werden:

$$\vec{n}=\overrightarrow{AB}\times\overrightarrow{AC}=\begin{pmatrix}3\\1\\0\end{pmatrix}\times\begin{pmatrix}-1\\0\\-2\end{pmatrix}=\begin{pmatrix}1\cdot(-2) & -0\cdot 0\\0\cdot(-1) & -3\cdot(-2)\\3\cdot 0 & -1\cdot(-1)\end{pmatrix}=\begin{pmatrix}-2\\6\\1\end{pmatrix}$$

$$\begin{pmatrix}\not{3} & \not{-1}\\1 & 0\\0 & -2\\3 & -1\\1 & 0\\\not{0} & \not{-2}\end{pmatrix}$$ (Hilfsschema)

Man erhält $E: \left(\vec{x}-\begin{pmatrix}0\\1\\2\end{pmatrix}\right)\cdot\begin{pmatrix}-2\\6\\1\end{pmatrix}=0$

3.3 Ebenengleichungen in Koordinatenform

E : $\boldsymbol{n_1x_1 + n_2x_2 + n_3x_3 = b}$

oder

E : $\boldsymbol{ax_1 + bx_2 + cx_3 = d}$

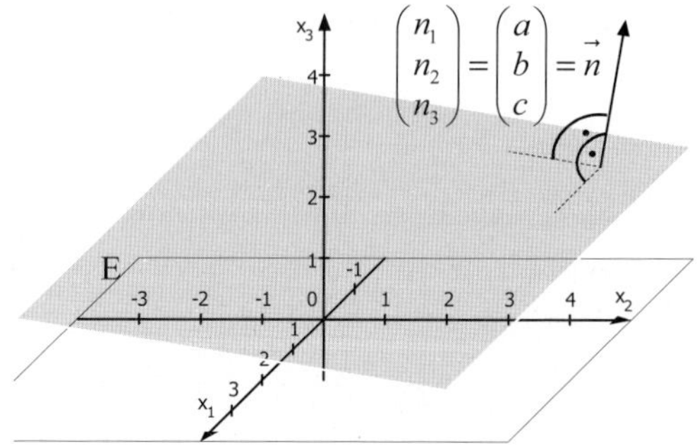

Beispiel :

E : $2x_1 - 3x_2 + 4x_3 = -4$

mit Normalenvektor $\vec{n} = \begin{pmatrix} 2 \\ -3 \\ 4 \end{pmatrix}$,

welcher senkrecht auf der Ebene steht.

Hinweis : Auch die Koordinatengleichung einer Ebene ist nicht eindeutig. Beispielsweise stellt E : $4x_1 - 6x_2 + 8x_3 = -8$ eine weitere Koordinatengleichung der oberen Ebene E dar, da sie ein Vielfaches (2-faches) ist.

Beispiele und Lage im Koordinatensystem

1. „Normalfall“: 3 Schnittpunkte mit den Koordinatenachsen	2. Parallel zu einer Achse (x_3-Achse)
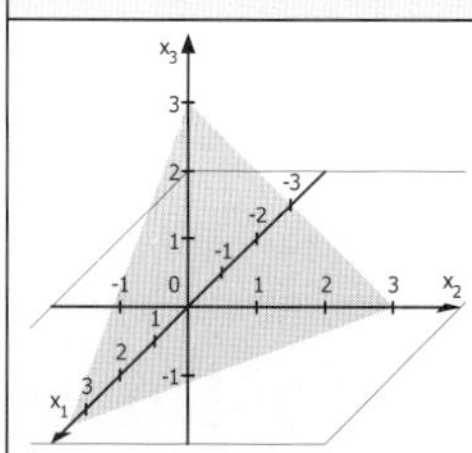 E : $n_1x_1 + n_2x_2 + n_3x_3 = b$	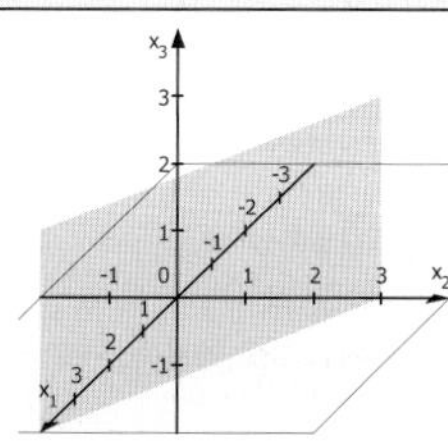 E : $n_1x_1 + n_2x_2 = b$
3. Parallel zu 2 Achsen (x_2 und x_3-Achse) bzw. einer Koordinatenebene (x_2x_3-Ebene)	4. Ebene liegt in einer Koordinatenebene (x_2x_3-Ebene)
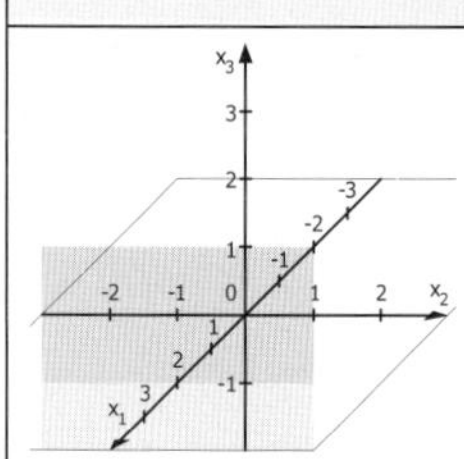 E : $n_1x_1 = b$	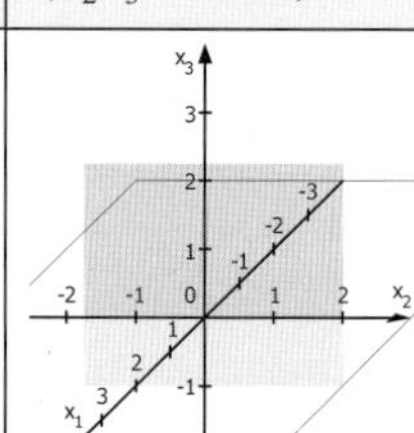 E : $x_1 = 0$ (x_2x_3-Ebene) Zusatz: E : $x_3 = 0$ (x_1x_2-Ebene) E : $x_2 = 0$ (x_1x_3-Ebene)

www.mvurl.de/m49q

Elementare Aufgabenstellungen in der Koordinatenform

- **Überprüfen, ob ein Punkt in einer Ebene liegt (Punktprobe)**

Beispiel: Liegt $Q(2|2|0)$ in der Ebene $E:\ 2x_1-3x_2+4x_3=-4$?

Einsetzen: $2\cdot2-3\cdot2+4\cdot0=-4 \Leftrightarrow -2\neq-4$
Widerspruch. Somit liegt Q nicht in der Ebene.

Koordinatenform,
geeignet für:
die meisten Rechnungen

- **Ebenengleichung aufstellen aus 3 Punkten**

Beispiel: Bestimmen Sie die Koordinatenform der Ebene, in welcher die 3 Punkte $A(0|1|2), B(3|2|2)$ und $C(-1|1|0)$ liegen.

Zunächst Normalenvektor der Ebene bestimmen (siehe Normalenform): $\vec{n}=\begin{pmatrix}-2\\6\\1\end{pmatrix}$

Einträge des Normalenvektors in die Koordinatenform übernehmen: $E:\ -2x_1+6x_2+x_3=b$;
Z.B. Koordinaten von $A(0|1|2)$ einsetzen: $-2\cdot0+6\cdot1+1\cdot2=b \Leftrightarrow 8=b$
Man erhält $E:\ -2x_1+6x_2+x_3=8$.

3.4 Spurpunkte, Spurgeraden und die Lage im Koordinatensystem

Beim Einzeichnen einer Ebene in das Koordinatensystem orientiert man sich an den **Spurpunkten** (Schnittpunkte mit den Koordinatenachsen) und den **Spurgeraden** (Schnittgeraden mit den Koordinatenebenen).

Die **Spurpunkte** einer Ebene können in der Koordinatenform schnell bestimmt werden.

$\boldsymbol{E: n_1x_1+n_2x_2+n_3x_3=b}$ hat die Spurpunkte $\mathbf{S_1}\left(\frac{b}{n_1}|0|0\right)$, $\mathbf{S_2}\left(0|\frac{b}{n_2}|0\right)$, $\mathbf{S_3}\left(0|0|\frac{b}{n_3}\right)$

Beispiel: Geben Sie die Spurpunkte der Ebene $E:\ 4x_1-3x_2+6x_3=12$ an.

$S_1\left(\frac{12}{4}|0|0\right)=S_1(3|0|0)$,

$S_2\left(0|\frac{12}{-3}|0\right)=S_2(0|-4|0)$,

$S_3\left(0|0|\frac{12}{6}\right)=S_3(0|0|2)$

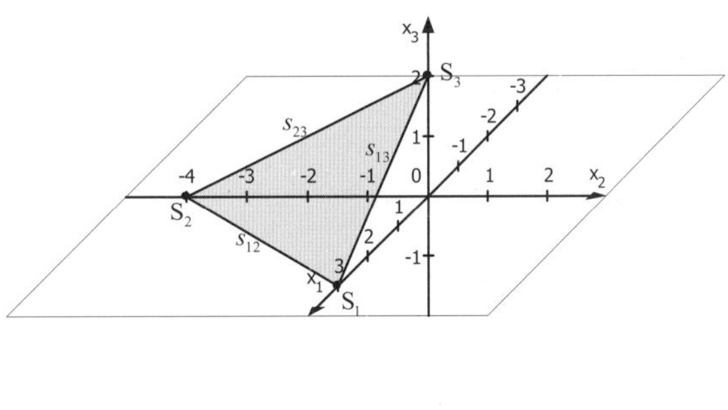

Zusatz („Achsenabschnittsform“ einer Ebene, immer mit $\boldsymbol{b=1}$**)**

Umgekehrt kann aus den Spurpunkten direkt die zugehörige Ebene angegeben werden:

$S_1(3|0|0),\ S_2(0|-4|0),\ S_3(0|0|2) \Rightarrow E:\ \frac{1}{3}x_1-\frac{1}{4}x_2+\frac{1}{2}x_3=\mathbf{1}$

3.5 Umwandlungen der Ebenenformen

Ebenenformen werden meist ineinander umgewandelt, um **Rechenaufwand einzusparen**.
Beispielweise ist das Aufstellen einer Ebene in der Parameterform sehr einfach, hingegen sind weitere Rechnungen in dieser Form meist umständlich. Hierfür ist es oftmals sinnvoll, die Parameterform in die Koordinatenform umzuwandeln.

Sinnvolle Umwandlungen

Parameterform
$\left(E: \vec{x}=\vec{p}+r\cdot\vec{u}+s\cdot\vec{v}\right)$
↓ **(2.)**
Normalenform
(1.) $\left(E: \left(\vec{x}-\vec{p}\right)\cdot\vec{n}=0\right)$ **(4.)**
↓ **(3.)**
Koordinatenform
$\left(E: n_1x_1+n_2x_2+n_3x_3=b\right)$

Eine Übersicht, bei welcher Aufgabenstellung welche Ebenenform zu empfehlen ist, finden Sie auf S. 155.

1. Von der Parameterform zur Koordinatenform

Beispiel: $E: \vec{x}=\begin{pmatrix}0,5\\0\\2\end{pmatrix}+r\cdot\begin{pmatrix}1\\1\\-2\end{pmatrix}+s\cdot\begin{pmatrix}0\\1\\2\end{pmatrix}$ (mit $r, s\in\mathbb{R}$)

Schritt 1: Vektorprodukt der beiden Spannvektoren bilden. Man erhält den Normalenvektor.

$$\begin{pmatrix}1\\1\\-2\end{pmatrix}\times\begin{pmatrix}0\\1\\2\end{pmatrix}=\begin{pmatrix}1\cdot2 & -(-2)\cdot1\\(-2)\cdot0 & -1\cdot2\\1\cdot1 & -1\cdot0\end{pmatrix}=\begin{pmatrix}4\\-2\\1\end{pmatrix}=\vec{n}$$

Hilfsschema:

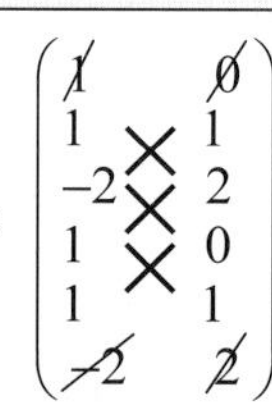

Schritt 2: Einträge des Normalenvektors übernehmen: E: $n_1x_1+n_2x_2+n_3x_3=b$.
Koordinaten des Stützpunktes einsetzen.

$E: 4x_1-2x_2+x_3=b;$

$P(0,5|0|2)$ einsetzen: $E: 4\cdot0,5-2\cdot0+2=b \Leftrightarrow 4=b \qquad \Rightarrow E: 4x_1-2x_2+x_3=4$

2. Von der Parameterform zur Normalenform

Beispiel: $E: \vec{x} = \begin{pmatrix} 0,5 \\ 0 \\ 2 \end{pmatrix} + r \cdot \begin{pmatrix} 1 \\ 1 \\ -2 \end{pmatrix} + s \cdot \begin{pmatrix} 0 \\ 1 \\ 2 \end{pmatrix}$ (mit $r, s \in \mathbb{R}$)

Schritt 1 : Vektorprodukt der beiden Spannvektoren bilden. Man erhält den Normalenvektor.

$\vec{n} = \begin{pmatrix} 4 \\ -2 \\ 1 \end{pmatrix}$ (siehe Vorseite)

Schritt 2 : Stützvektor $\vec{p}$ aus Parameterform übernehmen. In $E: \left(\vec{x} - \vec{p}\right) \cdot \vec{n} = 0$ einsetzen.

$$E: \left(\vec{x} - \vec{p}\right) \cdot \vec{n} = 0 \quad \Leftrightarrow \quad E: \left(\vec{x} - \begin{pmatrix} 0,5 \\ 0 \\ 2 \end{pmatrix}\right) \cdot \begin{pmatrix} 4 \\ -2 \\ 1 \end{pmatrix} = 0$$

3. Von der Normalenform zur Koordinatenform

Beispiel: $E: \left(\vec{x} - \begin{pmatrix} 0,5 \\ 0 \\ 2 \end{pmatrix}\right) \cdot \begin{pmatrix} 4 \\ -2 \\ 1 \end{pmatrix} = 0$

Schritt 1: Ausmultiplizieren.

$$E: \left(\begin{pmatrix} x_1 \\ x_2 \\ x_3 \end{pmatrix} - \begin{pmatrix} 0,5 \\ 0 \\ 2 \end{pmatrix}\right) \cdot \begin{pmatrix} 4 \\ -2 \\ 1 \end{pmatrix} = 0 \quad \Leftrightarrow \quad \begin{pmatrix} x_1 \\ x_2 \\ x_3 \end{pmatrix} \cdot \begin{pmatrix} 4 \\ -2 \\ 1 \end{pmatrix} - \begin{pmatrix} 0,5 \\ 0 \\ 2 \end{pmatrix} \cdot \begin{pmatrix} 4 \\ -2 \\ 1 \end{pmatrix} = 0$$

$$\Leftrightarrow 4x_1 - 2x_2 + x_3 - \left(0,5 \cdot 4 + 0 \cdot (-2) + 2 \cdot 1\right) = 0 \quad \Leftrightarrow \quad E: 4x_1 - 2x_2 + x_3 = 4$$

4. Von der Koordinatenform zur Parameterform

Beispiel: $E: 4x_1 - 2x_2 + x_3 = 4$

- **Möglichkeit 1** („Einfache Ebenenpunkte")

Schritt 1: Koordinaten von 3 „einfachen" Ebenenpunkten ermitteln (z.B. Spurpunkte).
$S_1\left(\frac{4}{4}\mid 0\mid 0\right) = S_1(1\mid 0\mid 0)$; $S_2\left(0\mid \frac{4}{-2}\mid 0\right) = S_2(0\mid -2\mid 0)$; $S_3\left(0\mid 0\mid \frac{4}{1}\right) = S_3(0\mid 0\mid 4)$
Schritt 2: Parameterform aus 3 Punkten aufstellen (S. 147).
$E: \vec{x} = \begin{pmatrix}1\\0\\0\end{pmatrix} + r\cdot\begin{pmatrix}0-1\\-2-0\\0-0\end{pmatrix} + s\cdot\begin{pmatrix}0-1\\0-0\\4-0\end{pmatrix} \Leftrightarrow E: \vec{x} = \begin{pmatrix}1\\0\\0\end{pmatrix} + r\cdot\begin{pmatrix}-1\\-2\\0\end{pmatrix} + s\cdot\begin{pmatrix}-1\\0\\4\end{pmatrix}$

- **Möglichkeit 2**

Schritt 1: In Koordinatengleichung $x_2 = r$ und $x_3 = s$ setzen. Nach x_1 auflösen.
$E: 4x_1 - 2x_2 + x_3 = 4 \Leftrightarrow 4x_1 - 2r + s = 4 \Leftrightarrow 4x_1 = 4 + 2r - s \Leftrightarrow x_1 = 1 + 0{,}5r - 0{,}25s$
Schritt 2: $\vec{x}$ als Vektor darstellen. „Aufteilen".
$\vec{x} = \begin{pmatrix}x_1\\x_2\\x_3\end{pmatrix} = \begin{pmatrix}1+0{,}5r-0{,}25s\\r\\s\end{pmatrix} = \begin{pmatrix}1+0{,}5r-0{,}25s\\0+1\cdot r+0\cdot s\\0+0\cdot r+1\cdot s\end{pmatrix} \Leftrightarrow E: \vec{x} = \begin{pmatrix}1\\0\\0\end{pmatrix} + r\cdot\begin{pmatrix}0{,}5\\1\\0\end{pmatrix} + s\cdot\begin{pmatrix}-0{,}25\\0\\1\end{pmatrix}$

Hinweis: Die beiden Ebenengleichungen, die man durch die beiden Möglichkeiten 1 bzw. 2 erhält, gehören natürlich zur gleichen Ebene.

Zusatz: Bei welcher Aufgabenstellung ist welche Ebenenform zu empfehlen?

1. Aufstellen einer Ebenengleichung …

… besser in **Parameterform**

- Aufstellen aus **3 Punkten**

Vorgehen: E: $\vec{x} = \overrightarrow{OA} + r \cdot \overrightarrow{AB} + s \cdot \overrightarrow{AC}$ (mit $r, s \in \mathbb{R}$)
(S. 147)

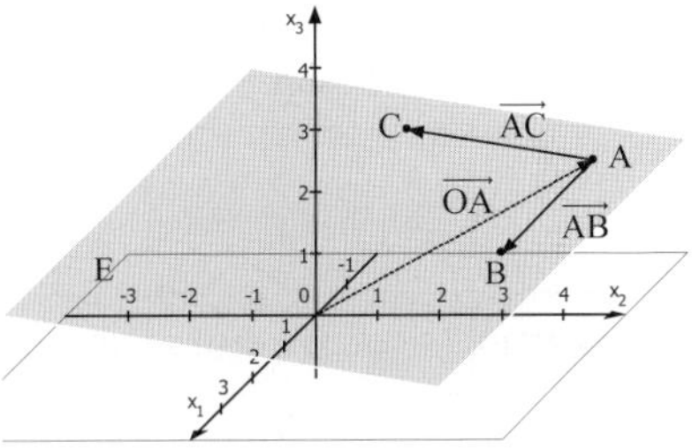

Aufstellen aus einer Geraden g: $\vec{x} = \overrightarrow{OP} + r \cdot \vec{u}$ und ...

- **... dem Punkt Q**, welcher **nicht auf der Geraden** liegt.

Vorgehen: $E: \vec{x} = \overrightarrow{OP} + r \cdot \vec{u} + s \cdot \overrightarrow{PQ}$ (mit $r, s \in \mathbb{R}$).

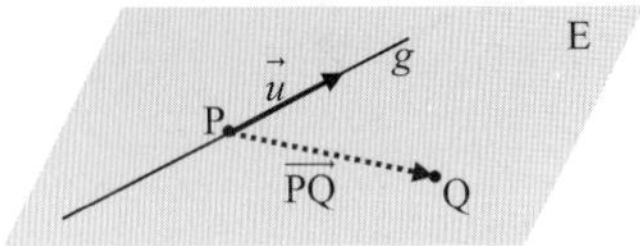

- **... der Geraden** $h: \vec{x} = \overrightarrow{OQ} + s \cdot \vec{v}$, welche g **schneidet**.

Vorgehen: $E: \vec{x} = \overrightarrow{OP} + r \cdot \vec{u} + s \cdot \vec{v}$ (mit $r, s \in \mathbb{R}$).

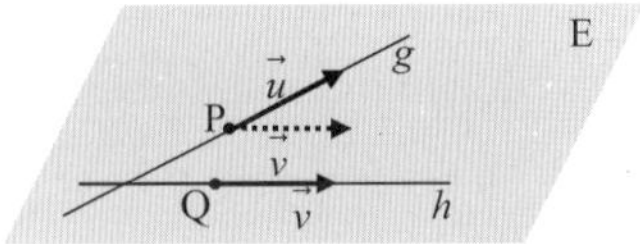

- **... der Geraden** $i: \vec{x} = \overrightarrow{OQ} + s \cdot \vec{u}$, welche **parallel** zu g verläuft.

Vorgehen: $E: \vec{x} = \overrightarrow{OP} + r \cdot \vec{u} + s \cdot \overrightarrow{PQ}$ (mit $r, s \in \mathbb{R}$).

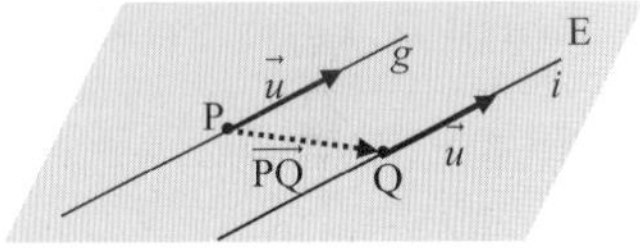

… besser in **Normalenform** (bzw. **Koordinatenform**)

- Aufstellen der Gleichung einer Ebene, die orthogonal (senkrecht) zu einer bekannten Geraden $g: \vec{x} = \overrightarrow{OP} + r \cdot \vec{u}$ und durch einen gegebenen Punkt Q verläuft;

Vorgehen: $E: \left(\vec{x} - \vec{q}\right) \cdot \vec{u} = 0$

($\vec{q}$ als Stützvektor, den Richtungsvektor $\vec{u}$ der Geraden als Normalenvektor verwenden)

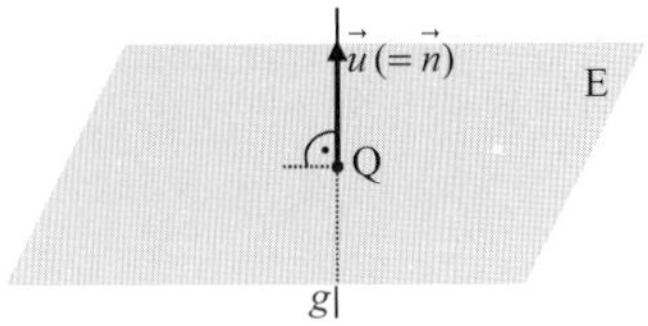

2. Rechnen mit einer Ebenengleichung

Hier ist stets die **Koordinatenform** der Ebenengleichung zu empfehlen.
Bei vielen Rechungen lohnt es sich also, eine gegebene Parametergleichung bzw. Normalengleichung in die Koordinatengleichung umzuwandeln.

4. Gegenseitige Lage

4.1 Ebene-Gerade

Möglichkeiten für die gegenseitige Lage

Gerade und Ebene **schneiden sich** in einem Punkt.	Gerade **liegt in** der Ebene.	Gerade und Ebene sind **parallel**.

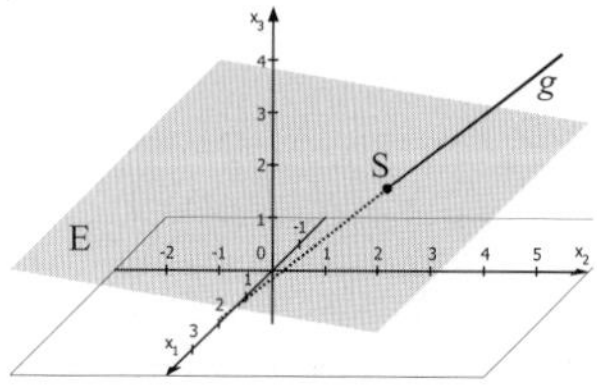

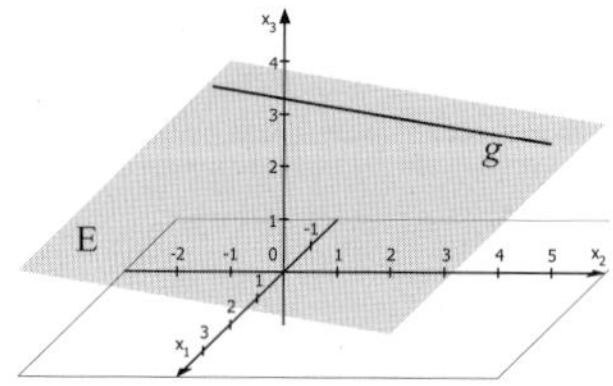

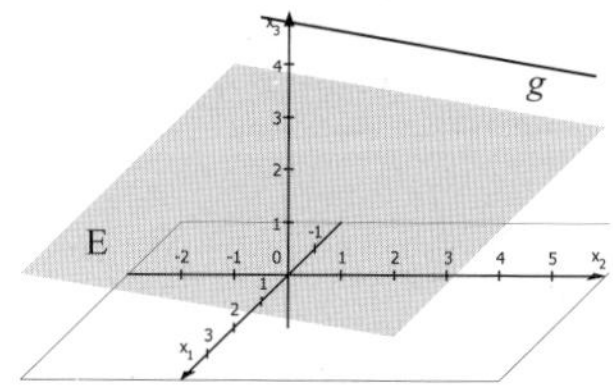

1. Fall: Ebenengleichung in **Koordinatenform**

Beispiel: $E: -x_1 + 3x_2 + 2x_3 = -3$ und $g: \vec{x} = \begin{pmatrix} 1 \\ 2 \\ 3 \end{pmatrix} + t \cdot \begin{pmatrix} 0 \\ 1 \\ 2 \end{pmatrix}$

Schritt 1: Geradenvektor $\vec{x}$ als Komponenten (x_1, x_2 und x_3) darstellen („allgemeiner Geradenpunkt“).

$x_1 = 1;\ x_2 = 2 + t;\ x_3 = 3 + 2t \ \rightarrow\ P_t(1 \mid 2+t \mid 3+2t)$

Schritt 2: Einsetzen in die Koordinatengleichung. Auflösen.

$-x_1 + 3x_2 + 2x_3 = -3 \ \Leftrightarrow\ -1 + 3\cdot(2+t) + 2\cdot(3+2t) = -3 \ \Leftrightarrow\ t = -2$

Schritt 3: Interpretation anhand der nachfolgenden **Übersicht**.

Z.B. $t = -2$	Z.B. $0 = 0$ (wahre Aussage, t „fällt raus“)	Z.B. $0 = 1$ (falsche Aussage, t „fällt raus“)
Gleichung hat **eindeutige Lösung**.	Gleichung hat **unendlich viele Lösungen**.	Gleichung hat **keine Lösung**.
Gerade und Ebene **schneiden sich** in einem Punkt S.	Gerade **liegt in** der Ebene.	Gerade und Ebene sind **parallel**.

Schritt 4 (bei „schneiden sich“): Schnittpunkt bestimmen durch Einsetzen in Geradengl..

Einsetzen von $t = -2$: $\overrightarrow{OS} = \begin{pmatrix} 1 \\ 2 \\ 3 \end{pmatrix} - 2 \cdot \begin{pmatrix} 0 \\ 1 \\ 2 \end{pmatrix} = \begin{pmatrix} 1 \\ 0 \\ -1 \end{pmatrix} \rightarrow S(1 \mid 0 \mid -1)$

„Abkürzung“: Stehen **Normalenvektor** und **Richtungsvektor senkrecht** aufeinander **(Skalarprodukt=0)**, so sind Ebene und Gerade entweder **parallel** oder die Gerade **liegt in** der Ebene. Eine **Punktprobe** klärt auf.

www.mvurl.de/gsee

2. Fall: Ebenengleichung in **Parameterform**

Beispiel: $E: \vec{x} = \begin{pmatrix} 1 \\ -2 \\ 2 \end{pmatrix} + r \cdot \begin{pmatrix} -1 \\ -3 \\ 0 \end{pmatrix} + s \cdot \begin{pmatrix} 3 \\ 0 \\ -2 \end{pmatrix}$ und $g: \vec{x} = \begin{pmatrix} 2 \\ 7 \\ 1 \end{pmatrix} + t \cdot \begin{pmatrix} 2 \\ 5 \\ -1 \end{pmatrix}$

Tipp: Umgehen Sie das nachfolgende Verfahren, indem Sie die Ebenengleichung **in Koordinatenform umwandeln** und dann wie im **1. Fall** vorgehen.

Schritt 1: Gleichsetzen.

$$\begin{pmatrix} 1 \\ -2 \\ 2 \end{pmatrix} + r \cdot \begin{pmatrix} -1 \\ -3 \\ 0 \end{pmatrix} + s \cdot \begin{pmatrix} 3 \\ 0 \\ -2 \end{pmatrix} = \begin{pmatrix} 2 \\ 7 \\ 1 \end{pmatrix} + t \cdot \begin{pmatrix} 2 \\ 5 \\ -1 \end{pmatrix}$$

Schritt 2: LGS in r, s und t ordnen.

$$\begin{array}{lcl} 1 - r + 3s = 2 + 2t & & -r + 3s - 2t = 1 \quad (1) \\ -2 - 3r = 7 + 5t & \Leftrightarrow & -3r - 5t = 9 \quad (2) \\ 2 - 2s = 1 - t & & -2s + t = -1 \quad (3) \end{array}$$

Schritt 3: Durch Gauß-Verfahren umformen.

$$\left(\begin{array}{ccc|c} -1 & 3 & -2 & 1 \\ -3 & 0 & -5 & 9 \\ 0 & -2 & 1 & -1 \end{array}\right) \sim \left(\begin{array}{ccc|c} -1 & 3 & -2 & 1 \\ 0 & 3 & -1/3 & -2 \\ 0 & -2 & 1 & -1 \end{array}\right) \sim \left(\begin{array}{ccc|c} -1 & 3 & -2 & 1 \\ 0 & 3 & -1/3 & -2 \\ 0 & 0 & 7/6 & -7/2 \end{array}\right) \begin{array}{l} \Rightarrow r = 2 \\ \Rightarrow s = -1 \\ \Rightarrow t = -3 \end{array}$$

Schritt 4: Interpretation anhand der nachfolgenden **Übersicht**.

$\left(\begin{array}{ccc\|c} \bullet & \bullet & \bullet & \bullet \\ 0 & \bullet & \bullet & \bullet \\ \mathbf{0} & \mathbf{0} & \neq\mathbf{0} & \bullet \end{array}\right)$	$\left(\begin{array}{ccc\|c} \bullet & \bullet & \bullet & \bullet \\ 0 & \bullet & \bullet & \bullet \\ \mathbf{0} & \mathbf{0} & \mathbf{0} & \mathbf{0} \end{array}\right)$	$\left(\begin{array}{ccc\|c} \bullet & \bullet & \bullet & \bullet \\ 0 & \bullet & \bullet & \bullet \\ \mathbf{0} & \mathbf{0} & \mathbf{0} & \neq\mathbf{0} \end{array}\right)$
LGS hat **eindeutige Lösung**.	LGS hat **unendlich viele Lösungen**.	LGS hat **keine Lösung**.
Gerade und Ebene **schneiden sich** in einem Punkt S.	Gerade **liegt in** der Ebene.	Gerade und Ebene sind **parallel**.

E und g schneiden sich also in einem Punkt.

Schritt 5 (bei „schneiden sich"): Schnittpunkt bestimmen durch Einsetzen in Geradengleichung.

Einsetzen von $t = -3$: $\overrightarrow{OS} = \begin{pmatrix} 2 \\ 7 \\ 1 \end{pmatrix} - 3 \cdot \begin{pmatrix} 2 \\ 5 \\ -1 \end{pmatrix} = \begin{pmatrix} -4 \\ -8 \\ 4 \end{pmatrix} \rightarrow S(-4 \mid -8 \mid 4)$

4.2 Ebene-Ebene

Möglichkeiten für die gegenseitige Lage

Ebenen **schneiden sich** in einer Schnittgeraden.	Ebenen sind **identisch**.	Ebenen sind **parallel**.

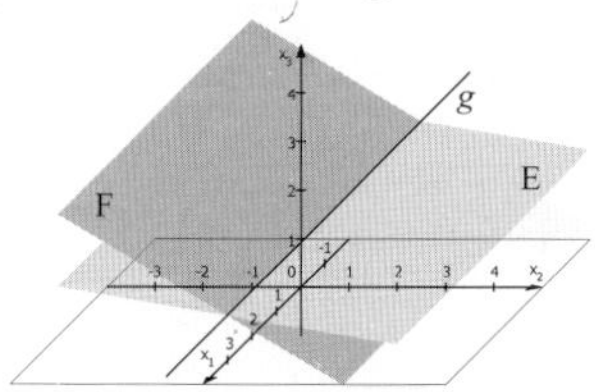

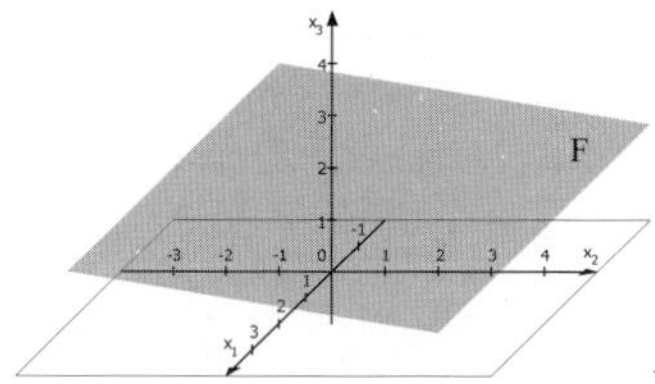

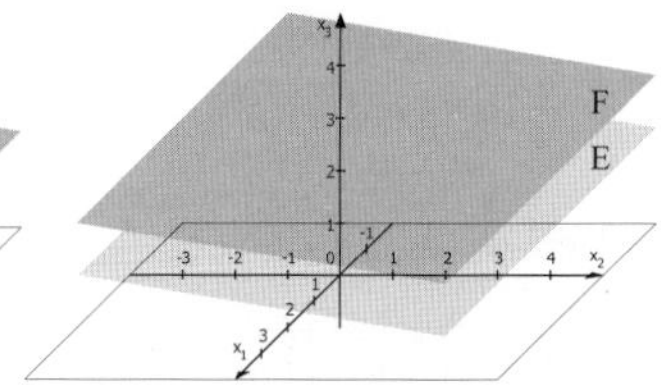

1. Fall: Eine Ebenengleichung in **Parameterform**, eine in **Koordinatenform**

Beispiel: $E: \vec{x} = \begin{pmatrix} 15 \\ 0 \\ 3 \end{pmatrix} + r \cdot \begin{pmatrix} 2 \\ 5 \\ 0 \end{pmatrix} + s \cdot \begin{pmatrix} -1 \\ 0 \\ 5 \end{pmatrix}$ und $F: 3x_1 + 4x_2 - 2x_3 = 13$

Schritt 1: Ebenenvektor $\vec{x}$ als Komponenten (x_1, x_2 und x_3) darstellen („allgemeiner Ebenenpunkt").

$x_1 = 15 + 2r - s;\quad x_2 = 5r;\quad x_3 = 3 + 5s \quad \rightarrow \quad P(15 + 2r - s \mid 5r \mid 3 + 5s)$

Schritt 2: Einsetzen in die Koordinatengleichung. Umformen.

$3x_1 + 4x_2 - 2x_3 = 13 \quad \Leftrightarrow \quad 3 \cdot (15 + 2r - s) + 4 \cdot 5r - 2 \cdot (3 + 5s) = 13 \quad \Leftrightarrow \quad 2r - s = -2$

Schritt 3: Interpretation anhand der nachfolgenden **Übersicht**.

Z.B. $2r - s = -2$ (Gleichung **enthält Parameter**)	Z.B. $0 = 0$ (**wahre** Aussage, Parameter „fallen raus")	Z.B. $0 = 1$ (**falsche** Aussage, Parameter „fallen raus")
Ebenen **schneiden sich** in einer Geraden.	Ebenen sind **identisch**.	Ebenen sind **parallel**.

E und F schneiden sich also in einer Geraden.

Schritt 4 (bei „schneiden sich"): Gleichung der Schnittgeraden bestimmen.

Gleichung nach einem Parameter auflösen: $s = 2r + 2$. Einsetzen in Parametergleichung:

$$\vec{x} = \begin{pmatrix} 15 \\ 0 \\ 3 \end{pmatrix} + r \cdot \begin{pmatrix} 2 \\ 5 \\ 0 \end{pmatrix} + (2r+2) \cdot \begin{pmatrix} -1 \\ 0 \\ 5 \end{pmatrix} \quad \Leftrightarrow \quad g: \vec{x} = \begin{pmatrix} 13 \\ 0 \\ 13 \end{pmatrix} + r \cdot \begin{pmatrix} 0 \\ 5 \\ 10 \end{pmatrix} \text{ (Schnittgerade)}$$

„Abkürzung": Stehen **Normalenvektor** und beide **Spannvektoren senkrecht** aufeinander **(Skalarprodukt=0)**, so sind die Ebenen entweder **parallel** oder **identisch**.
Eine **Punktprobe** klärt auf.

www.mvurl.de/pf74

2. Fall: Beide Ebenengleichungen in **Koordinatenform**

Beispiel: $E: x_1 + 3x_2 + 2x_3 = -5$ und $F: x_1 + 2x_2 + 3x_3 = -2$

Schritt 1: Die beiden Ebenengleichungen als LGS auffassen.

$$\begin{aligned} x_1 + 3x_2 + 2x_3 &= -5 \\ x_1 + 2x_2 + 3x_3 &= -2 \end{aligned}$$

Schritt 2: Durch Gauß-Verfahren „in Richtung" untere Dreiecksform umformen.

$$\left(\begin{array}{ccc|c} 1 & 3 & 2 & -5 \\ 1 & 2 & 3 & -2 \end{array}\right) \;\lrcorner -$$

$$\left(\begin{array}{ccc|c} 1 & 3 & 2 & -5 \\ 0 & 1 & -1 & -3 \end{array}\right)$$

Schritt 3: Interpretation anhand der nachfolgenden **Übersicht**.

(Da nur 2 Gleichungen aber 3 Unbekannte vorliegen, ist LGS niemals eindeutig lösbar.)

$\left(\begin{array}{ccc\|c} \bullet & \bullet & \bullet & \bullet \\ \mathbf{0} & \neq \mathbf{0} & \bullet & \bullet \end{array}\right)$	$\left(\begin{array}{ccc\|c} \bullet & \bullet & \bullet & \bullet \\ \mathbf{0} & \mathbf{0} & \mathbf{0} & \mathbf{0} \end{array}\right)$	$\left(\begin{array}{ccc\|c} \bullet & \bullet & \bullet & \bullet \\ \mathbf{0} & \mathbf{0} & \mathbf{0} & \neq \mathbf{0} \end{array}\right)$
LGS hat **unendlich viele Lösungen, ein** Parameter ist frei wählbar.	LGS hat **unendlich viele Lösungen, zwei** Parameter sind frei wählbar.	LGS hat **keine Lösung**.
Ebenen **schneiden sich** in einer Geraden.	Ebenen sind **identisch**.	Ebenen sind **parallel**.

E und F schneiden sich also in einer Geraden.

Schritt 4 (bei „schneiden sich"): Gleichung der Schnittgeraden bestimmen.

In Gleichung (2) $x_3 = t$ setzen: $x_2 - x_3 = -3 \;\Leftrightarrow\; x_2 - t = -3 \;\Leftrightarrow\; x_2 = t - 3;$

In Gleichung (1) einsetzen: $x_1 + 3x_2 + 2x_3 = -5 \Leftrightarrow x_1 + 3\cdot(t-3) + 2\cdot t = -5 \Leftrightarrow x_1 = -5t + 4$

In Vektorform notieren und sortieren: $g: \vec{x} = \begin{pmatrix} -5t+4 \\ t-3 \\ t \end{pmatrix} = \begin{pmatrix} 4 \\ -3 \\ 0 \end{pmatrix} + t \cdot \begin{pmatrix} -5 \\ 1 \\ 1 \end{pmatrix}$ (Schnittgerade)

„Abkürzung": Sind die beiden **Normalenvektoren Vielfache** voneinander, so sind die Ebenen entweder **parallel** oder **identisch**. Eine **Punktprobe** klärt auf.

3. Fall: Beide Ebenengleichungen in **Parameterform**

Beispiel: $E:\vec{x}=\begin{pmatrix}2\\4\\1\end{pmatrix}+r\cdot\begin{pmatrix}1\\-2\\3\end{pmatrix}+s\cdot\begin{pmatrix}1\\-1\\5\end{pmatrix}$ und $F:\vec{x}=\begin{pmatrix}3\\5\\12\end{pmatrix}+t\cdot\begin{pmatrix}0\\-2\\-6\end{pmatrix}+u\cdot\begin{pmatrix}-4\\7\\-10\end{pmatrix}$

Tipp: Umgehen Sie das nachfolgende Verfahren unbedingt, indem Sie eine der beiden Ebenengleichungen **in Koordinatenform umwandeln** und dann wie im **1. Fall** vorgehen.

Schritt 1: Gleichsetzen.

$$\begin{pmatrix}2\\4\\1\end{pmatrix}+r\cdot\begin{pmatrix}1\\-2\\3\end{pmatrix}+s\cdot\begin{pmatrix}1\\-1\\5\end{pmatrix}=\begin{pmatrix}3\\5\\12\end{pmatrix}+t\cdot\begin{pmatrix}0\\-2\\-6\end{pmatrix}+u\cdot\begin{pmatrix}-4\\7\\-10\end{pmatrix}$$

Schritt 2: LGS in *r, s, t* und *u* ordnen.

$$\begin{aligned}2+r+s&=3-4u\\4-2r-s&=5-2t+7u\\1+3r+5s&=12-6t-10u\end{aligned}\quad\Leftrightarrow\quad\begin{aligned}r+s+4u&=1\quad(1)\\-2r-s+2t-7u&=1\quad(2)\\3r+5s+6t+10u&=11\quad(3)\end{aligned}$$

Schritt 3: Durch Gauß-Verfahren „in Richtung" untere Dreiecksform umformen.

$$\left(\begin{array}{cccc|c}1&1&0&4&1\\-2&-1&2&-7&1\\3&5&6&10&11\end{array}\right)\sim\left(\begin{array}{cccc|c}1&1&0&4&1\\0&1&2&1&3\\0&-2&-6&2&-8\end{array}\right)\sim\left(\begin{array}{cccc|c}1&1&0&4&1\\0&1&2&1&3\\0&0&-2&4&-2\end{array}\right)$$

Schritt 4: Interpretation anhand der nachfolgenden **Übersicht**.

(Da nur 3 Gleichungen aber 4 Unbekannte vorliegen, ist LGS niemals eindeutig lösbar.)

$\left(\begin{array}{cccc\|c}\bullet&\bullet&\bullet&\bullet&\bullet\\0&\bullet&\bullet&\bullet&\bullet\\\mathbf{0}&\mathbf{0}&\neq\mathbf{0}&\bullet&\bullet\end{array}\right)$	$\left(\begin{array}{cccc\|c}\bullet&\bullet&\bullet&\bullet&\bullet\\0&\bullet&\bullet&\bullet&\bullet\\\mathbf{0}&\mathbf{0}&\mathbf{0}&\mathbf{0}&\mathbf{0}\end{array}\right)$	$\left(\begin{array}{cccc\|c}\bullet&\bullet&\bullet&\bullet&\bullet\\0&\bullet&\bullet&\bullet&\bullet\\\mathbf{0}&\mathbf{0}&\mathbf{0}&\mathbf{0}&\neq\mathbf{0}\end{array}\right)$
LGS hat **unendlich viele Lösungen, ein** Parameter ist frei wählbar.	LGS hat **unendlich viele Lösungen, zwei** Parameter sind frei wählbar.	LGS hat **keine Lösung**.
Ebenen **schneiden sich** in einer Geraden.	Ebenen sind **identisch**.	Ebenen sind **parallel**.

E und F schneiden sich also in einer Schnittgeraden.

Schritt 5 (bei „schneiden sich"): Gleichung der Schnittgeraden bestimmen.

Gleichung (3): $-2t+4u=-2$ wird nach t aufgelöst: $t=2u+1$. Einsetzen.

$$\vec{x}=\begin{pmatrix}3\\5\\12\end{pmatrix}+(2u+1)\cdot\begin{pmatrix}0\\-2\\-6\end{pmatrix}+u\cdot\begin{pmatrix}-4\\7\\-10\end{pmatrix}\quad\Leftrightarrow\quad g:\vec{x}=\begin{pmatrix}3\\3\\6\end{pmatrix}+u\cdot\begin{pmatrix}-4\\3\\-22\end{pmatrix}\ \text{(Schnittgerade)}$$

5. Schnittwinkel

Zwischen	Formel	senkrecht ($\alpha = 90°$)
Vektor $\vec{a}$ und **Vektor** $\vec{b}$		
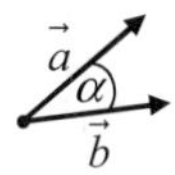	$\cos(\alpha) = \frac{\vec{a} \cdot \vec{b}}{\lvert \vec{a} \rvert \cdot \lvert \vec{b} \rvert}$	falls $\vec{a} \cdot \vec{b} = 0$
Gerade g mit Richtungsvektor $\vec{u_1}$ und **Gerade** h mit Richtungsvektor $\vec{u_2}$		
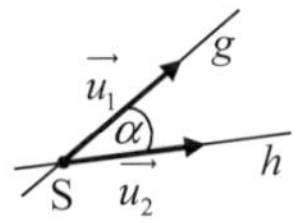	$\cos(\alpha) = \frac{\lvert \vec{u_1} \cdot \vec{u_2} \rvert}{\lvert \vec{u_1} \rvert \cdot \lvert \vec{u_2} \rvert}$	falls $\vec{u_1} \cdot \vec{u_2} = 0$
Gerade g mit Richtungsvektor $\vec{u}$ und **Ebene** E mit Normalenvektor $\vec{n}$		
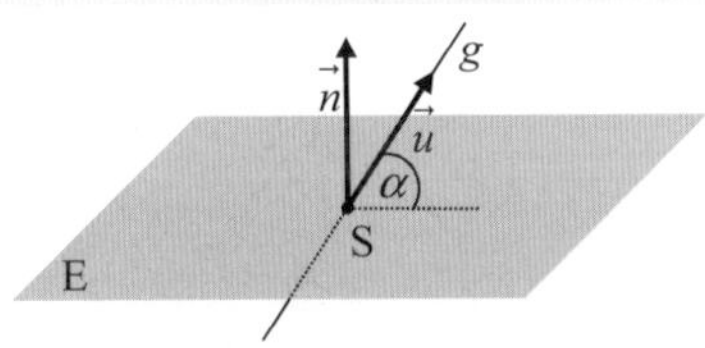	$\sin(\alpha) = \frac{\lvert \vec{u} \cdot \vec{n} \rvert}{\lvert \vec{u} \rvert \cdot \lvert \vec{n} \rvert}$	falls $\vec{u} = k \cdot \vec{n}$ (mit $k \in \mathbb{R}$) (Vielfache)
Ebene E mit Normalenvektor $\vec{n_1}$ und **Ebene** F mit Normalenvektor $\vec{n_2}$		
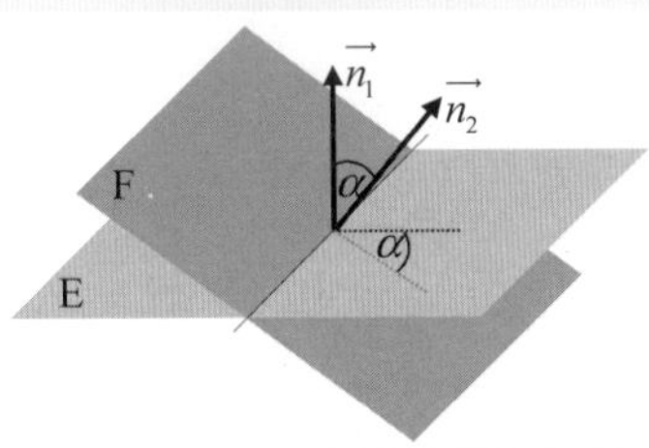	$\cos(\alpha) = \frac{\lvert \vec{n_1} \cdot \vec{n_2} \rvert}{\lvert \vec{n_1} \rvert \cdot \lvert \vec{n_2} \rvert}$	falls $\vec{n_1} \cdot \vec{n_2} = 0$

Beispiel: Schnittwinkel zwischen $g: \vec{x} = \begin{pmatrix} 0,5 \\ 0 \\ 2 \end{pmatrix} + r \cdot \begin{pmatrix} 4 \\ -2 \\ 1 \end{pmatrix}$ und $E: x_1 - 3x_2 - 2x_3 = 3$.

$$\sin(\alpha) = \frac{\left| \begin{pmatrix} 4 \\ -2 \\ 1 \end{pmatrix} \cdot \begin{pmatrix} 1 \\ -3 \\ -2 \end{pmatrix} \right|}{\left| \begin{pmatrix} 4 \\ -2 \\ 1 \end{pmatrix} \right| \cdot \left| \begin{pmatrix} 1 \\ -3 \\ -2 \end{pmatrix} \right|} = \frac{\lvert 4 \cdot 1 + (-2) \cdot (-3) + 1 \cdot (-2) \rvert}{\sqrt{4^2 + (-2)^2 + 1^2} \cdot \sqrt{1^2 + (-3)^2 + (-2)^2}} = \frac{8}{\sqrt{21} \cdot \sqrt{14}} \Rightarrow \alpha \approx 27,81°$$

(WTR-Einstellung: *deg*)

Hinweis: Mit dem Schnittwinkel ist stets der spitze Winkel ($0 \le \alpha \le 90$) gemeint.

11 Rosner - ISBN 978-3-8120-0383-4

www.mvurl.de/lawk

6. Abstandsberechnungen

Lösungsstrategien im Überblick (ausführliches Vorgehen auf den folgenden Seiten)

	Punkt	Gerade	Ebene
Punkt	**Betrag** 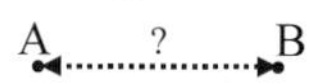 $\lvert\overrightarrow{AB}\rvert$ (S. 163)	**1. Skalarprodukt** 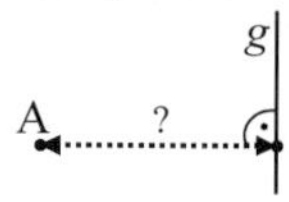 **2. Hilfsebene** 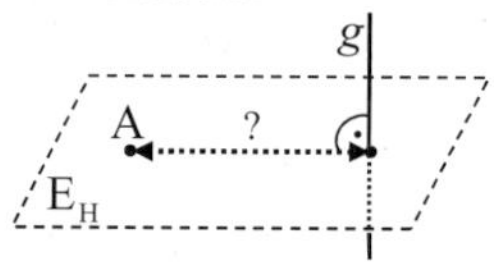 (S. 163)	**1. Formel** $d=\left\|\frac{n_1a_1+n_2a_2+n_3a_3-b}{\sqrt{n_1^2+n_2^2+n_3^2}}\right\|=\left\|\frac{(\vec{a}-\vec{p})\cdot\vec{n}}{\|\vec{n}\|}\right\|$ **2. Lotgerade** 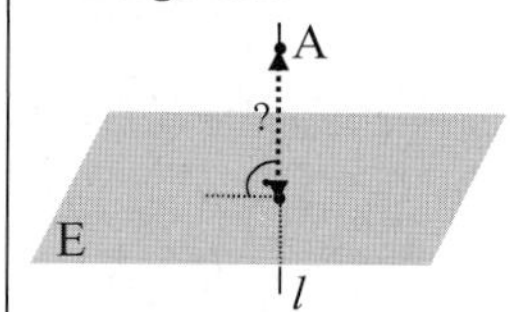 (S. 165)
Gerade		Parallel: **1. Skalarprodukt** **2. Hilfsebene** 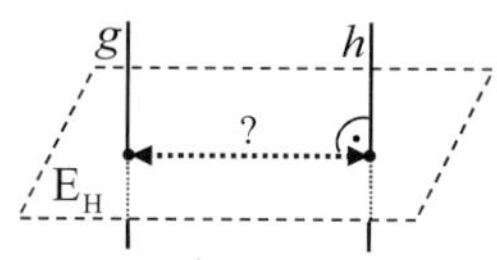 (S. 166)	Parallel: **1. Formel** (Punkt-Ebene) **2. Lotgerade** 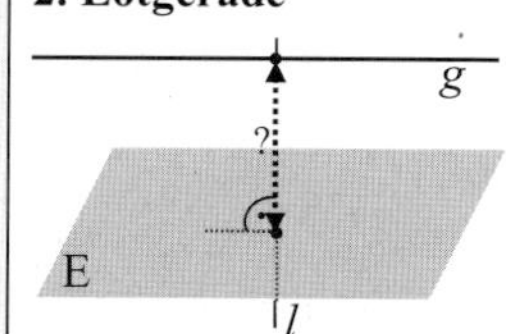 (S. 167)
		Windschief: **1. Formel** $d=\left\|\frac{(\vec{q}-\vec{p})\cdot\vec{n}}{\|\vec{n}\|}\right\|$ mit $\vec{n}=\vec{u}\times\vec{v}$ **2. Hilfsebene** 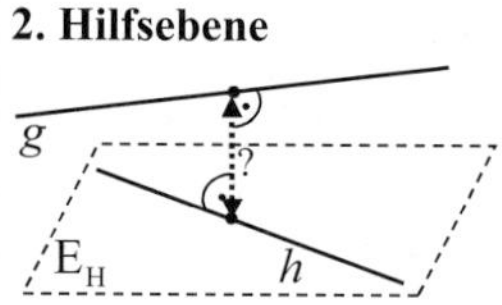 (S. 166)	
Ebene			Parallel: **1. Formel** (Punkt-Ebene) **2. Lotgerade** 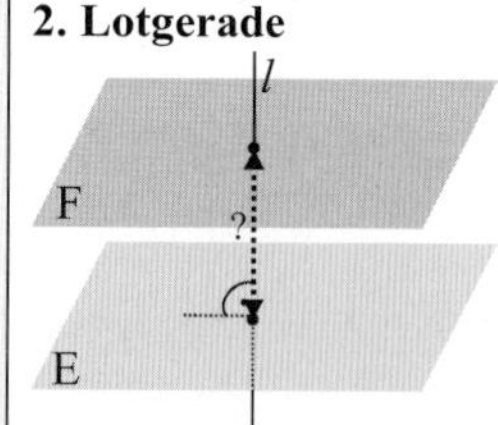 (S. 167)

www.mvurl.de/p9c3

6.1 Abstände zu einem Punkt

1. Abstand: Punkt – Punkt

Hier muss schlicht die **Länge (Betrag) des Verbindungsvektors $\overrightarrow{\mathbf{AB}}$** berechnet werden.

Beispiel: Abstand von $A(1|0|2)$ und $B(2|-3|1)$?

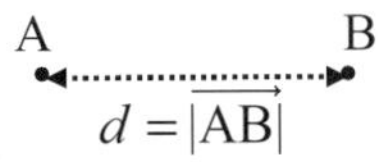

Verbindungsvektor: $\overrightarrow{AB} = \begin{pmatrix} 2 \\ -3 \\ 1 \end{pmatrix} - \begin{pmatrix} 1 \\ 0 \\ 2 \end{pmatrix} = \begin{pmatrix} 1 \\ -3 \\ -1 \end{pmatrix}$;

Länge: $|\overrightarrow{AB}| = \sqrt{1^2 + (-3)^2 + (-1)^2} = \sqrt{11}$ LE (Längeneinheiten)

2. Abstand: Punkt – Gerade

Beispiel: Abstand von $A(6|-6|9)$ zu $g: \vec{x} = \begin{pmatrix} 4 \\ 5 \\ 6 \end{pmatrix} + r \cdot \begin{pmatrix} -2 \\ 1 \\ 1 \end{pmatrix}$?

- **Möglichkeit 1 (Skalarprodukt)**

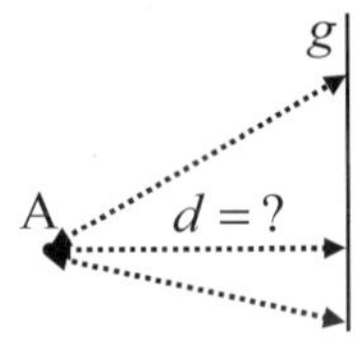

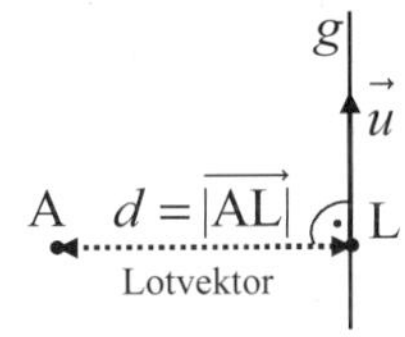

Schritt 1: Verbindungsvektor zwischen dem **Punkt A** und einem **allgemeinen Geradenpunkt** $P_r(4-2r\,|\,5+r\,|\,6+r)$ aufstellen (allgemeiner Abstandsvektor).
$\overrightarrow{AP_r} = \begin{pmatrix} 4-2r \\ 5+r \\ 6+r \end{pmatrix} - \begin{pmatrix} 6 \\ -6 \\ 9 \end{pmatrix} = \begin{pmatrix} -2r-2 \\ r+11 \\ r-3 \end{pmatrix}$
Schritt 2: Skalarprodukt aus dem **Verbindungsvektor** und dem **Richtungsvektor $\vec{u}$** der Geraden bilden und **gleich 0** setzen. (Grund: Der Verbindungsvektor wird zum Lotvektor wenn er senkrecht zur Geraden steht). Parameterwert r ermitteln.
$\overrightarrow{AP_r} \cdot \vec{u} = \begin{pmatrix} -2r-2 \\ r+11 \\ r-3 \end{pmatrix} \cdot \begin{pmatrix} -2 \\ 1 \\ 1 \end{pmatrix} = 0 \Leftrightarrow (-2r-2)\cdot(-2) + (r+11)\cdot 1 + (r-3)\cdot 1 = 0 \Leftrightarrow r = -2$
Schritt 3: Lotfußpunkt L erhalten, indem der **Parameterwert** in die Geradengleichung **eingesetzt** wird.
$r = -2$ einsetzen: $\overrightarrow{OL} = \begin{pmatrix} 4 \\ 5 \\ 6 \end{pmatrix} - 2 \cdot \begin{pmatrix} -2 \\ 1 \\ 1 \end{pmatrix} = \begin{pmatrix} 8 \\ 3 \\ 4 \end{pmatrix} \rightarrow L(8|3|4)$
Schritt 4: Länge (Betrag) des Lotvektors $|\overrightarrow{\mathbf{AL}}|$ berechnen.
Lotvektor: $\overrightarrow{AL} = \begin{pmatrix} 8 \\ 3 \\ 4 \end{pmatrix} - \begin{pmatrix} 6 \\ -6 \\ 9 \end{pmatrix} = \begin{pmatrix} 2 \\ 9 \\ -5 \end{pmatrix}$; Länge: $|\overrightarrow{AL}| = \sqrt{2^2 + 9^2 + (-5)^2} = \sqrt{110}$ LE

www.mvurl.de/3cju

- **Möglichkeit 2 (Hilfsebene)**

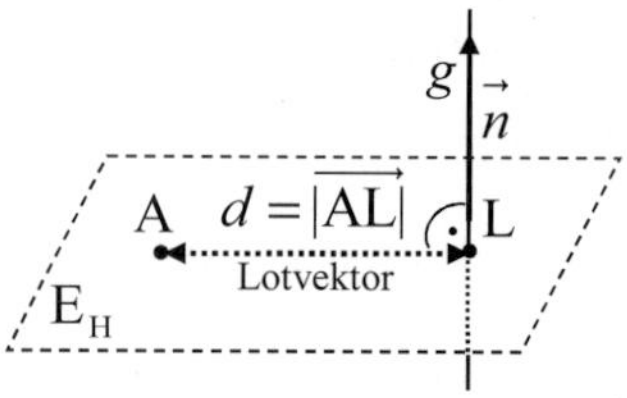

Schritt 1 : Hilfsebene E_H bilden, die den Punkt **A enthält** und **senkrecht auf der Geraden *g*** steht (Richtungsvektor der Geraden als Normalenvektor von E_H verwenden). Dann werden die Koordinaten des Punktes A eingesetzt.
$E_H: -2x_1 + x_2 + x_3 = b$ $A \in E_H: \ -2 \cdot 6 - 6 + 9 = b \Leftrightarrow -9 = b \qquad \Rightarrow E_H: -2x_1 + x_2 + x_3 = -9$
Schritt 2 : Hilfsebene E_H mit der **Geraden *g* schneiden**. Der Schnittpunkt ist der Lotfußpunkt L.
„Allgemeiner Geradenpunkt" $P_r(4-2r \mid 5+r \mid 6+r)$ in E_H einsetzen: $-2x_1 + x_2 + x_3 = -9 \Leftrightarrow -2 \cdot (4-2r) + 5 + r + 6 + r = -9 \Leftrightarrow r = -2;$ $r = -2$ einsetzen: $\overrightarrow{OL} = \begin{pmatrix} 4 \\ 5 \\ 6 \end{pmatrix} - 2 \cdot \begin{pmatrix} -2 \\ 1 \\ 1 \end{pmatrix} = \begin{pmatrix} 8 \\ 3 \\ 4 \end{pmatrix} \rightarrow L(8 \mid 3 \mid 4)$
Schritt 3 : Länge (Betrag) des Lotvektors $\mid \overrightarrow{\mathbf{AL}} \mid$ berechnen.
Lotvektor: $\overrightarrow{AL} = \begin{pmatrix} 8 \\ 3 \\ 4 \end{pmatrix} - \begin{pmatrix} 6 \\ -6 \\ 9 \end{pmatrix} = \begin{pmatrix} 2 \\ 9 \\ -5 \end{pmatrix}$; Länge: $\mid \overrightarrow{AL} \mid = \sqrt{2^2 + 9^2 + (-5)^2} = \sqrt{110}$ LE

Beispielhafte Anwendungen: Höhenbestimmung in einem Dreieck, Trapez oder Parallelogramm.

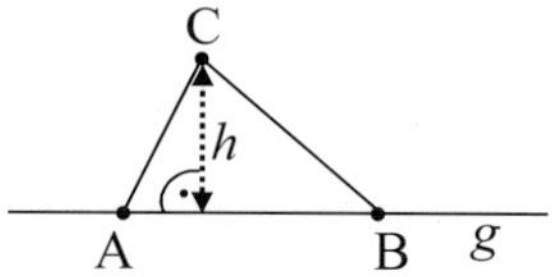

3. Abstand: Punkt – Ebene

Beispiel: Abstand von $A(1|2|3)$ zu $E: 2x_1 - x_2 + 4x_3 = -9$?

- **Möglichkeit 1 (Formel, siehe Merkhilfe)**

$$d = \left| \frac{n_1 a_1 + n_2 a_2 + n_3 a_3 - b}{\sqrt{n_1^2 + n_2^2 + n_3^2}} \right| \quad \text{(zwischen } A(a_1 | a_2 | a_3) \text{ und } E: n_1x_1 + n_2x_2 + n_3x_3 = b\text{)}$$

$$d = \left| \frac{(\vec{a} - \vec{p}) \cdot \vec{n}}{|\vec{n}|} \right| \quad \text{(zwischen } A(a_1 | a_2 | a_3) \text{ und } E: (\vec{x} - \vec{p}) \cdot \vec{n} = 0\text{)}$$

Lösung: $d = \left| \frac{2 \cdot 1 - 1 \cdot 2 + 4 \cdot 3 + 9}{\sqrt{2^2 + (-1)^2 + 4^2}} \right| = \left| \frac{21}{\sqrt{21}} \right| = \sqrt{21}$ LE

- **Möglichkeit 2 (Lotgerade)**

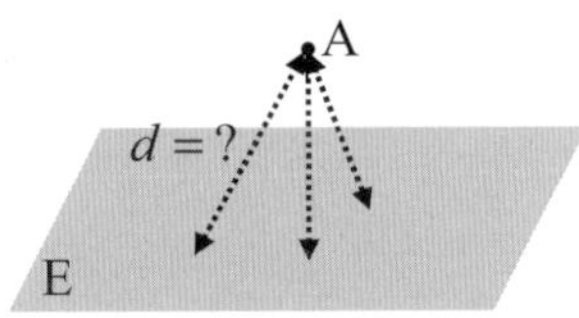

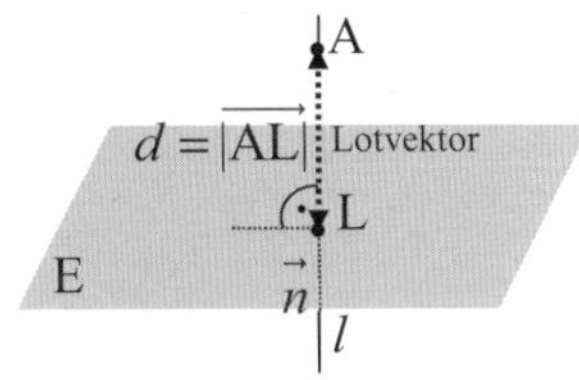

Schritt 1 : Lotgerade *l* bilden, die den Punkt **A enthält** und **senkrecht auf der Ebene E** steht. (A als Stützpunkt und Normalenvektor der Ebene als Richtungsvektor verwenden).
$l: \vec{x} = \vec{a} + r \cdot \vec{n} \Rightarrow l: \vec{x} = \begin{pmatrix} 1 \\ 2 \\ 3 \end{pmatrix} + r \cdot \begin{pmatrix} 2 \\ -1 \\ 4 \end{pmatrix}$ (mit $r \in \mathbb{R}$)
Schritt 2 : Lotgerade *l* mit der **Ebene E schneiden**. Der Schnittpunkt ist der Lotfußpunkt L.
„Allgemeiner Geradenpunkt" $P_r(1+2r \mid 2-r \mid 3+4r)$ in E einsetzen: $2x_1 - x_2 + 4x_3 = -9 \Leftrightarrow 2 \cdot (1+2r) - (2-r) + 4 \cdot (3+4r) = -9 \Leftrightarrow r = -1$; $r = -1$ einsetzen: $\overrightarrow{OL} = \begin{pmatrix} 1 \\ 2 \\ 3 \end{pmatrix} - 1 \cdot \begin{pmatrix} 2 \\ -1 \\ 4 \end{pmatrix} = \begin{pmatrix} -1 \\ 3 \\ -1 \end{pmatrix} \rightarrow L(-1 \mid 3 \mid -1)$
Schritt 3 : Länge (Betrag) des Lotvektors $\lvert \overrightarrow{AL} \rvert$ berechnen.
Lotvektor: $\overrightarrow{AL} = \begin{pmatrix} -1 \\ 3 \\ -1 \end{pmatrix} - \begin{pmatrix} 1 \\ 2 \\ 3 \end{pmatrix} = \begin{pmatrix} -2 \\ 1 \\ -4 \end{pmatrix}$; Länge: $\lvert \overrightarrow{AL} \rvert = \sqrt{(-2)^2 + 1^2 + (-4)^2} = \sqrt{21}$ LE

Beispielhafte Anwendung: Höhenbestimmung bei einer Pyramide

6.2 Abstände zu einer Geraden

Ein (sinnvoller) Abstand zwischen zwei Geraden (welcher nicht 0 beträgt) liegt nur dann vor, falls die Geraden **parallel** oder **windschief** zueinander liegen.

1. Abstand: Gerade – Gerade (parallel)

Diese Abstandsberechnung lässt sich auf die Abstandsberechnung ***Punkt – Gerade*** zurückführen, indem der Abstand eines beliebigen Punktes (z.B. des **Stützpunktes) der einen Geraden zur anderen Geraden** ermittelt wird.

Lösungsstrategie: Skalarprodukt oder Hilfsebene.

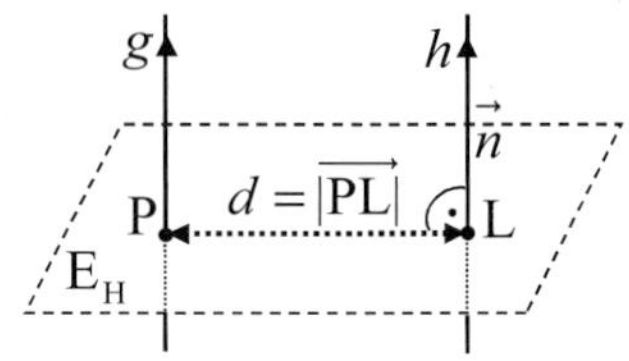

2. Abstand: Gerade – Gerade (windschief)

- **Möglichkeit 1 (Formel)**

$$\boldsymbol{d} = \left| \frac{(\vec{q}-\vec{p})\cdot\vec{\boldsymbol{n}}}{|\vec{\boldsymbol{n}}|} \right| \quad \text{mit } \vec{\boldsymbol{n}} = \vec{\boldsymbol{u}}\times\vec{\boldsymbol{v}} \quad \text{(windschiefe Geraden } g: \vec{x} = \vec{p} + r\cdot\vec{u} \text{ und } h: \vec{x} = \vec{q} + s\cdot\vec{v})$$

Beispiel: Abstand von $g: \vec{x} = \begin{pmatrix}-7\\2\\-3\end{pmatrix} + r\cdot\begin{pmatrix}0\\1\\2\end{pmatrix}$ zu $h: \vec{x} = \begin{pmatrix}-3\\-3\\3\end{pmatrix} + s\cdot\begin{pmatrix}1\\2\\1\end{pmatrix}$?

$$d = \left| \frac{\left(\begin{pmatrix}-3\\-3\\3\end{pmatrix} - \begin{pmatrix}-7\\2\\-3\end{pmatrix}\right)\cdot\left(\begin{pmatrix}0\\1\\2\end{pmatrix}\times\begin{pmatrix}1\\2\\1\end{pmatrix}\right)}{\left|\begin{pmatrix}0\\1\\2\end{pmatrix}\times\begin{pmatrix}1\\2\\1\end{pmatrix}\right|} \right| = \left| \frac{\begin{pmatrix}4\\-5\\6\end{pmatrix}\cdot\begin{pmatrix}-3\\2\\-1\end{pmatrix}}{\left|\begin{pmatrix}-3\\2\\-1\end{pmatrix}\right|} \right| = \left| \frac{-12-10-6}{\sqrt{(-3)^2+2^2+(-1)^2}} \right| = \left| \frac{-28}{\sqrt{14}} \right| \approx 7{,}48 \text{ LE}$$

- **Möglichkeit 2 (Hilfsebene)**

Schritt 1: Hilfsebene E_H bilden, welche die **Gerade *h* enthält** und **parallel zur Geraden *g*** verläuft.
Hierbei wird der Stützvektor der Geraden h in die Normalenform der Ebene übernommen ($E_H: (\vec{x}-\vec{q})\cdot\vec{n} = 0$). Der Normalenvektor der Ebene ergibt sich aus dem Kreuzprodukt der beiden Richtungsvektoren ($\vec{\boldsymbol{n}} = \vec{\boldsymbol{u}}\times\vec{\boldsymbol{v}}$).
Nun lässt sich diese Abstandsberechnung auf die Abstands - berechnung ***Punkt – Ebene*** zurückführen, indem der Abstand eines beliebigen Punktes der Geraden g (z.B. des Stützpunktes) zur Hilfsebene E_H ermittelt wird.
Lösungsstrategie: Formel oder Lotgerade.

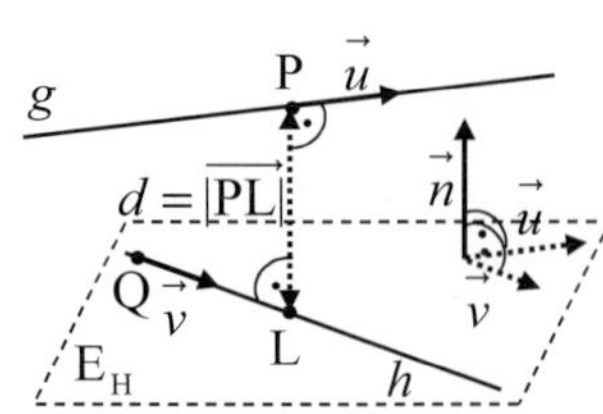

www.mvurl.de/dj2s

3. Abstand: Gerade – Ebene (parallel)

Nur sinnvoll, falls Gerade und Ebene **parallel** zueinander liegen.

Diese Abstandsberechnung lässt sich auf die Abstandsberechnung ***Punkt – Ebene*** zurückführen, indem der Abstand eines beliebigen Punktes der Geraden g (z.B. des **Stützpunktes**) zur Ebene E ermittelt wird.
Lösungsstrategie: Formel oder Lotgerade.

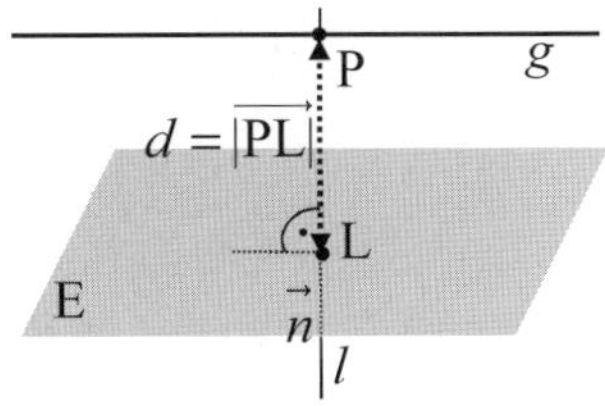

6.3 Abstände zu einer Ebene

Ein (sinnvoller) Abstand zwischen zwei Ebenen (welcher nicht 0 beträgt) liegt nur dann vor, falls die Ebenen **parallel** zueinander liegen.

1. Abstand: Ebene – Ebene (parallel)

Diese Abstandsberechnung lässt sich auf die Abstandsberechnung ***Punkt – Ebene*** zurückführen, indem der Abstand eines beliebigen Punktes der einen Ebene (z.B. eines **Spurpunktes**) zur anderen Ebene ermittelt wird.
Lösungsstrategie: Formel oder Lotgerade.

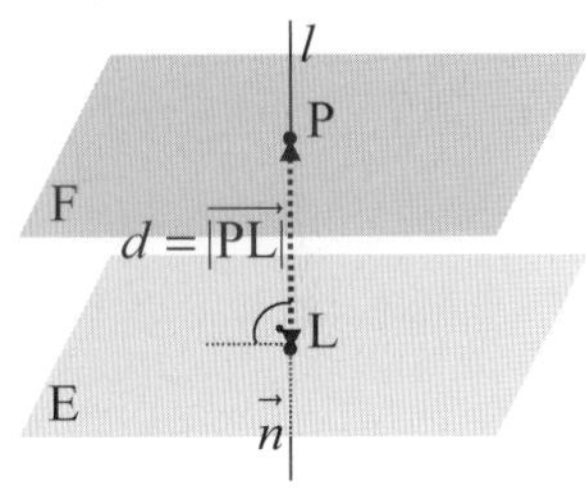

7. Das Vektorprodukt zur Flächen- und Volumenberechnung

7.1 Flächenberechnung

1. Parallelogramm

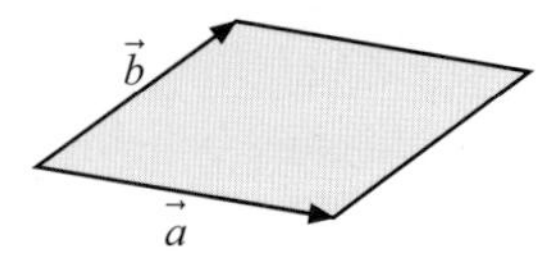

Formel: $\mathbf{A} = \left|\vec{a} \times \vec{b}\right|$ **Beispiel:** $\vec{a} = \begin{pmatrix} 2 \\ 6 \\ 3 \end{pmatrix}; \vec{b} = \begin{pmatrix} 2 \\ 1 \\ -2 \end{pmatrix}$

$$\mathrm{A} = \left|\begin{pmatrix} 2 \\ 6 \\ 3 \end{pmatrix} \times \begin{pmatrix} 2 \\ 1 \\ -2 \end{pmatrix}\right| = \left|\begin{pmatrix} 6\cdot(-2) - 3\cdot 1 \\ 3\cdot 2 - 2\cdot(-2) \\ 2\cdot 1 - 6\cdot 2 \end{pmatrix}\right| = \left|\begin{pmatrix} -15 \\ 10 \\ -10 \end{pmatrix}\right| = \sqrt{(-15)^2 + 10^2 + (-10)^2} \approx 20{,}62 \text{ FE}$$

2. Dreieck

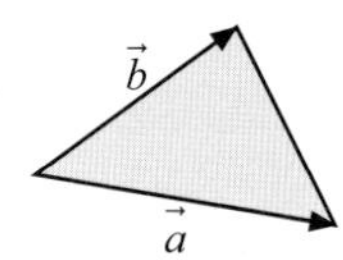

Formel: $\mathbf{A} = \frac{1}{2} \cdot \left|\vec{a} \times \vec{b}\right|$

7.2 Volumenberechnung

1. Spat (Gegenüberliegende Seitenflächen sind deckungsgleiche Parallelogramme)

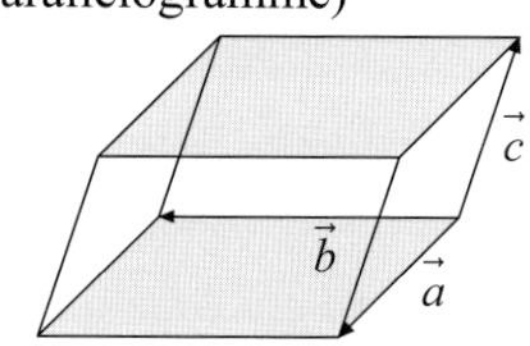

Formel: $\mathbf{V}_{\mathbf{Spat}} = \left|\left(\vec{a} \times \vec{b}\right) \cdot \vec{c}\right|$ (nicht in Merkhilfe)

Beispiel: $\vec{a} = \begin{pmatrix} 2 \\ 3 \\ 4 \end{pmatrix}; \vec{b} = \begin{pmatrix} 2 \\ 1 \\ 0 \end{pmatrix}; \vec{c} = \begin{pmatrix} 1 \\ -6 \\ -2 \end{pmatrix}$

$$\mathrm{V} = \left|\left(\begin{pmatrix} 2 \\ 3 \\ 4 \end{pmatrix} \times \begin{pmatrix} 2 \\ 1 \\ 0 \end{pmatrix}\right) \cdot \begin{pmatrix} 1 \\ -6 \\ -2 \end{pmatrix}\right| = \left|\begin{pmatrix} 3\cdot 0 - 4\cdot 1 \\ 4\cdot 2 - 2\cdot 0 \\ 2\cdot 1 - 3\cdot 2 \end{pmatrix} \cdot \begin{pmatrix} 1 \\ -6 \\ -2 \end{pmatrix}\right| = \left|\begin{pmatrix} -4 \\ 8 \\ -4 \end{pmatrix} \cdot \begin{pmatrix} 1 \\ -6 \\ -2 \end{pmatrix}\right| = |-4 - 48 + 8| = |-44| = 44 \text{ VE}$$

2. Prisma (Grundfläche: **Dreieck**)

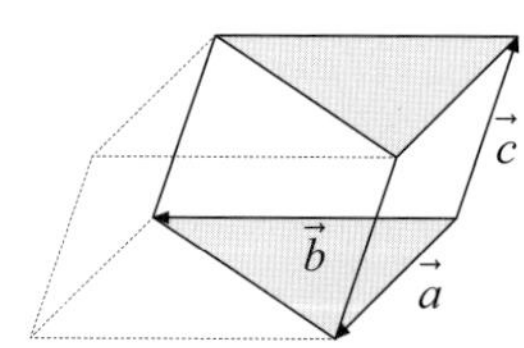

Formel: $\mathbf{V} = \frac{1}{2} \cdot \left|\left(\vec{a} \times \vec{b}\right) \cdot \vec{c}\right| \quad \left(= \frac{1}{2} \cdot \mathbf{V}_{\mathbf{Spat}}\right)$

3. Volumen Pyramide (Grundfl.: **Parallelogramm**)

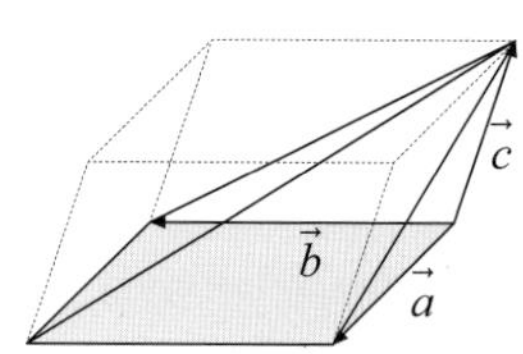

Formel: $\mathbf{V} = \frac{1}{3} \cdot \left|\left(\vec{a} \times \vec{b}\right) \cdot \vec{c}\right| \quad \left(= \frac{1}{3} \cdot \mathbf{V}_{\mathbf{Spat}}\right)$

4. Volumen Pyramide (Grundfl.: **Dreieck**)

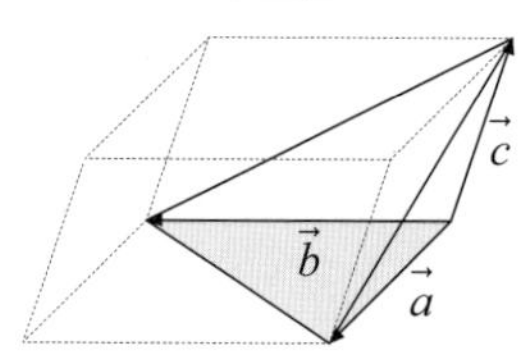

Formel: $\mathbf{V} = \frac{1}{6} \cdot \left|\left(\vec{a} \times \vec{b}\right) \cdot \vec{c}\right| \quad \left(= \frac{1}{6} \cdot \mathbf{V}_{\mathbf{Spat}}\right)$

www.mvurl.de/pym5

VI. Basisübungen zur Analysis

1. Funktionen

Aufgabe 1 : Eine Gerade verläuft durch die beiden Punkte $P_1(3\,|\,-2)$ und $P_2(-1\,|\,4)$. Berechnen Sie deren Gleichung.

Aufgabe 2 : Geben Sie jeweils die Gleichung einer möglichen Geraden an.

a) Verläuft parallel zu $y=-2x+3$: $y=$ ______________

b) Verläuft parallel zu $y=-x$: $y=$ ______________

c) Verläuft senkrecht zu $y=-2x+3$: $y=$ ______________

d) Ursprungsgerade mit Steigungswinkel von 60° : $y=$ ______________

e) Verläuft parallel zur x-Achse durch $P(2\,|\,-4)$: $y=$ ______________

f) Verläuft parallel zur y-Achse durch $P(2\,|\,-4)$: __ = ______________

Aufgabe 3 : Füllen Sie aus. (Hinweis: S_y bezeichnet der Schnittpunkt mit der y-Achse.).

Funktionsterm	Grad	S_y	Verlauf	Symmetrie zu …
$f(x)=-x^3-2x+2$		$S_y(0\,\|\,\_\_)$	von __ nach __	☐ y-Achse ☐ Ursprung ☐ weder noch
$f(x)=2x^3+x$		$S_y(0\,\|\,\_\_)$	von __ nach __	☐ y-Achse ☐ Ursprung ☐ weder noch
$f(x)=-x^4-2x^2-1$		$S_y(0\,\|\,\_\_)$	von __ nach __	☐ y-Achse ☐ Ursprung ☐ weder noch
$f(x)=0{,}5x\cdot(x^3-2)$ = ____________		$S_y(0\,\|\,\_\_)$	von __ nach __	☐ y-Achse ☐ Ursprung ☐ weder noch
$f(x)=(1-x^2)\cdot(x^2+1)$ = ____________ = ____________		$S_y(0\,\|\,\_\_)$	von __ nach __	☐ y-Achse ☐ Ursprung ☐ weder noch

Aufgabe 4 : Ordnen Sie jedem Schaubild die zugehörige Funktionsgleichung zu.
(Tipp: Prüfen Sie Grad, Schnittpunkt mit y-Achse, Verlauf und Symmetrie.)

a) ___ : $f_1(x) = -0,2x^3 + 0,5x^2 - x$

___ : $f_2(x) = 0,2x^3 + x$

___ : $f_3(x) = 0,2x^3 + x - 3$

___ : $f_4(x) = -0,2x^3 + x^2$

___ : $f_5(x) = x^2 - 2x + 3$

___ : $f_6(x) = 0,2x^3 + 0,5x^2 - x$

___ : $f_7(x) = -0,2x^3 + 0,5x^2 + x - 3$

___ : $f_8(x) = -x^2 - 3$

___ : $f_9(x) = -0,2x^3 + x$

___ : $f_{10}(x) = 0,2x^3 - x$

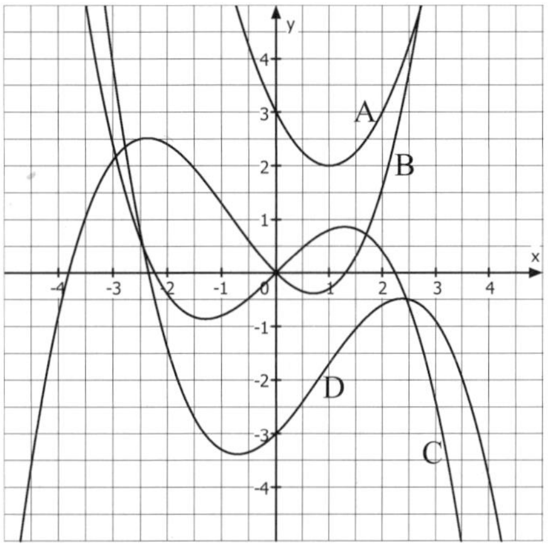

b) ___ : $f_1(x) = -0,2x^3 + 0,5x^2 + x - 2$

___ : $f_2(x) = -0,2x^4 + x^3 - 2$

___ : $f_3(x) = -x^2$

___ : $f_4(x) = 2x^4 + 2x^3 - 2x^2 + 2$

___ : $f_5(x) = 1,2x^3 - 0,5x^2 - x - 2$

___ : $f_6(x) = 4x^4 - 2x^2 + 2$

___ : $f_7(x) = -x^4$

___ : $f_8(x) = -0,2x^4 + x^2 - 2$

___ : $f_9(x) = -0,2x^4 + 0,5x^2 + x - 2$

___ : $f_{10}(x) = -2x^4 + 2x^3 + 2x^2 + 2$

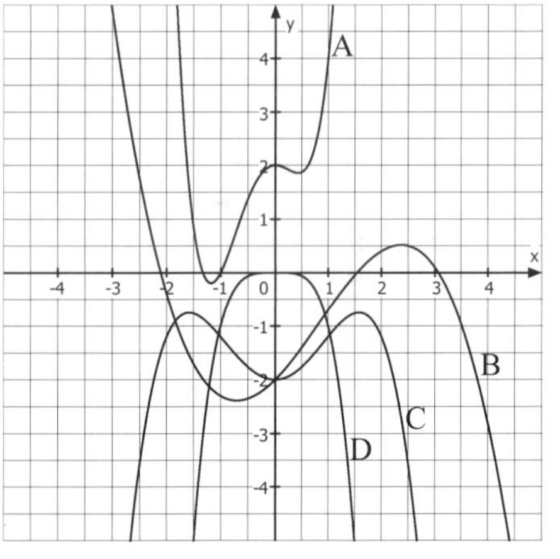

Aufgabe 5 : Vervollständigen Sie die Funktionsterme im Nullstellenansatz.

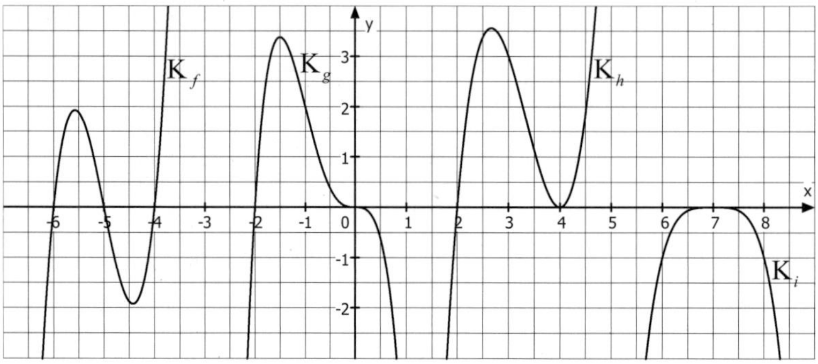

K_f : $f(x) = 5\cdot$ ____________________ K_g : $g(x) = -2\cdot$ ____________________

K_h : $h(x) = 3\cdot$ ____________________ K_i : $i(x) = -$ ____________________

Aufgabe 6 : Skizzieren Sie die Schaubilder in das Koordinatensystem.

$K_f : f(x) = -(x+7)^2$ $K_g : g(x) = (x+5)^2 \cdot (x+3)^2$

$K_h : h(x) = x^3$ $K_i : i(x) = -(x-3)\cdot(x-4)\cdot(x-5)\cdot(x-6)$

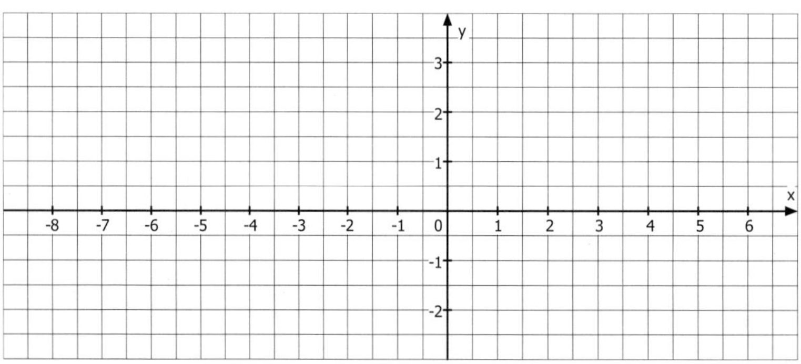

Aufgabe 7 : Untersuchen Sie auf Asymptoten wie im Beispiel.

Funktion	**Asymptote**	**für $x \to +\infty$**	**für $x \to -\infty$**
a) $f(x) = e^x - 2$	$y = -2$	☐	☒
b) $f(x) = 1 + e^{-x}$	________	☐	☐
c) $f(x) = 2e^{-x+1} - 2x - 1$	________	☐	☐
d) $f(x) = e^x - x + 1$	________	☐	☐
e) $f(x) = e^{-x} - 2e^{-x} + x$	________	☐	☐

Aufgabe 8 : Ergänzen Sie die folgenden Sätze.

a) Das Schaubild der Funktion g mit $g(x) = -2e^x - 1$ entsteht aus dem Schaubild von f mit $f(x) = e^x$ durch Spiegelung an der ___-Achse, durch Streckung um den Faktor ___ in ___-Richtung und durch Verschiebung um ___ nach ________.

b) Das Schaubild der Funktion g mit $g(x) = e^{-(x-2)}$ entsteht aus dem Schaubild von f mit $f(x) = e^x$ durch Spiegelung an der ___-Achse und Verschiebung um ___ nach ________.

c) Das Schaubild der Funktion g mit $g(x) = -4\sin(x) + 1$ entsteht aus dem Schaubild von f mit $f(x) = \sin(x)$ durch Spiegelung an der ___-Achse, durch Streckung um den Faktor ___ in ___-Richtung und durch Verschiebung um ___ nach ________.

d) Das Schaubild der Funktion g mit $g(x) = \sin(2(x+4))$ entsteht aus dem Schaubild von f mit $f(x) = \sin(x)$ durch Streckung um den Faktor ___ in ___-Richtung (Periodenlänge = ___) und durch Verschiebung um ___ nach ________.

Aufgabe 9 : Ermitteln Sie jeweils eine mögliche zugehörige Funktionsgleichung.

a)

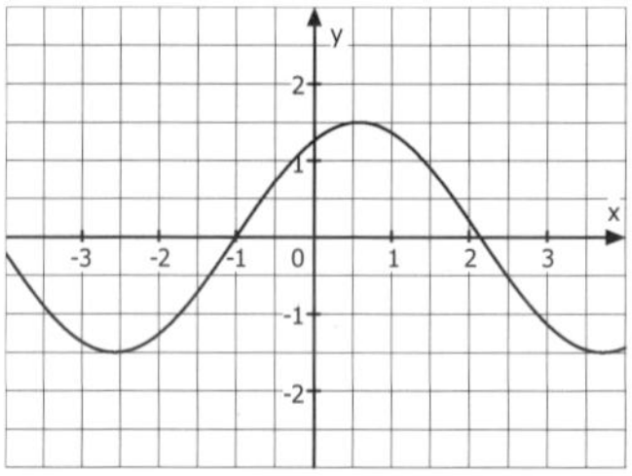

$f(x) =$ ________________

b)

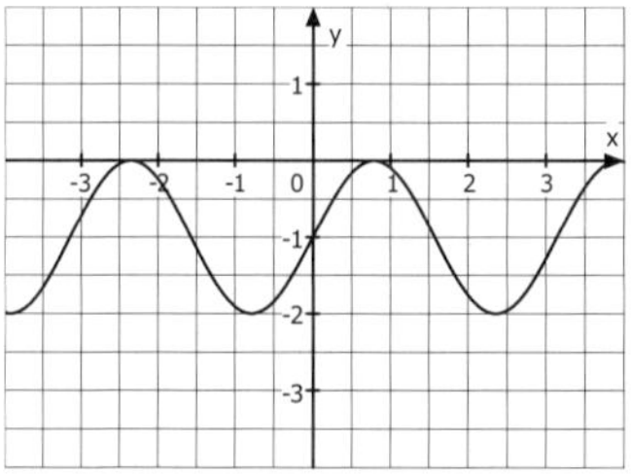

$f(x) =$ ________________

c)

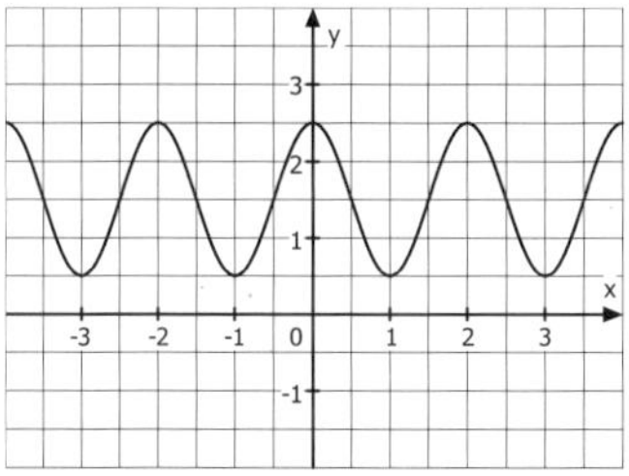

$f(x) =$ ________________

Aufgabe 10

Welche Aussage zur Symmetrie trifft auf die Schaubilder der Funktionen zu?
Begründen Sie Ihre Entscheidung bei den ganzrationalen Funktionen anhand der Hochzahlen und bei den anderen Funktionstypen anhand der allgemeinen Symmetriekriterien.

Funktion	Aussage zur Symmetrie	Begründung
a) $f(x) = 4x^4 - 2x^2 + 1$	☐ symm. zur y-Achse ☐ symm. zum Ursprung ☐ weder noch	
b) $f(x) = 4x^4 - 2x^3 + 1$	☐ symm. zur y-Achse ☐ symm. zum Ursprung ☐ weder noch	
c) $f(x) = -x^3 - 2x + 1$	☐ symm. zur y-Achse ☐ symm. zum Ursprung ☐ weder noch	
d) $f(x) = -x^3 - 2x$	☐ symm. zur y-Achse ☐ symm. zum Ursprung ☐ weder noch	
e) $f(x) = \sin(x^2) + 1$	☐ symm. zur y-Achse ☐ symm. zum Ursprung ☐ weder noch	
f) $f(x) = \sin(x^2) + x$	☐ symm. zur y-Achse ☐ symm. zum Ursprung ☐ weder noch	
g) $f(x) = \sin(x^2) \cdot x$	☐ symm. zur y-Achse ☐ symm. zum Ursprung ☐ weder noch	

Aufgabe 11

Bestimmen Sie jeweils den Funktionsterm der Umkehrfunktion rechnerisch und das zugehörige Schaubild grafisch.

a) $f(x) = -0,5x + 2$

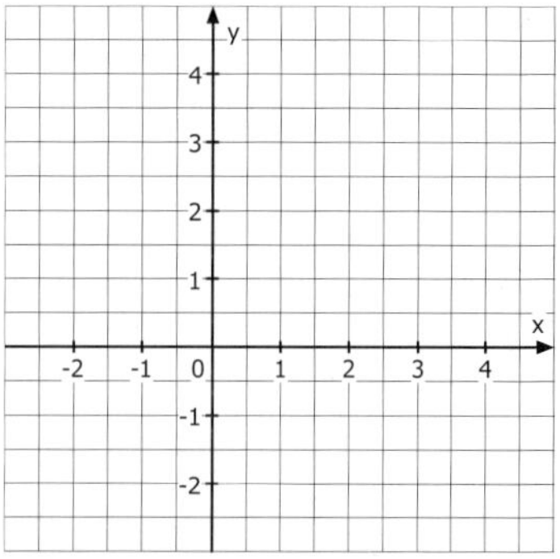

b) $f(x) = x^2$ für $x \geq 0$

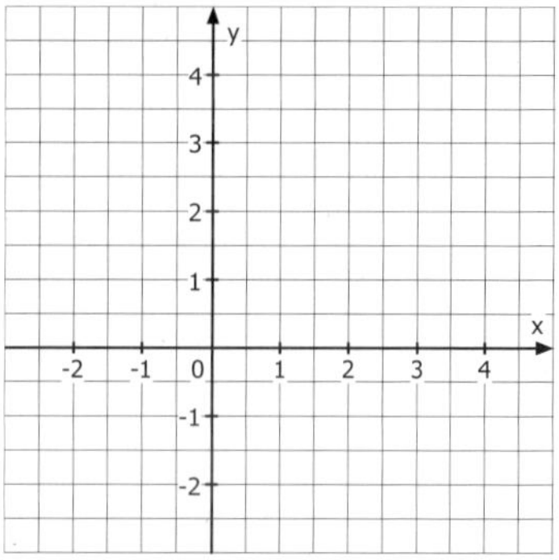

Aufgabe 12

Gegeben ist eine Funktion f mit dem Schaubild K_f. Ergänzen Sie die Aufgabenstellung bzw. den Rechenansatz.

Aufgabenstellung (am Beispiel)	**Rechenansatz**
Liegt $P(-1 \mid 2)$ auf K_f?	
	$f(0) = \ldots$
Schnittpunkt mit x-Achse?	
	$f(0) = 0$
Schnittpunkt mit erster Winkelhalbierenden?	
x-Wert des Punktes auf K_f mit $y = 1$?	

2. Gleichungen

Aufgabe 13

Lösen Sie die Gleichungen.
Geben Sie bei den trigonometrischen Gleichungen nur die Lösungen im Bereich $[-2;8]$ an.

a) $-x^2 = 3-4x$ **b)** $x^3 - 2x^2 = x^2$ **c)** $6x - x^4 = 4x$

d) $1 - e^{4x+3} = -4$ **e)** $2\cos(x) - \sqrt{3} = 0$ **f)** $3e^x(e^x - 1) = -e^x$

g) $\frac{3}{2}x^4 - 2 = x^4$ **h)** $\sin(x) = 0,2$ **i)** $2x^4 - 24x^2 = -72 + 2x^2$

j) $2e^{2x} - 17e^x + 8 = 0$ **k)** $(\sin(x))^2 = 2\sin(x)$ **l)** $2e^{2x} - e^x = 2e^x$

m) $2x \cdot (x^2 - 1) = 0,5 - 2x$ **n)** $(e^x - 1)\cdot(1 - 2x^3) = 0$ **o)** $(\cos(x) - 0,5)\cdot e^x = 0$

p) $(e^{5x-2} - 7)\cdot(x^2 - 4) = 0$ **q)** $\sin(x+1) = \frac{1}{2}\sqrt{2}$ **r)** $\cos(2x) - 0,5 = 0$

s) $4e^{-2x} - 3e^{-x} = 3e^{-2x}$

Aufgabe 14

Entscheiden Sie, welchem Gleichungstyp bzw. Lösungsvorgehen die Gleichungen zugeordnet werden können.

Nr.	Gleichung	Typ 1 Gegen-operation	Typ 1S Substitution führt zu $\begin{Bmatrix} sin(u) \\ cos(u) \end{Bmatrix} = ...$	Typ 2 S. v. Nullpr.	Typ 3 abc- bzw. pq-Formel	Typ S Substitution führt zu $... u^2 + ... u + ... = 0$
1	$3x^3 = -2$	☐	☐	☐	☐	☐
2	$x^3 - 2x = 0$	☐	☐	☐	☐	☐
3	$-x^4 - 2x^2 = x^3$	☐	☐	☐	☐	☐
4	$-x^2 - 5 = -x$	☐	☐	☐	☐	☐
5	$4x^4 = 3$	☐	☐	☐	☐	☐
6	$-x^4 - 2x^2 = 2$	☐	☐	☐	☐	☐
7	$-x = -2x + 1$	☐	☐	☐	☐	☐
8	$2e^{1-2x} - 1 = 3$	☐	☐	☐	☐	☐
9	$2e^{2x} = 3e^x$	☐	☐	☐	☐	☐

Nr.	Gleichung	Typ 1 Gegen-operation	Typ 1S Substitution führt zu $\begin{Bmatrix} sin(u) \\ cos(u) \end{Bmatrix} = ...$	Typ 2 S. v. Nullpr.	Typ 3 abc- bzw. pq-Formel	Typ S Substitution führt zu $... u^2 + ... u + ... = 0$
10	$e^{2x} - e^{x} - 2 = 0$	☐	☐	☐	☐	☐
11	$e^{4x} - e^{2x} - 2 = 0$	☐	☐	☐	☐	☐
12	$2e^{3x} - 2e^{x} = 0$	☐	☐	☐	☐	☐
13	$-\sin(x) = -0,3$	☐	☐	☐	☐	☐
14	$\sin(-x+2) = 1$	☐	☐	☐	☐	☐
15	$2(\cos(x))^2 - 0,5\cos(x) = 0$	☐	☐	☐	☐	☐
16	$2\cos(x) = 0,5\cos(x) - 1$	☐	☐	☐	☐	☐
17	$(\sin(x))^3 = -\sin(x)$	☐	☐	☐	☐	☐

Aufgabe 15

Lösen Sie die Linearen Gleichungssysteme.

a)
$$\begin{aligned} x_1 + 4x_2 + 6x_3 &= 1 \\ 2x_1 + 3x_2 + 7x_3 &= 1 \\ 3x_1 + 2x_2 + 8x_3 &= 2 \end{aligned}$$

b)
$$\begin{aligned} 2x_1 - 3x_2 + 4x_3 &= 8 \\ 3x_1 + 4x_2 - 5x_3 &= -4 \\ 4x_1 - 6x_2 + 3x_3 &= 1 \end{aligned}$$

c)
$$\begin{aligned} -4 + 3x_2 - x_3 &= -x_1 \\ 2x_1 - 7 &= -x_2 - x_3 \\ 2x_1 - 4x_2 + 4x_3 &= 6 \end{aligned}$$

12 Rosner - ISBN 978-3-8120-0383-4

3. Differenzialrechnung

Aufgabe 16

Bestimmen Sie jeweils die Funktionsgleichung der 1. Ableitung.

a) $f(x) = 2x^3 - 2x + 1$ $\quad f'(x) =$ ____________________

b) $f(x) = x^4 - 0{,}5x + 1$ $\quad f'(x) =$ ____________________

c) $f(x) = e^{7x-3} - 4$ $\quad f'(x) =$ ____________________

d) $f(x) = -2\sin(x-3)$ $\quad f'(x) =$ ____________________

e) $f(x) = \cos(2x-3)$ $\quad f'(x) =$ ____________________

f) $f(x) = (1-x^3)^4$ $\quad f'(x) =$ ____________________

g) $f(x) = x^2 + e^{2x}$ $\quad f'(x) =$ ____________________

h) $f(x) = x^2 \cdot e^{2x}$ $\quad f'(x) =$ ____________________

i) $f(x) = 4 \cdot x^3 \cdot e^{4x}$ $\quad f'(x) =$ ____________________

j) $f(x) = 0{,}5x^5 - 2x^3 - x$ $\quad f'(x) =$ ____________________

k) $f(x) = -x^3 - 2 + x$ $\quad f'(x) =$ ____________________

l) $f(x) = -e^{-2x} - 2x$ $\quad f'(x) =$ ____________________

m) $f(x) = -\sin(3x^3)$ $\quad f'(x) =$ ____________________

n) $f(x) = -ax - 3x$ $\quad f'(x) =$ ____________________

o) $f(x) = \cos(x) \cdot x^2$ $\quad f'(x) =$ ____________________

p) $f(x) = x^3 \cdot (x-2) \cdot 2$ $\quad f'(x) =$ ____________________

q) $f(x) = ax^3 + bx^2 + cx$ $\quad f'(x) =$ ____________________

r) $f(x) = \dfrac{1}{x^2}$ $\quad f'(x) =$ ______________

s) $f(x) = \dfrac{1}{4x+1}$ $\quad f'(x) =$ ______________

t) $f(x) = \sqrt{1-2x}$ $\quad f'(x) =$ ______________

Vor dem Ableiten

$$\frac{1}{x^n} = x^{-n}$$

$$\sqrt{x} = x^{\frac{1}{2}}$$

Aufgabe 17

Gegeben ist die Funktion f mit $f(x) = e^{0,5x-1} + 2$.
Bei dem x-Wert 2 werden eine Tangente und eine Normale an das Schaubild angelegt.

a) Skizzieren Sie diese in das Koordinatensystem.

b) Berechnen Sie die Gleichung der Tangente.

c) Berechnen Sie die Gleichung der Normale.

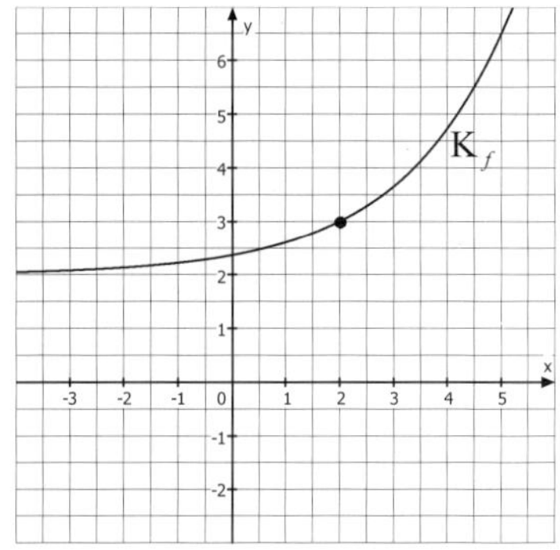

Aufgabe 18

Gegeben ist die Funktion f mit $f(x) = \frac{1}{3}x^3 - 3x$.
Eine Tangente bzw. zwei Normalen an das Schaubild besitzen die Steigung -3.

a) Skizzieren Sie diese in das Koordinatensystem.

b) Berechnen Sie die Gleichung der Tangente.

c) Berechnen Sie die Gleichungen der beiden Normalen.

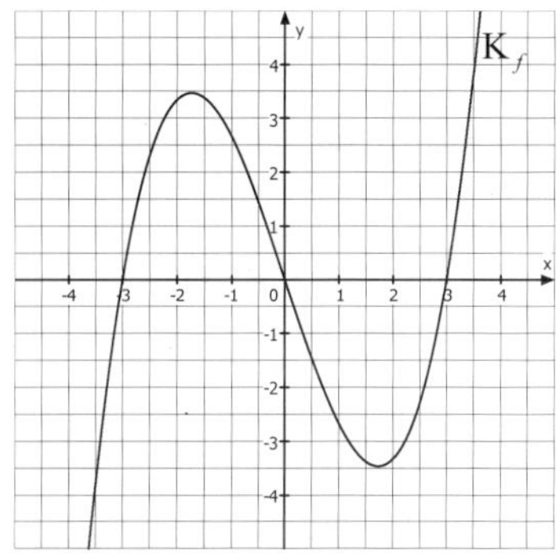

Aufgabe 19 : Gegeben sind die Funktionen f mit $f(x) = 0,5x^3 - 2,5x^2 + 2,5x$ und g mit $g(x) = 0,5x^2 - 2x$ mit den zugehörigen Schaubildern.

a) Weisen Sie rechnerisch nach, dass sich die beiden zugehörigen Schaubilder in einem Punkt berühren. Verwenden Sie hierzu die Ableitungsfunktionen.

b) Die beiden Schaubilder besitzen zudem einen Schnittpunkt, welcher kein Berührpunkt ist. Berechnen Sie den zugehörigen Schnittwinkel.

c) Beantworten Sie ohne zu Rechnen: Wie groß ist der Schnittwinkel im Berührpunkt aus b)?

☐ 0° ☐ 10°

☐ 90° ☐ keine Aussage möglich

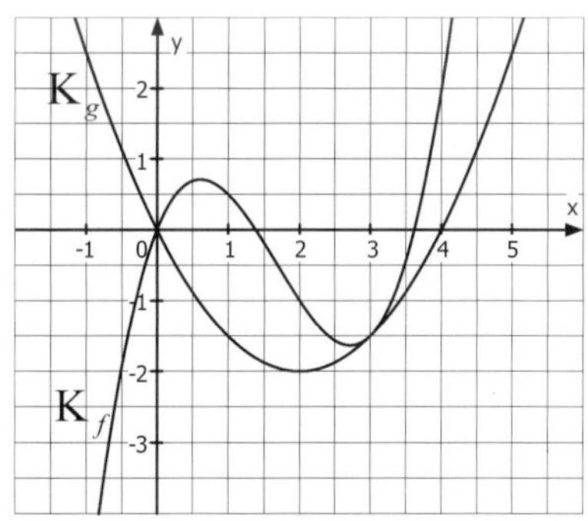

Tipp : **Berührpunkt**

1. $f(x_0) = g(x_0)$ **2.** $f'(x_0) = g'(x_0)$

(gemeinsamer Punkt) *(gleiche Steigung)*

Tipp : **Steigungswinkel aus Steigung**

$m = \tan(\alpha)$

Aufgabe 20 : Gegeben ist die Funktion f mit $f(x) = 0,25x^4 - 2x^3 + 4x^2 - 1$.

a) Berechnen Sie die Koordinaten des Schnittpunktes des Schaubildes mit der y-Achse.
b) Berechnen Sie die Koordinaten der Extrempunkte.
c) Berechnen Sie die Koordinaten der Wendepunkte.
d) Berechnen Sie die Gleichung der Wendetangente, welche eine positive Steigung besitzt.

Aufgabe 21 : Gegeben ist die Funktion f mit $f(x) = \frac{1}{3}x^3 - x^2$.

a) Berechnen Sie die Koordinaten der Schnittpunkte des Schaubildes mit der x-Achse.
b) Berechnen Sie die Koordinaten des Schnittpunktes des Schaubildes mit der y-Achse.
c) Berechnen Sie die Koordinaten der Extrempunkte.
d) Berechnen Sie die Koordinaten des Wendepunktes.

Aufgabe 22 : Gegeben ist die Funktion f mit $f(x) = -2e^{-x} - 4x$.
Untersuchen Sie das zugehörige Schaubild auf Extrem- und Wendepunkte.

Aufgabe 23 : Gegeben ist die Funktion f mit $f(x) = \sin(x) + x$.
Weisen Sie rechnerisch nach, dass das zugehörige Schaubild bei $x = \pi$ einen Sattelpunkt besitzt.

Aufgabe 24 : Skizzieren Sie jeweils die Schaubilder der zugehörigen Ableitungsfunktionen.

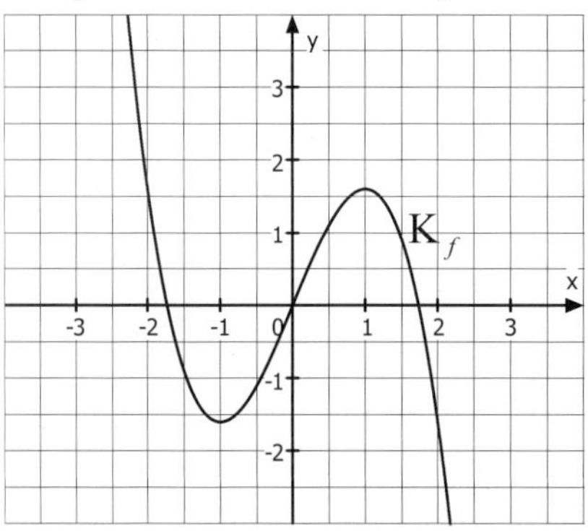

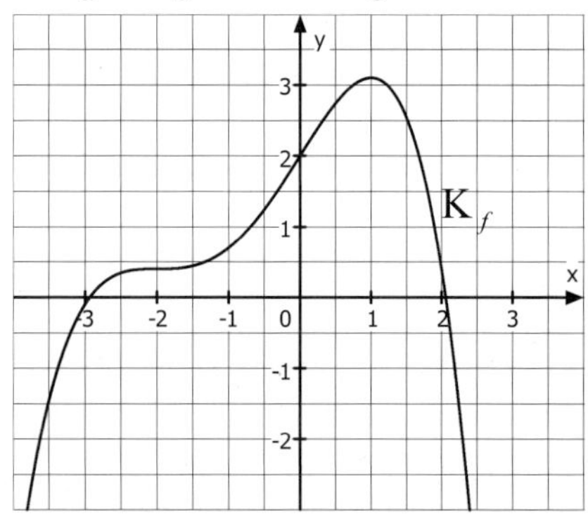

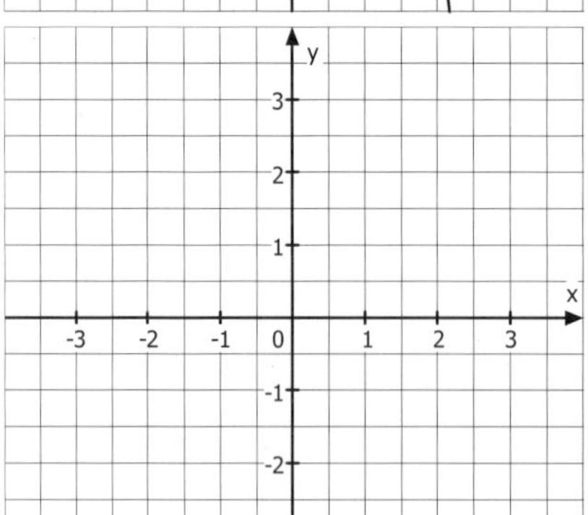

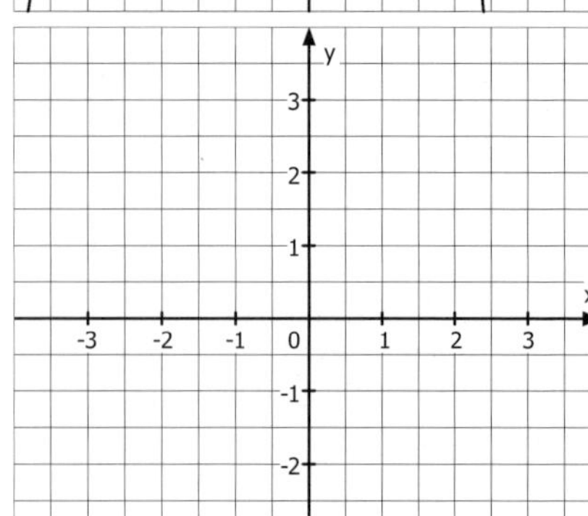

Aufgabe 25

Gegeben ist das Schaubild der Funktion f. Entscheiden Sie, welche der nachfolgenden Aussagen wahr bzw. falsch sind. Begründen Sie Ihre Antworten kurz.

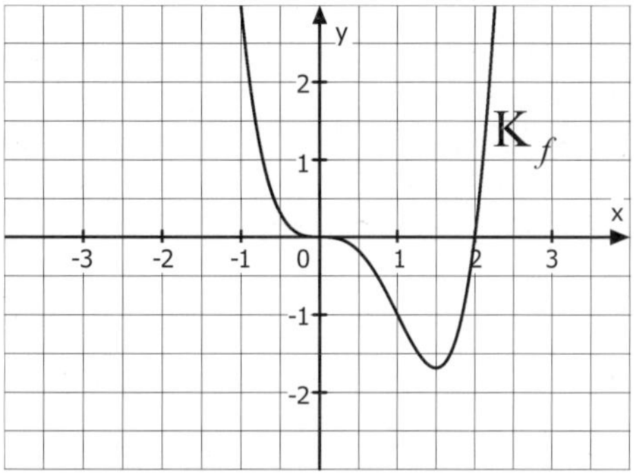

Aussage	Entscheidung	Begründung
a) f' besitzt eine doppelte Nullstelle.	☐ wahr ☐ falsch	
b) Das Schaubild von f' besitzt genau zwei Extrempunkte.	☐ wahr ☐ falsch	
c) Das Schaubild von f' besitzt bei $x = 1,5$ einen Tiefpunkt.	☐ wahr ☐ falsch	
d) $f'(-0,5) > 0$	☐ wahr ☐ falsch	
e) Das Schaubild von f' besitzt bei $x = 1,3$ einen negativen y-Wert.	☐ wahr ☐ falsch	
f) $f''(0) = 0$	☐ wahr ☐ falsch	
g) $f''(-0,5) < 0$ (**Tipp :** Argumentieren Sie über die Krümmung)	☐ wahr ☐ falsch	
h) Das Schaubild von f' ist symmetrisch zum Ursprung.	☐ wahr ☐ falsch	

Aufgabe 26

Gegeben ist das Schaubild der Ableitungsfunktion f' zur Funktion f.
Entscheiden Sie, welche der nachfolgenden Aussagen wahr bzw. falsch sind.
Begründen Sie Ihre Antworten kurz.

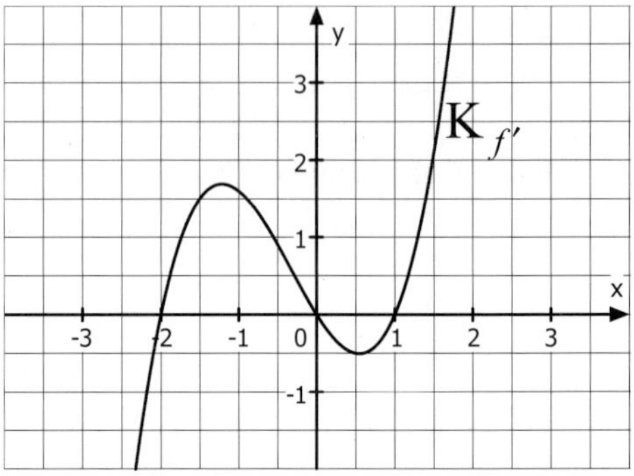

Aussage	Entscheidung	Begründung
a) Das Schaubild von f besitzt genau drei Extrempunkte.	☐ wahr ☐ falsch	
b) Das Schaubild von f besitzt genau drei Wendepunkte.	☐ wahr ☐ falsch	
c) Das Schaubild von f besitzt einen Sattelpunkt.	☐ wahr ☐ falsch	
d) Das Schaubild von f hat an der Stelle 0 eine waagrechte Tangente.	☐ wahr ☐ falsch	
e) f ist bei $x = -1$ steigend.	☐ wahr ☐ falsch	
f) Es gilt: $f(-2) < f(-1)$	☐ wahr ☐ falsch	
g) Das Schaubild von f ist symmetrisch zur y-Achse.	☐ wahr ☐ falsch	

Aufgabe 27

Ermitteln Sie die Funktionsgleichung zum nebenstehenden Schaubild mit Hilfe des Nullstellenansatzes.

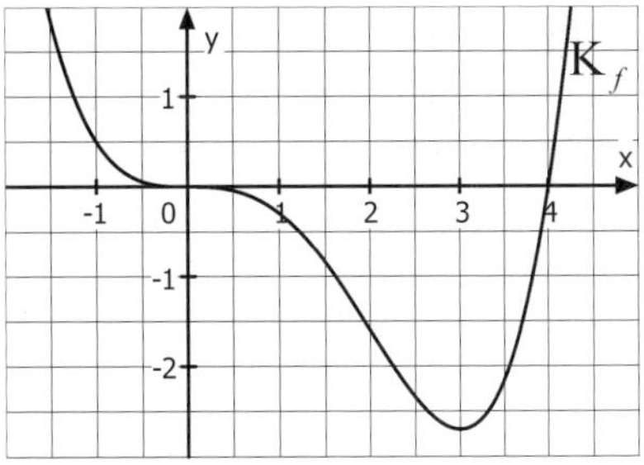

Aufgabe 28: Das Schaubild einer Funktion 4. Grades ist symmetrisch zur y-Achse, verläuft durch $P(0\,|\,2)$ und besitzt den Tiefpunkt $T(1\,|\,0)$. Bestimmen Sie die zugehörige Funktionsgleichung.

Aufgabe 29: Das Schaubild einer ganzrationalen Funktion 3. Grades ist symmetrisch zum Ursprung und hat hier die Steigung 4. Es schneidet an der Stelle -2 die x-Achse.

Aufgabe 30: Geben Sie die zugehörigen mathematischen Bedingungen an.

Beschreibungen des Schaubildes	Mathematische Bedingungen
Schaubild besitzt an der Stelle 2 eine waagrechte Tangente	
Schaubild besitzt den Wendepunkt $W(1\,|\,-2)$	
Schaubild besitzt den Sattelpunkt $S(-4\,|\,5)$	
Schaubild berührt an der Stelle 2 die x-Achse	
Schaubild ist achsensymmetrisch zur y-Achse	
Schaubild besitzt an der Stelle 2 eine Steigung von 4	
Schaubild schneidet das Schaubild der bekannten Funktion $g(x)$ an der Stelle 2	
Schaubild verläuft an der Stelle 3 parallel zur Geraden $y=-2x+3$	

Aufgabe 31

Ein Computervirus verbreitet sich gemäß nachfolgender Tabelle.

Anzahl der Tage nach erstmaligem Auftritt	0	1	2	3	4	5	6	7
Gesamte Anzahl an infizierten Computern	1	3	8	27	88	198	699	2452

a) Die Funktion f soll den Vorgang näherungsweise beschreiben. Welcher Funktionstyp erscheint Ihnen hierfür sinnvoll?

b) Ermitteln Sie den zugehörigen Funktionsterm durch Regression mit Hilfe des WTR.

c) Der zugehörige Wert des Bestimmtheitsmaßes lautet: $r^2 \approx 0{,}9986$. Interpretieren Sie diesen Wert.

Aufgabe 32

Gegeben ist die Funktion f mit $f(x) = -x^2 + 4$, deren Schaubild K_f zwei Schnittpunkte mit der x-Achse besitzt.
Zwei Eckpunkte eines zur y-Achse symmetrischen Rechtecks befinden sich auf der x-Achse, zwischen diesen beiden Schnittpunkten. Die anderen beiden Eckpunkte des Rechtecks befinden sich auf dem Schaubild K_f.
Berechnen Sie den maximalen Umfang eines solchen Rechtecks.

Aufgabe 33

Nachfolgend sind 6 Extremwertaufgaben dargestellt. Hierbei gehört zu jeder eine der unten stehenden Zielfunktionen. Ordnen Sie zu.
(Der Punkt Q befindet sich jeweils „irgendwo" auf dem Schaubild K_f.)

1. Flächeninhalt eines derartigen Rechtecks mit Eckpunkt im Ursprung soll maximal werden.

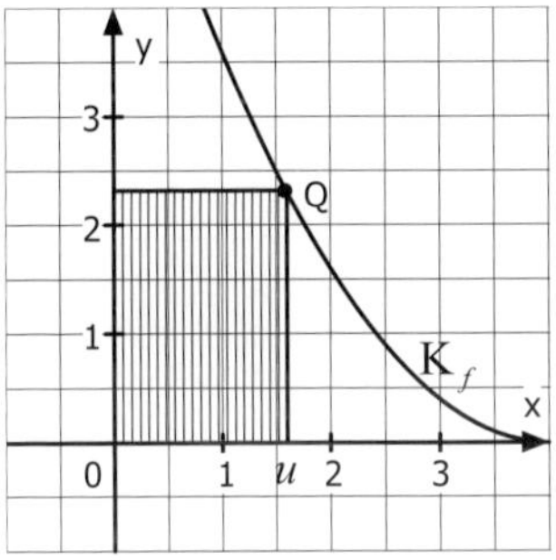

Zielfunktion : ___

2. Abstand zwischen den Punkten P(1 | 0) und Q soll maximal werden.

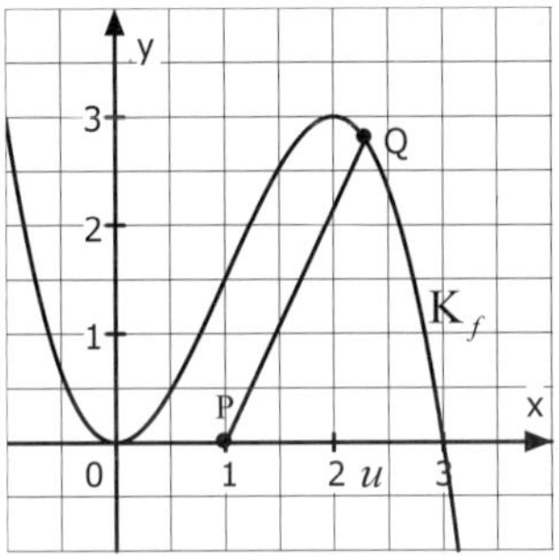

Zielfunktion : ___

3. Flächeninhalt eines derartigen Dreiecks mit Eckpunkt P(1 | 0) soll maximal werden.

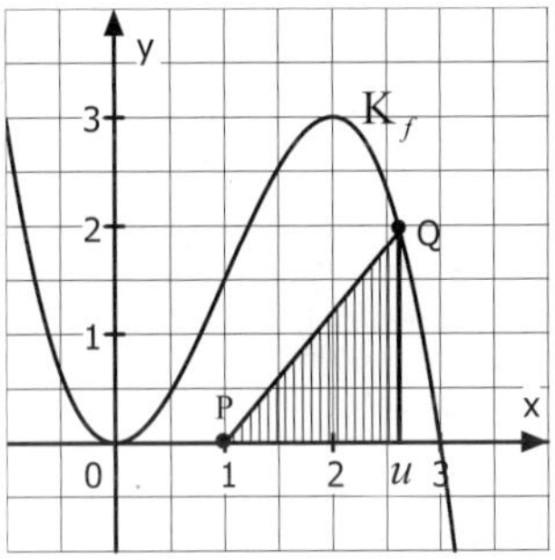

Zielfunktion : ___

4. Senkrechter Abstand zwischen den Schaubildern K_f und K_g soll maximal werden.

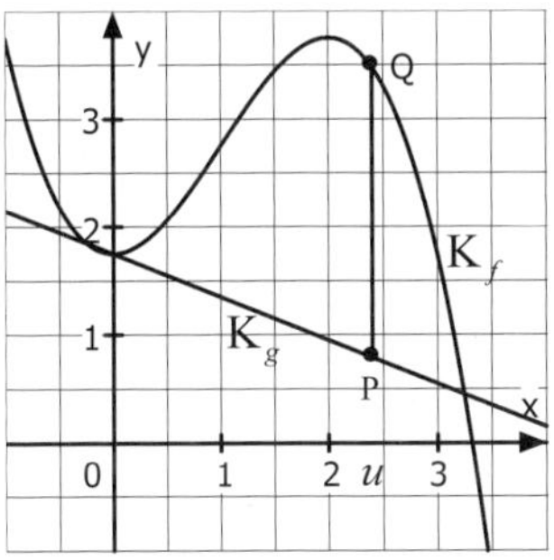

Zielfunktion : ___

5. Flächeninhalt eines derartigen Dreiecks mit Eckpunkt P(0 | 1) soll maximal werden.

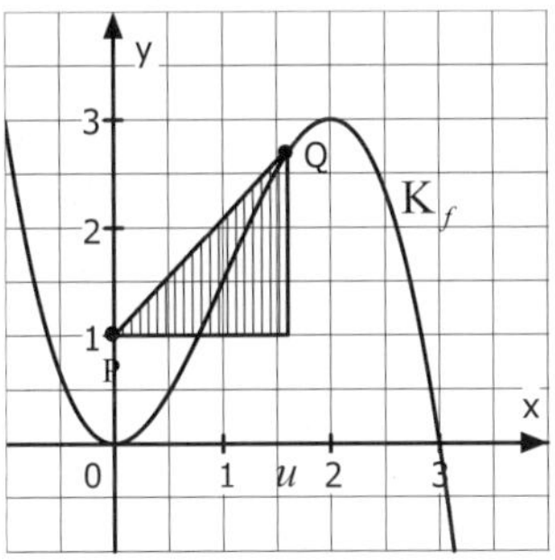

Zielfunktion : ___

6. Umfang eines derartigen Rechtecks mit Eckpunkt im Ursprung soll maximal werden.

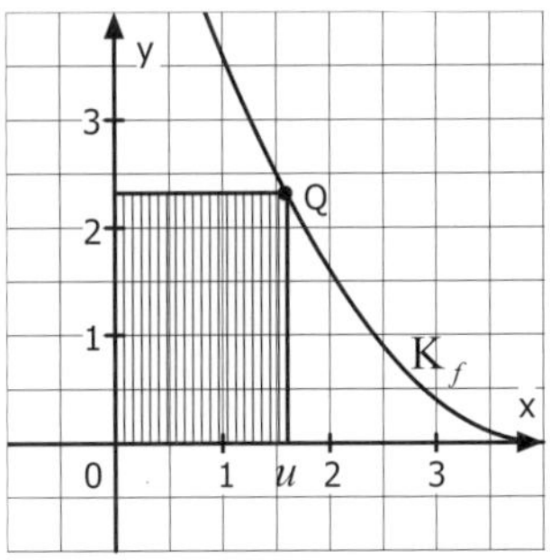

Zielfunktion : ___

A: $\frac{1}{2}\cdot(u-1)\cdot f(u) \quad (u>1)$ **B:** $f(u)-g(u)$ **C:** $\sqrt{(u-1)^2+\left(f(u)\right)^2}$

D: $\frac{1}{2}\cdot u\cdot\left(f(u)-1\right) \quad \left(f(u)>1\right)$ **E:** $u\cdot f(u)$ **F:** $2\cdot u+2\cdot f(u)$

4. Integralrechnung

Aufgabe 34: Bestimmen Sie jeweils die Funktionsgleichung einer Stammfunktion. (Machen Sie gegebenenfalls eine Probe, indem Sie ableiten.)

a) $f(x) = -x^3 + 1$ F(x) = ____________________

b) $f(x) = \frac{1}{2}x^4 - x + 1$ F(x) = ____________________

c) $f(x) = 2e^{x-3} - 4$ F(x) = ____________________

d) $f(x) = 2e^{2x-3} - 4$ F(x) = ____________________

e) $f(x) = \cos(4x - 4)$ F(x) = ____________________

f) $f(x) = (1 - 4x)^4$ F(x) = ____________________

g) $f(x) = x^2 + 2e^{2x}$ F(x) = ____________________

h) $f(x) = \sin(3x - 5)$ F(x) = ____________________

i) $f(x) = (3x - 2)^4$ F(x) = ____________________

j) $f(x) = 0{,}5x^5 - 2x^3 - x$ F(x) = ____________________

k) $f(x) = -x^3 - 2 + x$ F(x) = ____________________

l) $f(x) = -e^{-2x} - 2x$ F(x) = ____________________

m) $f(x) = -\sin(6x)$ F(x) = ____________________

n) $f(x) = -2x^4 + e^x$ F(x) = ____________________

o) $f(x) = -x^3 + 2x$ F(x) = ____________________

p) $f(x) = 4x^3 - e^{-x}$ F(x) = ____________________

q) $f(x) = -e^{1-2x} + x$ F(x) = ____________________

r) $f(x) = e^{ax+b}$ F(x) = ____________________

s) $f(x) = -\sin(2ax - b)$ F(x) = ____________________

t) $f(x) = x \cdot (1 - x)$ F(x) = ____________________

u) $f(x) = (ax - b)^4$ F(x) = ____________________

Aufgabe 35

a) Erklären Sie rechnerisch, weshalb eine Funktion unendlich viele Stammfunktionen besitzt.

b) Erklären Sie grafisch, weshalb eine Funktion unendlich viele Stammfunktionen besitzt.

c) Bei welcher Stammfunktion der Funktion f mit $f(x) = x^2 - 8x$ verläuft das Schaubild durch den Punkt $P(3\,|\,-31)$?
(Hinweis: Berechnen Sie den hierzu notwendigen Wert der Integrationskonstanten.)

Aufgabe 36

In der unteren Zeile befinden sich die Schaubilder K_f, K_g und K_h. In der oberen Zeile befinden sich die Schaubilder der zugehörigen Stammfunktionen. Ordnen Sie zu, indem Sie diese mit K_F, K_G und K_H beschriften.

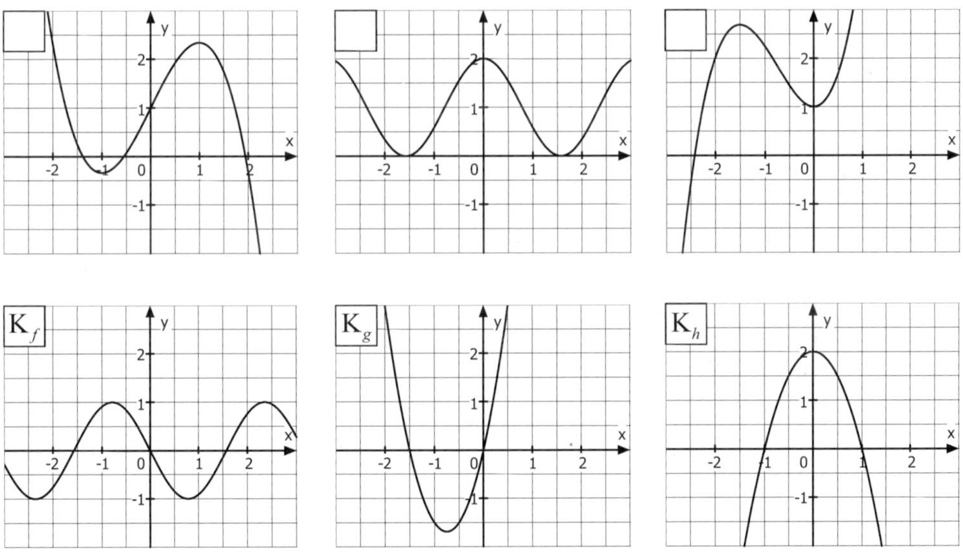

Tipp

N E W
N E W
N E W

Aufgabe 37

Berechnen Sie jeweils den Inhalt der schraffierten Fläche.

a) $f(x) = -2x^3 + 4x^2$

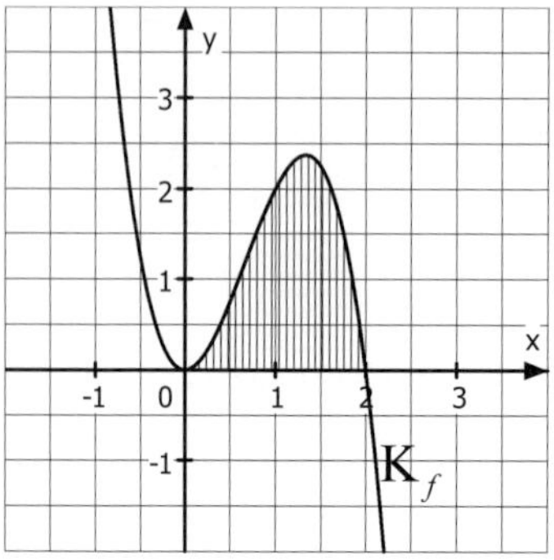

b) $f(x) = -2\cos\left(\frac{\pi}{3}x\right)$

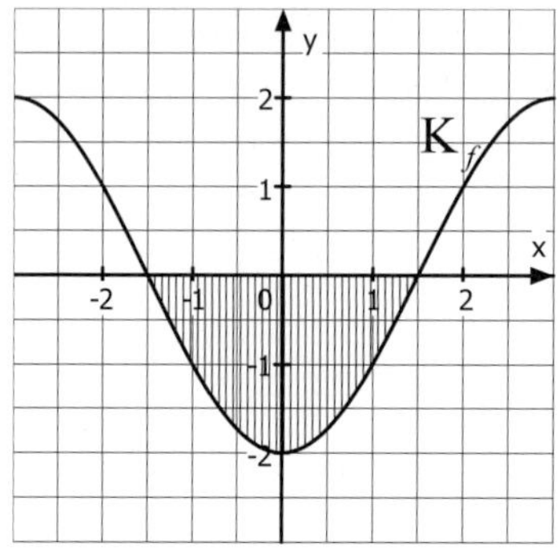

c) $f(x) = -e^{0,5x+1} + 2$

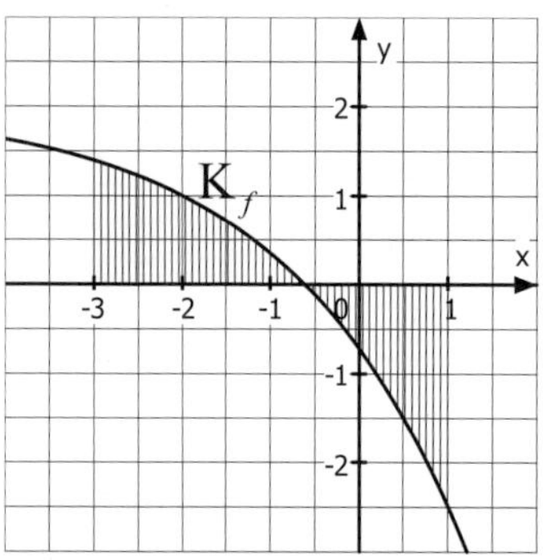

d) $f(x) = 2x^2 - 5x + 1;\ g(x) = 0,5x^3 - 1,25x^2 + 1$

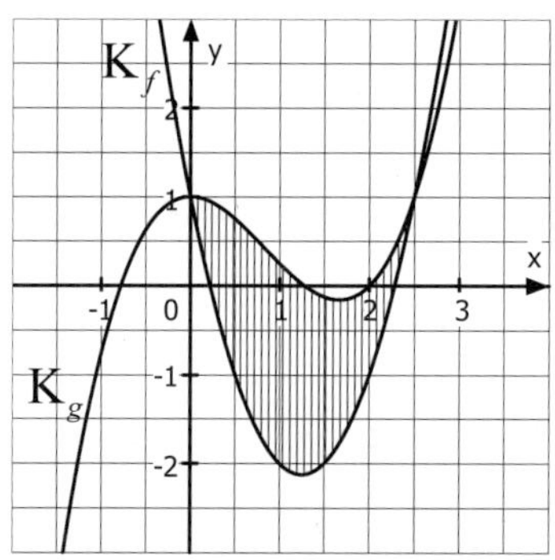

e) $f(x) = 0,5x^3;\ g(x) = 0,3x^2 + 1,08x$

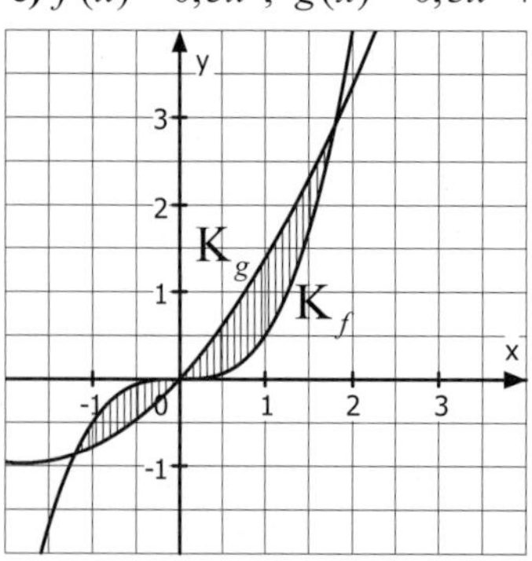

(Falls Sie bei mind. 2 Aufgaben auf das richtige Ergebnis gekommen sind, können Sie für die restlichen Aufgaben auch nur den Rechenansatz notieren!)

Aufgabe 38

Die Schaubilder der Funktionen $f(x)$ und $g(x)$ schließen drei Flächen mit den Inhalten $A_1 = 4{,}1$ FE, $A_2 = 1{,}5$ FE und $A_3 = 1{,}7$ FE ein.

Geben Sie zu jedem der nachfolgenden Flächenberechnungsansätze das zugehörige Ergebnis an.

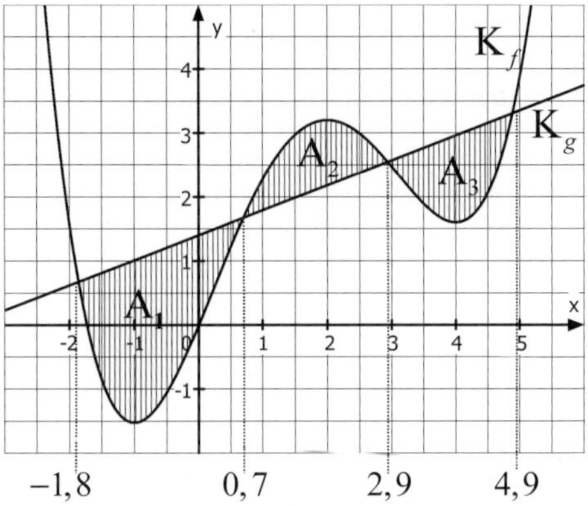

Flächenberechnungsansatz	Ergebnis
a) $\int_{0,7}^{2,9} (f(x)-g(x))\,dx$	____
b) $\int_{2,9}^{4,9} (f(x)-g(x))\,dx$	____
c) $\int_{-1,8}^{2,9} (f(x)-g(x))\,dx$	____
d) $\int_{-1,8}^{4,9} (g(x)-f(x))\,dx$	____
e) $\int_{-1,8}^{0,7} (g(x)-f(x))\,dx + \int_{0,7}^{2,9} (f(x)-g(x))\,dx + \int_{2,9}^{4,9} (g(x)-f(x))\,dx$	____
f) $\int_{-1,8}^{2,9} g(x)-f(x)\,dx$	____
g) $\int_{4,9}^{2,9} (g(x)-f(x))\,dx$	____

Von Schnittstelle zu Schnittstelle integrieren!

Ansonsten werden positive und negative Flächeninhaltswerte zu einer **„Flächenbilanz"** verrechnet.

Aufgabe 39

Gegeben ist die Funktion f mit $f(x) = -\frac{3}{4}x^2 + 3$.

a) Die markierte Fläche rotiert um die x-Achse. Berechnen Sie das zugehörige Rotationsvolumen.

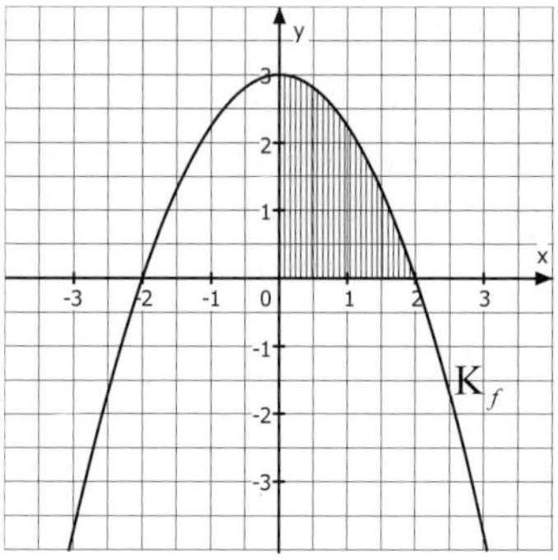

b) Hinzu kommt die Funktion g mit $g(x) = \frac{7}{8}x$.

Die markierte Fläche zwischen den beiden Schaubildern rotiert um die x-Achse.
Berechnen Sie das zugehörige Rotationsvolumen.

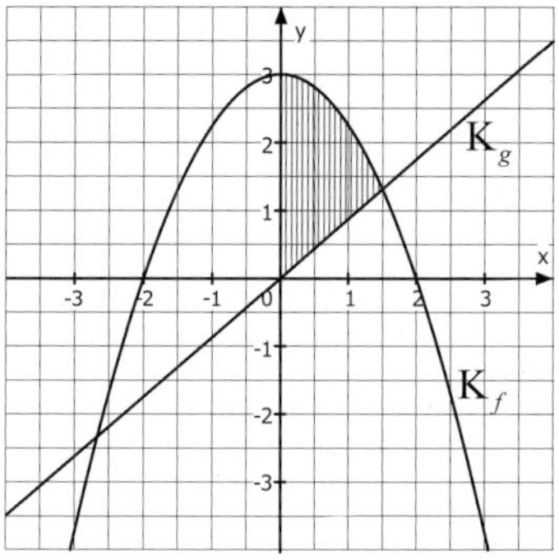

Aufgabe 40

Ein Designer für Glasvasen möchte eine Vase herstellen, deren Innenwand sich durch Rotation des Schaubildes der Funktion f mit $f(x) = \sqrt{x+2}$ (in cm) um die x-Achse beschreiben lässt. Die Vase soll 14 cm hoch werden.

a) Welchen Inhalt fasst die Vase?

b) Die Glaswand ist 1 cm dick. Geben Sie die Gleichung der Funktion g an, welche die äußere Glaswand beschreibt: $g(x) =$ ____________________.

c) Notieren Sie einen Ansatz zur Berechnung der Glasmenge, die für die Vasenwand benötigt wird.

Aufgabe 41

Gegeben ist die Funktion f mit $f(x) = 2\sin(x)$.

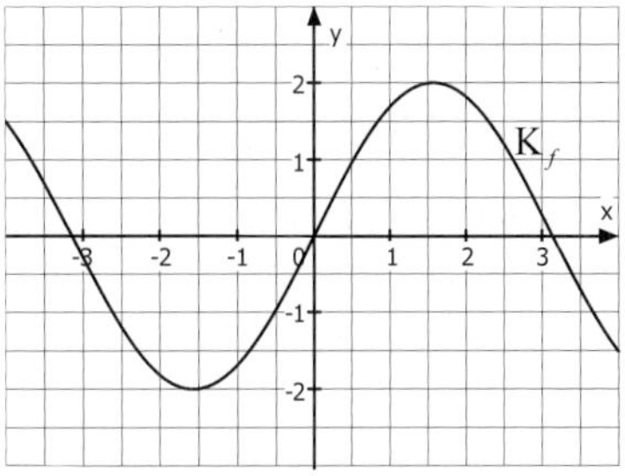

a) Berechnen Sie den Mittelwert der Funktion im Bereich $x = -1$ bis $x = 2$.

b) In welchem Bereich besitzt der Mittelwert der Funktion den Wert 0?

☐ $x = 0$ bis $x = 1$ ☐ $x = 0$ bis $x = \pi$

☐ $x = -\pi$ bis $x = \pi$ ☐ $x = \pi$ bis $x = 2\pi$

c) Berechnen Sie die mittlere Steigung des Schaubildes K_f im Bereich $x = -1$ bis $x = 2$.

d) In welchem Bereich besitzt die mittlere Steigung des Schaubildes K_f den Wert 0?

☐ $x = 0$ bis $x = 1$ ☐ $x = -1$ bis $x = 0$ ☐ $x = 0$ bis $x = \pi$ ☐ $x = 1$ bis $x = \pi$

e) Berechnen Sie die mittlere Abweichung zwischen den Funktionen f und g mit $g(x) = x$ im Bereich $x = 0$ bis $x = 1{,}5$.

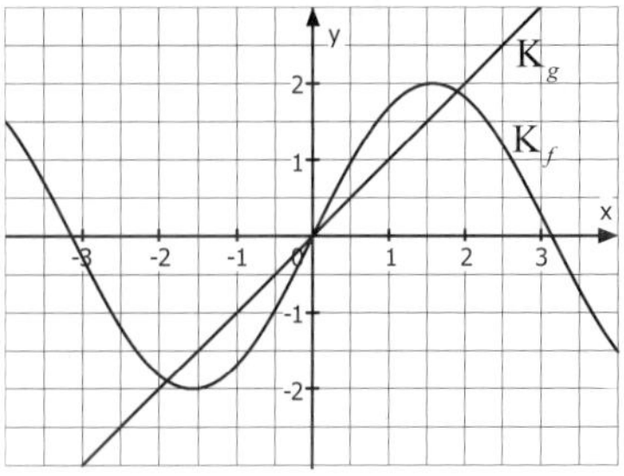

Aufgabe 42

Der Temperaturverlauf in Stuttgart an einem Tag lässt sich durch die Funktion f mit $f(t) = -0{,}008t^3 + 0{,}18t^2 + 5$ beschreiben.

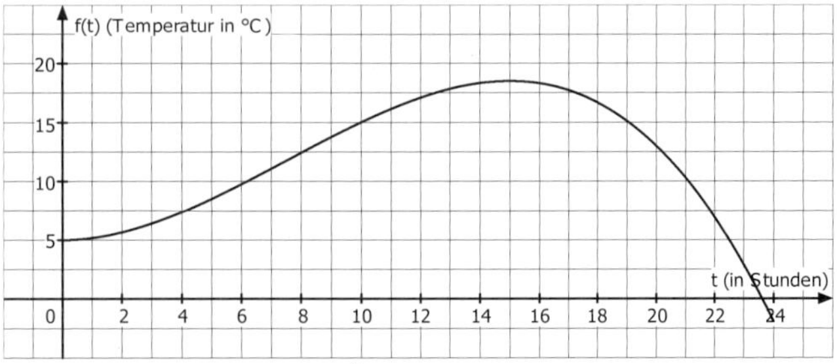

a) Berechnen Sie die mittlere Temperatur an diesem Tag.

b) Veranschaulichen Sie den Mittelwert im Koordinatensystem.

Aufgabe 43 : Gegeben sind die Funktionen f mit $f(x) = e^{0,75x} + 0{,}5x$ und g mit $g(x) = 0{,}5x$. Berechnen Sie den Inhalt der (links offenen) Fläche, welche die beiden Schaubilder zwischen $x = -\infty$ und $x = 1$ einschließen.

5. Anwendungsorientierte Aufgaben

Aufgabe 44

Die Funktion $f(t) = 0{,}5t^3 - 6{,}5t^2 + 20t + 42$ beschreibt den Kurs einer Aktie über einen Zeitraum von 10 Sekunden.

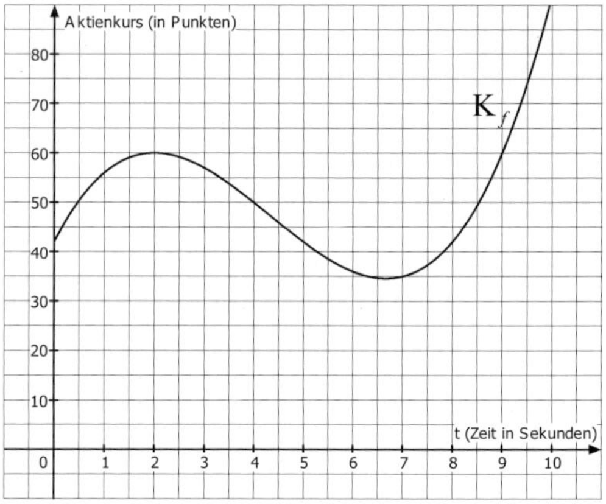

a) Welcher Aktienkurs liegt zum Zeitpunkt $t = 3$ vor?

b) Bestimmen Sie näherungsweise aus dem Schaubild, zu welchen Zeitpunkten der Kurs bei 36 Punkten liegt.

c) Bestimmen Sie näherungsweise aus dem Schaubild, wie lange ein Kurs von weniger als 40 Punkten vorliegt.

d) Zu welchem Zeitpunkt liegt der geringste Aktienkurs vor. Wie hoch ist dieser?

e) An welchem der beiden nachfolgenden Zeitpunkte nimmt der Aktienkurs stärker zu: $t = 1$ oder $t = 7{,}7$?

f) Zu welchem Zeitpunkt nimmt der Aktienkurs am stärksten ab?

g) Berechnen Sie den mittleren (durchschnittlichen) Aktienkurs im Zeitraum $t = 1$ bis $t = 7$.

h) Berechnen Sie die mittlere (durchschnittliche) Abnahme des Aktienkurses pro Sekunde im Zeitraum $t = 2$ bis $t = 6$.

Aufgabe 45

Ein Biogasspeicher ist mit einer Zuflussleitung und einer Abflussleitung versehen. Die Funktion f mit

$f(t) = -0{,}05t^3 + 0{,}8t^2 - 2{,}95t + 2{,}2$

beschreibt die momentane Zu- bzw. Abflussmenge über einen Zeitraum von 10 Sekunden. Positive Funktionswerte stehen hierbei für einen Gaszufluss, negative für einen Gasabfluss.

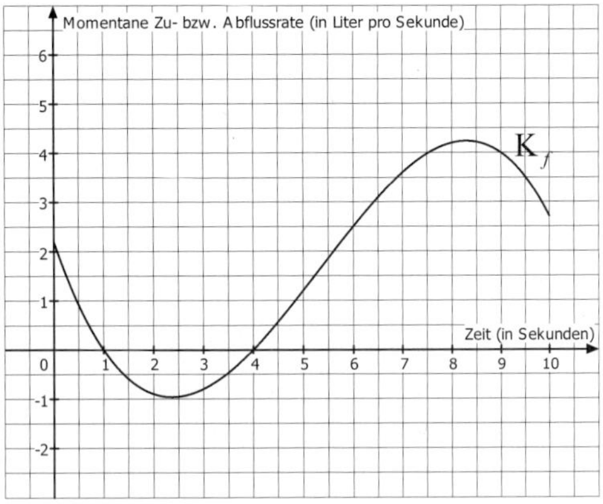

a) Berechnen Sie $f(3)$ und $f(9)$. Interpretieren Sie die Ergebnisse.

b) Beschreiben Sie auf Basis des Schaubildes: Wann liegt ein Zufluss bzw. Abfluss vor?

c) An wie vielen Zeitpunkten fließt genau 1 Liter pro Sekunde zu?

d) Zu welchem Zeitpunkt liegt der stärkste Gaszufluss vor? Geben Sie diesen an.

e) Berechnen Sie den mittleren (durchschnittlichen) Gaszufluss pro Sekunde im Zeitraum $t = 5$ bis $t = 10$.

f) Welche Gasmenge fließt während der Abflusszeit insgesamt ab?

g) Berechnen Sie $\int_2^7 (f(t))\,dt$ und interpretieren Sie das Ergebnis.

h) Zum Zeitpunkt $t = 3$ befinden sich 50 l im Gasspeicher. Bestimmen Sie hiermit die Gleichung der Funktion, die zu jedem Zeitpunkt den aktuellen Gasbestand im Speicher angibt.

i) Lösen Sie die Teilaufgabe f) mit Hilfe der Funktion aus Teilaufgabe h) erneut.

13 Rosner - ISBN 978-3-8120-0383-4

Aufgabe 46

Die Population einer vom Aussterben bedrohten Spezies besteht aus 350 Individuen und verringert sich jährlich um ein Drittel.

a) Begründen Sie, dass hier exponentieller Zerfall vorliegt.

b) Geben Sie die Gleichung der Funktion f mit $f(t)$ an, welche zu jedem Zeitpunkt die noch vorhandene Anzahl an Individuen angibt.

c) Geben Sie die Funktionsgleichung $f(t)$ in der Form mit (der eulerschen Zahl) e als Basis an.

d) Skizzieren Sie das zugehörige Schaubild in das Koordinatensystem.

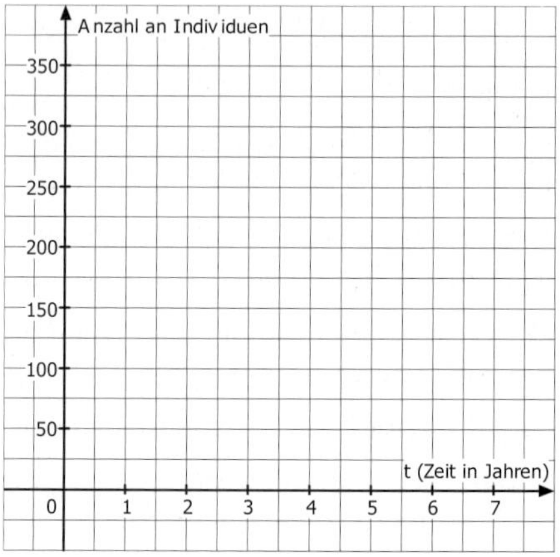

e) Berechnen Sie die Halbwertszeit.

f) Wann ist nur noch 10 % des Anfangsbestandes der Population vorhanden?

g) Berechnen Sie die durchschnittliche Zerfallsgeschwindigkeit der Population in den ersten 3 Jahren.

h) Berechnen Sie die höchste momentane Zerfallsgeschwindigkeit der Population.

i) Geben Sie einen Ansatz zur Berechnung der mittleren Größe der Population in den ersten 5 Jahren an.

Aufgabe 47

Für einen Betrieb gelten die Erlösfunktion $E(x) = 50x$ und die Gesamtkostenfunktion $K(x) = 0,2x^3 - 8x^2 + 120x + 20$ (x in ME, K und E in EUR).

a) Skizzieren Sie die zugehörigen Schaubilder in das Koordinatensystem.

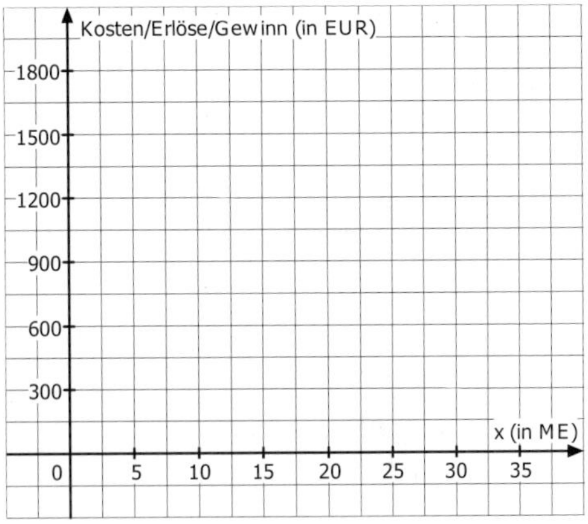

b) Wie hoch ist der Preis pro Mengeneinheit des hergestellten Produktes?

c) Wie hoch sind die fixen Kosten des Betriebs?

d) Geben Sie die Grenzkostenfunktion an.

e) Zeigen Sie mithilfe der Gewinnfunktion, dass das Intervall $[13,47;\ 26,8]$ (gerundet) die Gewinnzone des Betriebes darstellt.

f) Bei welcher Produktionsmenge macht der Betrieb den maximalen Gewinn?

VII. Ausführliche Lösungen

1. Funktionen

Aufgabe 1

Lösungsweg 1
1. Steigung bestimmen:
$$m = \frac{y_2 - y_1}{x_2 - x_1} = \frac{4-(-2)}{-1-3} = \frac{6}{-4} = -1,5$$

2. Punkt $(P_1(3|-2))$ und Steigung in $y = mx + b$ einsetzen:
$$\begin{aligned} y &= mx + b \\ -2 &= -1,5 \cdot 3 + b \\ -2 &= -4,5 + b \\ 2,5 &= b \end{aligned}$$

$\Rightarrow$ Gesuchte Gerade: $y = -1,5x + 2,5$

Lösungsweg 2
Beide Punkte in $y = mx + b$ einsetzen. Man erhält 2 lineare Gleichungen mit 2 Unbekannten. Dieses Lineare Gleichungssystem lösen:

$P_1(3|-2)$: $-2 = m \cdot 3 + b \Leftrightarrow 3m + b = -2$ (1)
$P_2(-1|4)$: $4 = m \cdot (-1) + b \Leftrightarrow -m + b = 4$ (2)

Gleichung (1) – (2): $3m - (-m) + b - b = -2 - 4 \Leftrightarrow$ $4m = -6 \Leftrightarrow m = -1,5$
Einsetzen in Gleichung (2): $-(-1,5) + b = 4 \Leftrightarrow$ $b = 2,5$

$\Rightarrow$ Gesuchte Gerade: $y = -1,5x + 2,5$

Aufgabe 2

a) $m_1 = -2$;
Bedingung für parallel: $m_1 = m_2$
$y = -2x + 1$ (b beliebig)

b) $m_1 = -1$;
Bedingung für parallel: $m_1 = m_2$
$y = -x + 1$ (b beliebig)

c) $m_1 = -2$;
Bedingung für senkrecht: $m_2 = \frac{-1}{m_1} = \frac{-1}{-2} = \frac{1}{2}$

$y = \frac{1}{2}x + 1$ (b beliebig)

d) $m = \tan(60°) = \sqrt{3}$; $y = \sqrt{3}x + 1$ (b beliebig)

e) $y = -4$;

f) $x = 2$

Aufgabe 3

$f(x) = -x^3 - 2x + 2$; Grad 3; $S_y(0|2)$;
von II nach IV; weder noch

$f(x) = 2x^3 + x$; Grad 3; $S_y(0|0)$;
von III nach I; symm. zum Ursprung

$f(x) = -x^4 - 2x^2 - 1$; Grad 4; $S_y(0|-1)$;
von III nach IV; symm. zur y-Achse

$f(x) = 0,5x \cdot (x^3 - 2) = 0,5x^4 - x$; Grad 4;
$S_y(0|0)$; von II nach I; weder noch

$$\begin{aligned} f(x) &= (1 - x^2) \cdot (x^2 + 1) \\ &= x^2 + 1 - x^4 - x^2 = -x^4 + 1 \end{aligned}$$
Grad 4; $S_y(0|1)$; von III nach IV;
symm. zur y-Achse

Aufgabe 4
Hinweis: Prüfen Sie Grad, Schnittpunkt mit y-Achse, Verlauf und Symmetrie.

a) A: $f_5(x)$ C: $f_9(x)$ **b)** A: $f_4(x)$ C: $f_8(x)$
B: $f_6(x)$ D: $f_7(x)$ B: $f_1(x)$ D: $f_7(x)$

Aufgabe 5

K_f: $f(x) = 5 \cdot (x+6) \cdot (x+5) \cdot (x+4)$
K_g: $f(x) = -2 \cdot (x+2) \cdot x^3$
K_h: $f(x) = 3 \cdot (x-2) \cdot (x-4)^2$
K_i: $f(x) = -(x-7)^4$

Aufgabe 6

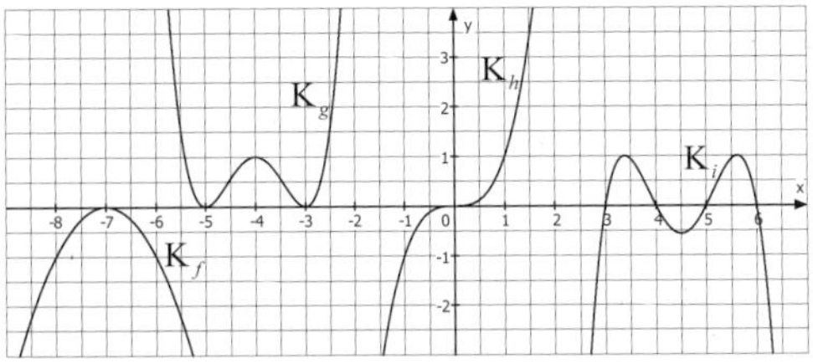

Aufgabe 7

	Asymptote	für $x \to +\infty$	für $x \to -\infty$
a)	$y=-2$	☐	☒
b)	$y=1$	☒	☐
c)	$y=-2x-1$	☒	☐
d)	$y=-x+1$	☐	☒
e)	$y=x$	☒	☐

Aufgabe 8

a) Das Schaubild der Funktion g mit $g(x)=-2e^x-1$ entsteht aus dem Schaubild von f mit $f(x)=e^x$ durch Spiegelung an der x-Achse, durch Streckung um den Faktor 2 in y-Richtung und durch Verschiebung um 1 nach unten.

b) Das Schaubild der Funktion g mit $g(x)=e^{-(x-2)}$ entsteht aus dem Schaubild von f mit $f(x)=e^x$ durch Spiegelung an der y-Achse und Verschiebung um 2 nach rechts.

c) Das Schaubild der Funktion g mit $g(x)=-4\sin(x)+1$ entsteht aus dem Schaubild von f mit $f(x)=\sin(x)$ durch Spiegelung an der x-Achse, durch Streckung um den Faktor 4 in y-Richtung und durch Verschiebung um 1 nach oben.

d) Das Schaubild der Funktion g mit $g(x)=\sin(2(x+4))$ entsteht aus dem Schaubild von f mit $f(x)=\sin(x)$ durch Streckung um den Faktor $\frac{1}{2}$ in x-Richtung (Periodenlänge $=\frac{2\pi}{2}=\pi$) und durch Verschiebung um 4 nach links.

Aufgabe 9

Mit $f(x)=a\cdot\sin\left(b\cdot(x-c)\right)+d$:

a) • $d=0$ Mittellinie auf Höhe 0
$\left(\text{oder mit } \frac{1{,}5+(-1{,}5)}{2}=\frac{0}{2}=0\right)$

• $a=1{,}5$ (max. Abstand von 1,5 zur Mittellinie) $\left(\text{oder mit } \frac{1{,}5-(-1{,}5)}{2}=\frac{3}{2}=1{,}5\right)$

• $c=-1$ Verschiebung um 1 nach links

• $b=\frac{2\pi}{p}=\frac{2\pi}{2\pi}=1$

Es kann nicht verlangt werden, dass die exakte Periodenlänge von 2π ($\approx 6{,}28$) abgelesen wird. Auch eine abgelesene Periodenlänge von bspw. 6,1 mit einem zugehörigen b-Wert von $b=\frac{2\pi}{6{,}1}=1{,}03$ ist „richtig".

$\Rightarrow f(x)=1{,}5\cdot\sin\left(x+1\right)$

Alternativ: $f(x)=1{,}5\cdot\cos\left(x-0{,}57\right)$

b) • $d=-1$ Mittellinie auf Höhe -1
$\left(\text{oder mit } \frac{0+(-2)}{2}=\frac{-2}{2}=-1\right)$

• $a=1$ (max. Abstand von 1 zur Mittellinie) $\left(\text{oder mit } \frac{0-(-2)}{2}=\frac{2}{2}=1\right)$

• $c=0$ keine Verschiebung bei sin

• $b=\frac{2\pi}{p}=\frac{2\pi}{\pi}=2$

$\Rightarrow f(x)=\sin\left(2x\right)-1$

Alternativ: $f(x)\approx\cos\left(2\cdot(x-0{,}8)\right)-1$

c) • $d = 1{,}5$ Mittellinie auf Höhe 1,5

$\left(\text{oder mit } \frac{2{,}5+0{,}5}{2} = \frac{3}{2} = 1{,}5\right)$

• $a = 1$ (max. Abstand von 1 zur Mittellinie) $\left(\text{oder mit } \frac{2{,}5-0{,}5}{2} = \frac{2}{2} = 1\right)$

• $c = -0{,}5$ Verschiebung um 0,5 nach links

• $b = \frac{2\pi}{p} = \frac{2\pi}{2} = \pi$

$\Rightarrow f(x) = \sin\left(\pi \cdot (x+0{,}5)\right) + 1{,}5$

Alternativ: $f(x) = \sin\left(\pi \cdot (x-1{,}5)\right) + 1{,}5$

Alternativ: $f(x) = \cos\left(\pi \cdot x\right) + 1{,}5$

Aufgabe 10

a) $f(x) = 4x^4 - 2x^2 + 1$

• Symm. zur y-Achse

• Begründung: Nur gerade Hochzahlen

b) $f(x) = 4x^4 - 2x^3 + 1$

• weder noch

• Begründung: Gerade und ungerade Hochzahlen

c) $f(x) = -x^3 - 2x + 1$

• weder noch

• Begründung: Gerade und ungerade Hochzahlen ($1 = 1x^0$, somit gerade Hochzahl!)

d) $f(x) = -x^3 - 2x$

• Symm. zum Ursprung

• Begründung: Nur ungerade Hochzahlen

e) $f(x) = \sin(x^2) + 1$

• Symm. zur y-Achse

• Begründung: Anhand des allg. Kriteriums, da keine ganzrationale Funktion

$f(-x) = \sin\left((-x)^2\right) + 1 = \underline{\sin\left(x^2\right) + 1}$

$f(x) = \underline{\sin\left(x^2\right) + 1}$

$\left(-f(x) = \underline{-\sin\left(x^2\right) - 1}\right)$

$\Rightarrow$ Es gilt: $f(-x) = f(x)$

f) $f(x) = \sin(x^2) + x$

• weder noch

• Begründung: Anhand des allg. Kriteriums, da keine ganzrationale Funktion

$f(-x) = \sin\left((-x)^2\right) + (-x) = \underline{\sin\left(x^2\right) - x}$

$\left(f(x) = \underline{\sin\left(x^2\right) + x}\right)$

$\left(-f(x) = \underline{-\sin\left(x^2\right) - x}\right)$

$\Rightarrow$ Es gilt weder $f(-x) = f(x)$, noch $f(-x) = -f(x)$.

g) $f(x) = \sin(x^2) \cdot x$

• Symm. zum Ursprung

• Begründung: Anhand des allg. Kriteriums, da keine ganzrationale Funktion

$f(-x) = \sin\left((-x)^2\right) \cdot (-x) = \sin\left(x^2\right) \cdot (-x) = \underline{-\sin\left(x^2\right) \cdot x}$

$\left(f(x) = \underline{\sin\left(x^2\right) \cdot x}\right)$

$-f(x) = \underline{-\sin\left(x^2\right) \cdot x}$

$\Rightarrow$ Es gilt: $f(-x) = -f(x)$

Aufgabe 11

a) • Rechnerische Bestimmung

Umkehrfunktion zu $f(x) = -0{,}5x + 2$.

1. Schritt: Vertauschen von x und y.

$y = -0{,}5x + 2$

$x = -0{,}5y + 2$

2. Schritt: Auflösen nach y. Ersetzen durch $f^{-1}(x)$.

$x = -0{,}5y + 2 \quad | -2$

$x - 2 = -0{,}5y \quad |: (-0{,}5)$

$-2x + 4 = y \quad \Rightarrow \quad f^{-1}(x) = -2x + 4$

• Grafische Bestimmung

Spiegelung an der 1. Winkelhalbierenden ($y = x$).

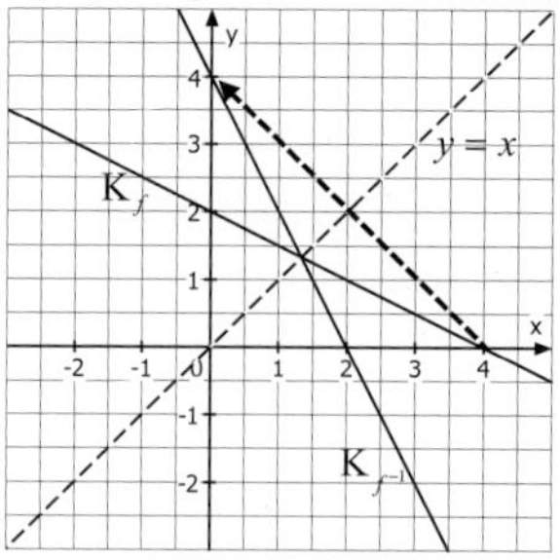

b) • Rechnerische Bestimmung

Umkehrfunktion zu $f(x) = x^2$ für $x > 0$

1. Schritt: Vertauschen von x und y.

$y = x^2$

$x = y^2$

2. Schritt: Auflösen nach y. Ersetzen durch $f^{-1}(x)$.

$x = y^2 \quad |\sqrt{\ }$

$\sqrt{x} = y \Rightarrow f^{-1}(x) = \sqrt{x}$ (Wurzelfunktion)

• Grafische Bestimmung

Spiegelung an der 1.Winkelhalbierenden ($y = x$).

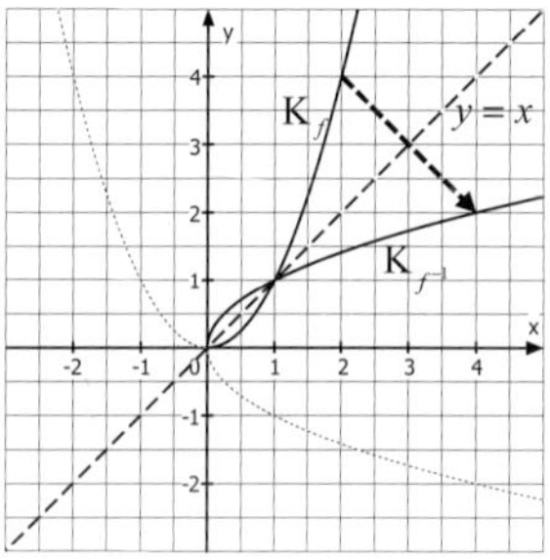

(Hinweis: Um einen „zweiten Ast" im Schaubild der Umkehrfunktion zu vermeiden, muss der Definitionsbereich der Funktion f auf $x \geq 0$ eingeschränkt werden.)

Aufgabe 12

Aufgabenstellung		Rechenansatz
Liegt $P(-1\,|\,2)$ auf K_f?	$\Leftrightarrow$	$f(-1) = 2$
Schnittpunkt mit y-Achse?	$\Leftrightarrow$	$f(0) = ...$
Schnittpunkt mit x-Achse?	$\Leftrightarrow$	$f(x) = 0$
Verläuft K_f durch den Ursprung?	$\Leftrightarrow$	$f(0) = 0$
Schnittpunkt mit erster Winkelhalbierender?	$\Leftrightarrow$	$f(x) = x$
x-Wert des Punktes auf K_f mit $y = 1$?	$\Leftrightarrow$	$f(x) = 1$

2. Gleichungen

Aufgabe 13

a) $-x^2 = 3 - 4x \quad | + x^2$

$0 = x^2 - 4x + 3$

mit abc-Formel:

$$x_{1/2} = \frac{-(-4) \pm \sqrt{(-4)^2 - 4 \cdot 1 \cdot 3}}{2 \cdot 1} = \frac{4 \pm \sqrt{16-12}}{2} = \frac{4 \pm \sqrt{4}}{2} = \frac{4 \pm 2}{2}$$

$x_1 = \frac{4+2}{2} = \frac{6}{2} = 3;$

$x_2 = \frac{4-2}{2} = \frac{2}{2} = 1$

(Typ 3; 2. Grad)

b) $x^3 - 2x^2 = x^2 \quad | - x^2$

$x^3 - 3x^2 = 0$

$x^2 \cdot (x-3) = 0$

S. v. Nullpr.

$x^2 = 0 \quad |\sqrt{\ }$ $\qquad x - 3 = 0 \quad | + 3$

$x_{1/2} = 0$ $\qquad x_3 = 3$

(Typ 2; 3. Grad)

c) $6x - x^4 = 4x \quad | - 4x$

$-x^4 + 2x = 0$

$x \cdot (-x^3 + 2) = 0$

S. v. Nullpr.

$x_1 = 0$ $\qquad -x^3 + 2 = 0 \quad | + x^3$

$2 = x^3 \quad |\sqrt[3]{\ }$

$x_2 = \sqrt[3]{2}$

(Typ 2; 4. Grad)

d)
$$
\begin{aligned}
1-e^{4x+3} &= -4 && |-1\\
-e^{4x+3} &= -5 && |\cdot(-1)\\
e^{4x+3} &= 5 && |\ln\\
4x+3 &= \ln(5) && |-3\\
4x &= \ln(5)-3 && |:4\\
x &= \frac{\ln(5)-3}{4}\\
x &\approx -0{,}35
\end{aligned}
$$

(Typ 1; Exponentialgleichung)

e)
$$
\begin{aligned}
2\cos(x)-\sqrt{3} &= 0 && |+\sqrt{3}\\
2\cos(x) &= \sqrt{3} && |:2\\
\cos(x) &= \frac{1}{2}\sqrt{3} && |\cos^{-1}\\
x &= \cos^{-1}(\frac{1}{2}\sqrt{3})
\end{aligned}
$$

$x_1 = \frac{1}{6}\pi$ ($\approx 0{,}524$) (durch Merkhilfe oder WTR)

$x_2 = 2\pi - x_1 = 2\pi - \frac{1}{6}\pi = \frac{11}{6}\pi$ ($\approx 5{,}76$)

alle Lösungen:

$x = \frac{1}{6}\pi + k\cdot 2\pi$

und

$x = \frac{11}{6}\pi + k\cdot 2\pi$ $(k = ..., -1, 0, 1, 2, ...)$

Gerundete Lösungen im Bereich $[-2;8]$:

$\frac{1}{6}\pi(\approx 0{,}52)$;

$\frac{13}{6}\pi(= \frac{1}{6}\pi + 1\cdot 2\pi \approx 6{,}81)$;

$\frac{11}{6}\pi(\approx 5{,}76)$;

$-\frac{1}{6}\pi(= \frac{11}{6}\pi - 1\cdot 2\pi \approx -0{,}52)$

(Typ 1; Kosinusgleichung)

f)
$$
\begin{aligned}
3e^x(e^x-1) &= -e^x\\
3e^{2x}-3e^x &= -e^x && |+e^x\\
3e^{2x}-2e^x &= 0\\
e^x \cdot (3e^x-2) &= 0
\end{aligned}
$$

S. v. Nullpr.

$e^x = 0$ $|\ln$ — keine Lösung

$$
\begin{aligned}
3e^x-2 &= 0 && |+2\\
3e^x &= 2 && |:3\\
e^x &= \frac{2}{3} && |\ln\\
x &= \ln\left(\frac{2}{3}\right)\\
x &\approx -0{,}41
\end{aligned}
$$

(Typ 2; Exponentialgleichung)

g)
$$
\begin{aligned}
\frac{3}{2}x^4 - 2 &= x^4 && |-x^4+2\\
\frac{1}{2}x^4 &= 2 && |:\frac{1}{2}\\
x^4 &= 4 && |\sqrt[4]{\ }\\
x_1 &= \sqrt[4]{4} \approx 1{,}41\\
x_2 &= -\sqrt[4]{4} \approx -1{,}41
\end{aligned}
$$

(Typ 1; 4. Grad)

h)
$$
\begin{aligned}
\sin(x) &= 0{,}2 && |\sin^{-1}\\
x &= \sin^{-1}(0{,}2)
\end{aligned}
$$

$x_1 \approx 0{,}2$ (nicht in Merkhilfe, nur durch WTR)

$x_2 = \pi - x_1 \approx \pi - 0{,}2 = 2{,}94$

alle Lösungen:

$x \approx 0{,}2 + k\cdot 2\pi$

und

$x \approx 2{,}94 + k\cdot 2\pi$

$(k = ..., -1, 0, 1, 2, ...)$

Gerundete Lösungen im Bereich $[-2;8]$:

$0{,}2$;

$6{,}48(= 0{,}2 + 1\cdot 2\pi)$;

$2{,}94$

(Typ 1; Sinusgleichung)

i) $2x^4 - 24x^2 = -72 + 2x^2 \quad | +72 - 2x^2$

$2x^4 - 26x^2 + 72 = 0 \quad |:2$

$x^4 - 13x^2 + 36 = 0$

Substitution: $\left(x^4 = u^2;\ x^2 = u\right)$

$u^2 - 13u + 36 = 0$

$u_{1/2} = \dfrac{-(-13) \pm \sqrt{(-13)^2 - 4 \cdot 1 \cdot 36}}{2 \cdot 1}$ (abc-Formel)

$= \dfrac{13 \pm \sqrt{25}}{2} = \dfrac{13 \pm 5}{2}$

$u_1 = \dfrac{13+5}{2} = \dfrac{18}{2} = 9; \qquad u_2 = \dfrac{13-5}{2} = \dfrac{8}{2} = 4$

Rücksubstitution:

$x^2 = 9 \quad |\sqrt{\ }$ $\qquad x^2 = 4 \quad |\sqrt{\ }$

$x_1 = 3 \qquad x_3 = 2$

$x_2 = -3 \qquad x_4 = -2$

(Typ S; 4. Grad)

j) $2e^{2x} - 17e^x + 8 = 0$

Substitution: $\left(e^{2x} = u^2;\ e^x = u\right)$

$2u^2 - 17u + 8 = 0$

$u_{1/2} = \dfrac{-(-17) \pm \sqrt{(-17)^2 - 4 \cdot 2 \cdot 8}}{2 \cdot 2}$ (abc-Formel)

$= \dfrac{17 \pm \sqrt{225}}{4} = \dfrac{17 \pm 15}{4}$

$u_1 = \dfrac{17+15}{4} = \dfrac{32}{4} = 8; \qquad u_2 = \dfrac{17-15}{4} = \dfrac{2}{4} = 0{,}5$

Rücksubstitution:

$e^x = 8 \quad | \ln \qquad e^x = 0{,}5 \quad | \ln$

$x_1 = \ln(8) \qquad x_2 = \ln(0{,}5)$

$x_1 \approx 2{,}08 \qquad x_2 \approx -0{,}69$

(Typ S; Exponentialgleichung)

k) $\left(\sin(x)\right)^2 = 2\sin(x) \quad | -2\sin(x)$

$\left(\sin(x)\right)^2 - 2\sin(x) = 0$

$\sin(x) \cdot \left(\sin(x) - 2\right) = 0$

S. v. Nullpr.

$\sin(x) = 0 \quad | \sin^{-1} \qquad \sin(x) - 2 = 0 \quad | +2$

$x = \sin^{-1}(0) \qquad \sin(x) = 2$

$x_1 = 0$ (Merkhilfe oder WTR) $\qquad$ keine Lösung

$x_2 = \pi - 0 = \pi$

alle Lösungen:

$x = 0 + k \cdot 2\pi$

$x = \pi + k \cdot 2\pi \qquad (k = \ldots, -1, 0, 1, 2, \ldots)$

Lösungen im Bereich $[-2; 8]$:

0;

$2\pi (= 0 + 1 \cdot 2\pi)$;

π (Typ 2; Sinusgleichung)

l) $2e^{2x} - e^x = 2e^x \quad | -2e^x$

$2e^{2x} - 3e^x = 0$

$e^x \cdot (2e^x - 3) = 0$

S. v. Nullpr.

$e^x = 0 \quad | \ln \qquad 2e^x - 3 = 0 \quad | +3$

keine Lösung $\qquad 2e^x = 3 \quad |:2$

$e^x = 1{,}5 \quad | \ln$

$x = \ln(1{,}5)$

$x \approx 0{,}405$

(Typ 2; Exponentialgleichung)

m) $2x(x^2 - 1) = 0{,}5 - 2x$

$2x^3 - 2x = 0{,}5 - 2x \quad | +2x$

$2x^3 = 0{,}5 \quad |:2$

$x^3 = 0{,}25 \quad | \sqrt[3]{\ }$

$x = \sqrt[3]{0{,}25}$

$x \approx 0{,}63$

(Typ 1; 3. Grad)

n) $(e^x - 1) \cdot (1 - 2x^3) = 0$

S. v. Nullpr.

$e^x - 1 = 0 \quad | +1 \qquad 1 - 2x^3 = 0 \quad | +2x^3$

$e^x = 1 \quad | \ln \qquad 1 = 2x^3 \quad |:2$

$x_1 = 0 \qquad 0{,}5 = x^3 \quad | \sqrt[3]{\ }$

$\sqrt[3]{0{,}5} = x_2$

$0{,}79 \approx x_2$

(Typ 2; gemischt)

o) $(\cos(x)-0,5)\cdot e^x=0$

S. v. Nullpr.

$\cos(x)-0,5=0 \quad |+0,5$ $\qquad e^x=0 \quad |\ln$

$\cos(x)=0,5 \quad |\cos^{-1}$ $\qquad$ keine Lösung

$u=\cos^{-1}(0,5)$

$u_1=\frac{1}{3}\pi$ (durch Merkhilfe oder WTR)

$u_2=2\pi-u_1=2\pi-\frac{1}{3}\pi=\frac{5}{3}\pi$

alle Lösungen:

$u=\frac{1}{3}\pi+k\cdot 2\pi$

und

$u=\frac{5}{3}\pi+k\cdot 2\pi$

$(k=...,-1,0,1,2,...)$

Lösungen im Bereich $[-2;8]$:

$\frac{1}{3}\pi(\approx 1,05)$;

$\frac{7}{3}\pi\ (=\frac{1}{3}\pi+1\cdot 2\pi\approx 7,33)$;

$\frac{5}{3}\pi(\approx 5,24)$;

$-\frac{1}{3}\pi(=\frac{5}{3}\pi-1\cdot 2\pi\approx -1,05)$

(Typ 2; gemischt)

p) $(e^{5x-2}-7)\cdot(x^2-4)=0$

S. v. Nullpr.

$e^{5x-2}-7=0 \quad |+7$ $\qquad x^2-4=0 \quad |+4$

$e^{5x-2}=7 \quad |\ln$ $\qquad x^2=4 \quad |\sqrt{\ }$

$5x-2=\ln(7) \quad |+2$ $\qquad x_2=2$

$5x=\ln(7)+2 \quad |:5$ $\qquad x_3=-2$

$x=\frac{\ln(7)+2}{5}$

$x_1\approx 0,789$

(Typ 2; gemischt)

q) $\sin(x+1)=\frac{1}{2}\sqrt{2}$

Substitution: $(x+1=u)$

$\sin(u)=\frac{1}{2}\sqrt{2} \quad |\sin^{-1}$

$u=\sin^{-1}(\frac{1}{2}\sqrt{2}\ )$

$u_1=\frac{1}{4}\pi\ (\approx 0,785)$ (durch Merkhilfe oder WTR)

$u_2=\pi-u_1=\pi-\frac{1}{4}\pi=\frac{3}{4}\pi\ (\approx 2,356)$

alle Lösungen:

$u=\frac{1}{4}\pi+k\cdot 2\pi$

und

$u=\frac{3}{4}\pi+k\cdot 2\pi \quad (k=...,-1,0,1,2,...)$

Rücksubstitution:

$x+1=\frac{1}{4}\pi+k\cdot 2\pi \quad |-1$

$x=\frac{1}{4}\pi-1+k\cdot 2\pi$

und

$x+1=\frac{3}{4}\pi+k\cdot 2\pi \quad |-1$

$x=\frac{3}{4}\pi-1+k\cdot 2\pi$

Gerundete Lösungen im Bereich $[-2;8]$:

$\frac{1}{4}\pi-1\ (\approx -0,21)$;

$\frac{9}{4}\pi-1\ (=\frac{1}{4}\pi-1+1\cdot 2\pi\approx 6,07)$;

$\frac{3}{4}\pi-1(\approx 1,36)$;

$\frac{11}{4}\pi-1\ (=\frac{3}{4}\pi-1+1\cdot 2\pi\approx 7,64)$

(Typ 1S; Sinusgleichung)

r) $\cos(2x)-0,5=0 \quad |+0,5$

$\cos(2x)=0,5$

Substitution: $(2x=u)$

$\cos(u)=0,5 \quad |\cos^{-1}$

$u=\cos^{-1}(0,5)$

$u_1=\frac{1}{3}\pi(\approx 1,047)$ (durch Merkhilfe oder WTR)

$u_2=2\pi-u_1=2\pi-\frac{1}{3}\pi=\frac{5}{3}\pi\ (\approx 5,236)$

alle Lösungen:

$u=\frac{1}{3}\pi+k\cdot 2\pi$

und

$u = \frac{5}{3}\pi + k \cdot 2\pi \quad (k = ..., -1, 0, 1, 2, ...)$

Rücksubstitution:

$$2x = \frac{1}{3}\pi + k \cdot 2\pi \quad |:2$$
$$x = \frac{1}{6}\pi + k \cdot \pi$$

und

$$2x = \frac{5}{3}\pi + k \cdot 2\pi \quad |:2$$
$$x = \frac{5}{6}\pi + k \cdot \pi$$

Gerundete Lösungen im Bereich $[-2;8]$:

$\frac{1}{6}\pi (\approx 0,52);$

$\frac{7}{6}\pi (= \frac{1}{6}\pi + 1 \cdot \pi \approx 3,67);$

$\frac{13}{6}\pi (= \frac{1}{6}\pi + 2 \cdot \pi \approx 6,81);$

$\frac{5}{6}\pi (\approx 2,62);$

$\frac{11}{6}\pi (= \frac{5}{6}\pi + 1 \cdot \pi \approx 5,76);$

$-\frac{1}{6}\pi (= \frac{5}{6}\pi - 1 \cdot \pi \approx -0,53)$

(Typ 1S; Kosinusgleichung)

s) $4e^{-2x} - 3e^{-x} = 3e^{-2x} \quad |-3e^{-2x}$

$$e^{-2x} - 3e^{-x} = 0$$
$$e^{-x} \cdot (e^{-x} - 3) = 0$$

S. v. Nullpr.

$e^{-x} = 0 \quad |\ln$

keine Lösung

$e^{-x} - 3 = 0 \quad |+3$

$e^{-x} = 3 \quad |\ln$

$-x = \ln(3) \quad |\cdot(-1)$

$x = -\ln(3)$

$x \approx -1,099$

(Typ 2; Exponentialgleichung)

Weiterer Lösungsweg:

$$4e^{-2x} - 3e^{-x} = 3e^{-2x} \quad |\cdot e^{2x}$$
$$4 - 3e^{x} = 3 \quad |+3e^{x} \; -3$$
$$1 = 3e^{x} \quad |:3$$
$$\frac{1}{3} = e^{x} \quad |\ln$$
$$\ln(\frac{1}{3}) = x$$
$$-1,099 \approx x$$

Aufgabe 14

Nr.	Typ	Begründung (umformbar auf ...)
1	1; 3. Grad	$x^3 = ...$
2	2; 3. Grad	Alle mit mind. x
3	2; 4. Grad	Alle mit mind. x^2
4	3; 2. Grad	$...x^2 + ...x + ... = 0$
5	1; 4. Grad	$x^4 = ...$
6	S; 4. Grad	$...x^4 + ...x^2 + ... = 0$
7	1; 1. Grad	$x = ...$
8	1; Exponentialgl.	$e^{1-2x} = ...$
9	2; Exponentialgl.	Alle mit mind. e^x
10	S; Exponentialgl.	$...e^{2x} + ...e^{x} + ... = 0$
11	S; Exponentialgl.	$...e^{4x} + ...e^{2x} + ... = 0$
12	2; Exponentialgl.	Alle mit mind. e^x
13	1; Sinusgl.	$\sin(x) = ...$
14	1S; Sinusgl.	sin(„*nicht nur x*") = ...
15	2; Kosinusgl.	Alle mit mind. $\cos(x)$
16	1; Kosinusgl.	$\cos(x) = ...$
17	2; Sinusgl.	Alle mit mind. $\sin(x)$

Aufgabe 15

a)

$$\left(\begin{array}{ccc|c} 1 & 4 & 6 & 1 \\ 2 & 3 & 7 & 1 \\ 3 & 2 & 8 & 2 \end{array}\right) \begin{array}{l} \\ 2 \cdot I - II \\ 3 \cdot I - III \end{array}$$

$$\left(\begin{array}{ccc|c} 1 & 4 & 6 & 1 \\ 0 & 5 & 5 & 1 \\ 0 & 10 & 10 & 1 \end{array}\right) \begin{array}{l} \\ \\ 2 \cdot II - III \end{array}$$

$$\left(\begin{array}{ccc|c} 1 & 4 & 6 & 1 \\ 0 & 5 & 5 & 1 \\ 0 & 0 & 0 & 1 \end{array}\right)$$

LGS hat
keine Lösung

b)

$$\left(\begin{array}{ccc|c} 2 & -3 & 4 & 8 \\ 3 & 4 & -5 & -4 \\ 4 & -6 & 3 & 1 \end{array}\right) \begin{array}{l} \\ 3\cdot\text{I}-2\cdot\text{II} \\ 2\cdot\text{I}-\text{III} \end{array}$$

$$\left(\begin{array}{ccc|c} 2 & -3 & 4 & 8 \\ 0 & -17 & 22 & 32 \\ 0 & 0 & 5 & 15 \end{array}\right)$$

LGS hat
eindeutige Lösung

$$\text{III}: \; 5x_3 = 15$$
$$x_3 = 3$$

$$\text{in II}: \; -17x_2 + 22\cdot 3 = 32$$
$$-17x_2 + 66 = 32$$
$$-17x_2 = -34$$
$$x_2 = 2$$

$$\text{in I}: \; 2x_1 - 3\cdot 2 + 4\cdot 3 = 8$$
$$2x_1 + 6 = 8$$
$$2x_1 = 2$$
$$x_1 = 1$$

Lösungsvektor: $\vec{x} = \begin{pmatrix} 1 \\ 2 \\ 3 \end{pmatrix}$

c) Nach Umstellen:

$$\left(\begin{array}{ccc|c} 1 & 3 & -1 & 4 \\ 2 & 1 & 1 & 7 \\ 2 & -4 & 4 & 6 \end{array}\right) \begin{array}{l} \\ 2\cdot\text{I}-\text{II} \\ 2\cdot\text{I}-\text{III} \end{array}$$

$$\left(\begin{array}{ccc|c} 1 & 3 & -1 & 4 \\ 0 & 5 & -3 & 1 \\ 0 & 10 & -6 & 2 \end{array}\right) \begin{array}{l} \\ \\ 2\cdot\text{II}-\text{III} \end{array}$$

$$\left(\begin{array}{ccc|c} 1 & 3 & -1 & 4 \\ 0 & 5 & -3 & 1 \\ 0 & 0 & 0 & 0 \end{array}\right)$$

LGS hat
unendlich viele Lösungen

Setzen von $x_3 = t \;\; (t \in \mathbb{R})$
in II:

$$5x_2 - 3t = 1$$
$$5x_2 = 3t + 1$$
$$x_2 = \frac{3}{5}t + \frac{1}{5}$$

in I:

$$x_1 + 3\cdot(\frac{3}{5}t + \frac{1}{5}) - t = 4$$
$$x_1 + \frac{9}{5}t + \frac{3}{5} - t = 4$$
$$x_1 + \frac{4}{5}t = \frac{17}{5}$$
$$x_1 = -\frac{4}{5}t + \frac{17}{5}$$

Lösungsvektor:

$$\vec{x} = \begin{pmatrix} -\frac{4}{5}t + \frac{17}{5} \\ \frac{3}{5}t + \frac{1}{5} \\ t \end{pmatrix}; \; t \in \mathbb{R}$$

3. Differentialrechnung

Aufgabe 16

a) $f'(x) = 6x^2 - 2$
b) $f'(x) = 4x^3 - 0,5$
c) $f'(x) = e^{7x-3} \cdot 7 = 7e^{7x-3}$
d) $f'(x) = -2\cos(x-3)$
e) $f'(x) = -\sin(2x-3) \cdot 2 = -2\sin(2x-3)$
f) $f'(x) = 4 \cdot (1-x^3)^3 \cdot (-3x^2) = -12x^2(1-x^3)^3$
g) $f'(x) = 2x + e^{2x} \cdot 2$
h) $f'(x) = 2x \cdot e^{2x} + x^2 \cdot e^{2x} \cdot 2 = 2xe^{2x} + 2x^2e^{2x}$
i) $f'(x) = 12x^2 \cdot e^{4x} + 4x^3 \cdot e^{4x} \cdot 4$
$= 12x^2e^{4x} + 16x^3e^{4x}$
j) $f'(x) = 2,5x^4 - 6x^2 - 1$
k) $f'(x) = -3x^2 + 1$
l) $f'(x) = -e^{-2x} \cdot (-2) - 2 = 2e^{-2x} - 2$
m) $f'(x) = -\cos(3x^3) \cdot 9x^2$
n) $f'(x) = -a - 3$
o) $f'(x) = -\sin(x) \cdot x^2 + \cos(x) \cdot 2x$
p) $f(x) = 2x^4 - 4x^3;\ f'(x) = 8x^3 - 12x^2$
q) $f'(x) = 3ax^2 + 2bx + c$
r) $f(x) = \frac{1}{x^2} = x^{-2};\ f'(x) = -2 \cdot x^{-3} = -\frac{2}{x^3}$
s) $f(x) = \frac{1}{4x+1} = (4x+1)^{-1};$
$f'(x) = -1 \cdot (4x+1)^{-2} \cdot 4 = -\frac{4}{(4x+1)^2}$
t) $f(x) = \sqrt{1-2x} = (1-2x)^{0,5};$
$f'(x) = 0,5 \cdot (1-2x)^{-0,5} \cdot (-2)$
$= -\frac{1}{(1-2x)^{0,5}} = -\frac{1}{\sqrt{1-2x}}$

Aufgabe 17 **a)** 1. Aufgabentyp

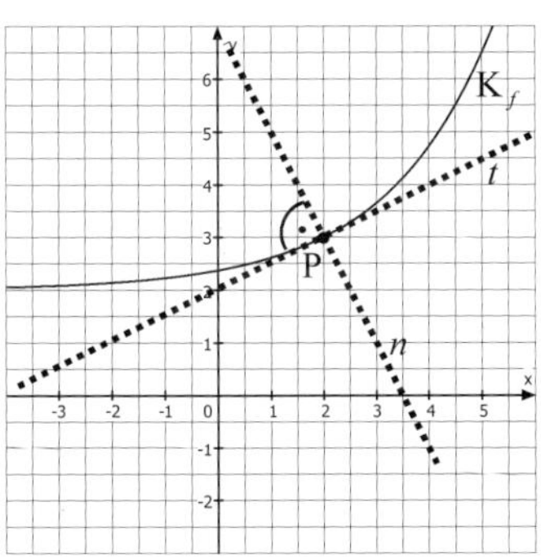

b) Berechnung der Tangentengleichung:

1. y-Wert des Berührpunktes berechnen
$f(2) = e^{0,5\cdot 2-1} + 2 = e^0 + 2 = 1 + 2 = 3 \rightarrow \text{B}(2\,|\,3)$

2. Tangentensteigung berechnen
$f'(x) = e^{0,5x-1} \cdot 0,5 = 0,5e^{0,5x-1}$
$f'(2) = 0,5 \cdot e^{0,5\cdot 2-1} = 0,5 \cdot e^0 = 0,5 \cdot 1 = 0,5\ (= m_t)$

3. Tangentengleichung berechnen
$y = m_t \cdot x + b$
$3 = 0,5 \cdot 2 + b$
$3 = 1 + b \quad |-1$
$2 = b$
$\Rightarrow$ Tangente: $y = 0,5x + 2$

c) Berechnung der Normalengleichung:

1. y-Wert des Schnittpunktes berechnen
$f(2) = e^{0,5\cdot 2-1} + 2 = e^0 + 2 = 1 + 2 = 3 \rightarrow \text{P}(2\,|\,3)$

2. Tangentensteigung berechnen
$f'(x) = e^{0,5x-1} \cdot 0,5 = 0,5e^{0,5x-1}$
$f'(2) = 0,5 \cdot e^{0,5\cdot 2-1} = 0,5 \cdot e^0 = 0,5 \cdot 1 = 0,5\ (= m_t)$

3. Normalensteigung berechnen (senkrecht zu m_t)
$m_n = -\frac{1}{m_t} = -\frac{1}{0,5} = -2$

4. Normalengleichung berechnen
$y = m_n \cdot x + b$
$3 = -2 \cdot 2 + b$
$3 = -4 + b \quad |+4$
$7 = b$
$\Rightarrow$ Normale: $y = -2x + 7$

Aufgabe 18

a) 2. Aufgabentyp

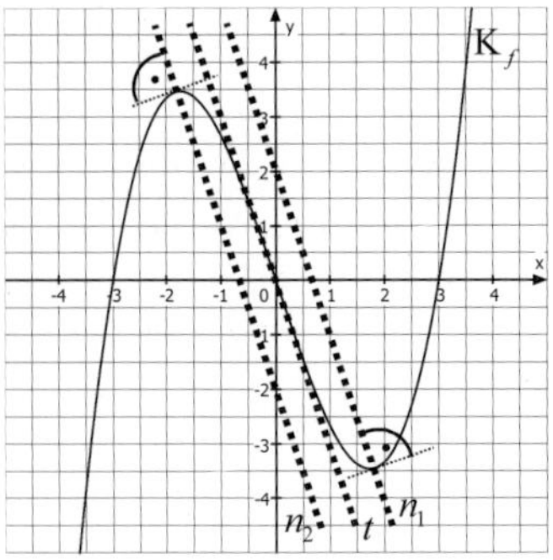

b)
Berechnung der Tangentengleichung:

1. $f'(x) = m_t$ liefert x-Wert des Berührpunktes

$f'(x) = x^2 - 3$

$f'(x) = m_t$

$x^2 - 3 = -3 \quad | +3$

$x^2 = 0 \quad | \sqrt{}$

$x = 0$

(An dieser Stelle hat das Schaubild die gegebene Steigung.)

2. y-Wert des Berührpunktes berechnen

$f(0) = \frac{1}{3} \cdot 0^3 - 3 \cdot 0 = 0 \rightarrow B(0 \mid 0)$

3. Tangentengleichung berechnen

$y = m_t \cdot x + b$

$0 = -3 \cdot 0 + b$

$0 = b$

$\Rightarrow$ Tangente: $y = -3x$

c)
Berechnung der beiden Normalengl.:

1. Zu m_n senkrechte Steigung berechnen

$m = -\frac{1}{m_n} = -\frac{1}{-3} = \frac{1}{3}$

2. $f'(x) = m$ liefert x-Werte der Schnittpunkte

$f'(x) = x^2 - 3$

$f'(x) = m$

$x^2 - 3 = \frac{1}{3} \quad | +3$

$x^2 = \frac{10}{3} \quad | \sqrt{}$

$x_1 \approx 1,83$

$x_2 \approx -1,83$

(An diesen Stellen besitzt das Schaubild die Steigung 1/3 und ist damit senkrecht zur Normalen.)

3. y-Wert der beiden Schnittpunkte berechnen

$f(1,83) = \frac{1}{3} \cdot 1,83^3 - 3 \cdot 1,83$

$= -3,45 \rightarrow P_1(1,83 \mid -3,45)$

$f(-1,83) = \frac{1}{3} \cdot (-1,83)^3 - 3 \cdot (-1,83)$

$= 3,45 \rightarrow P_2(-1,83 \mid 3,45)$

4. Normalengleichungen berechnen

$y = m_n \cdot x + b$

$-3,45 = (-3) \cdot 1,83 + b$

$-3,45 = -5,49 + b \quad | +5,49$

$2,04 = b$

$\Rightarrow$ 1. Normale: $y = -3x + 2,04$ (gerundet)

$y = m_n \cdot x + b$

$3,45 = (-3) \cdot (-1,83) + b$

$3,45 = 5,49 + b \quad | -5,49$

$-2,04 = b$

$\Rightarrow$ 2. Normale: $y = -3x - 2,04$ (gerundet)

Aufgabe 19

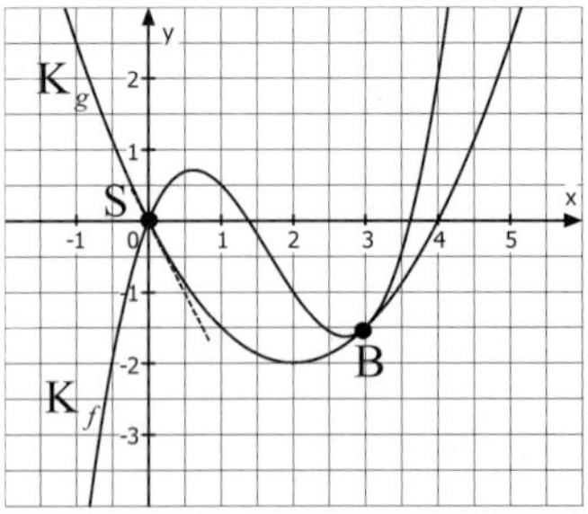

a)

1. Gemeinsame Punkte der Schaubilder:

$$f(x) = g(x)$$

$$0{,}5x^3 - 2{,}5x^2 + 2{,}5x = 0{,}5x^2 - 2x \quad |-0{,}5x^2 + 2x$$

$$0{,}5x^3 - 3x^2 + 4{,}5x = 0$$

$$x \cdot \left(0{,}5x^2 - 3x + 4{,}5\right) = 0$$

S. v. Nullpr.

$$x_1 = 0 \qquad 0{,}5x^2 - 3x + 4{,}5 = 0$$

$$x_{2/3} = \frac{-(-3) \pm \sqrt{(-3)^2 - 4 \cdot 0{,}5 \cdot 4{,}5}}{2 \cdot 0{,}5}$$

$$= \frac{3 \pm \sqrt{0}}{1} = \frac{3 \pm 0}{1} = 3$$

Bemerkung: Da bei $x = 3$ eine doppelte Schnittstelle vorliegt, liegt hier der Berührpunkt.
Wie in der Aufgabenstellung verlangt, wird dies jedoch mit Hilfe der Ableitungsfunktion nachgewiesen.

2. Untersuchung der Steigungen in den gemeinsamen Punkten:

$f'(x) = 1{,}5x^2 - 5x + 2{,}5$
$g'(x) = x - 2$

Steigungen in $x = 0$:

$f'(0) = 1{,}5 \cdot 0^2 - 5 \cdot 0 + 2{,}5 = 2{,}5$
$g'(0) = 0 - 2 = -2$
$\Rightarrow f'(0) \neq g'(0)$ somit kein Berührpunkt

Steigungen in $x = 3$:

$f'(3) = 1{,}5 \cdot 3^2 - 5 \cdot 3 + 2{,}5 = 1$
$g'(3) = 3 - 2 = 1$
$\Rightarrow f'(3) = g'(3)$ somit Berührpunkt!

b)

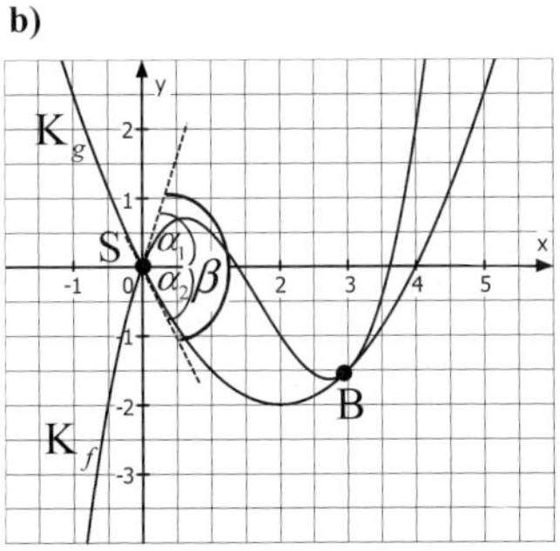

Schnittwinkel im Schnittpunkt S(0 | 0)

1. m_1 und m_2 berechnen

$f'(0) = 1{,}5 \cdot 0^2 - 5 \cdot 0 + 2{,}5 = 2{,}5$ (Steigung K_f)
$g'(0) = 0 - 2 = -2$ (Steigung K_g)

2. α_1 und α_2 berechnen
(WTR hierfür von Bogenmaß (*rad*) auf Winkelmaß (*deg*) stellen!)

$2{,}5 = \tan(\alpha_1) \quad | \tan^{-1}$
$\alpha_1 = 68{,}2°$ (Steigungswinkel K_f)

$-2 = \tan(\alpha_2) \quad | \tan^{-1}$
$\alpha_2 = |-63{,}4°|$
$\alpha_2 = 63{,}4°$ (Steigungswinkel K_g)

3. β berechnen

$\beta = \alpha_1 + \alpha_2 = 68{,}2° + 63{,}4° = 131{,}6°$

Da mit dem Begriff Schnittwinkel ein Winkel zwischen 0 und 90° gemeint ist, muss noch $\gamma = 180° - 131{,}6° = 48{,}4°$ berechnet werden.

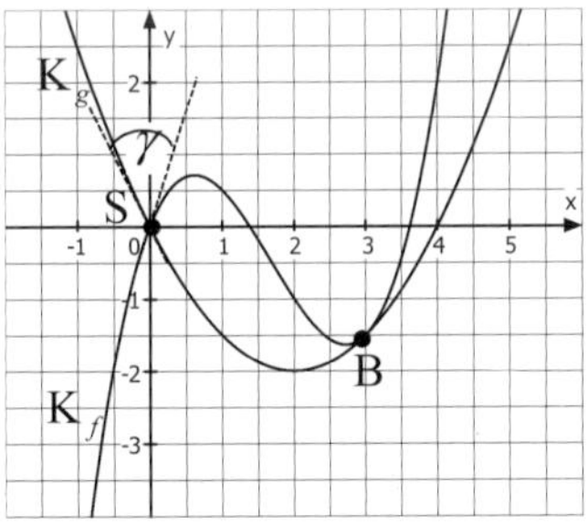

Alternativ kann auch mit der nachfolgenden Formel gearbeitet werden:

$$\gamma = \tan^{-1}\left|\frac{m_2 - m_1}{1 + m_1 \cdot m_2}\right| = \tan^{-1}\left|\frac{-2 - 2{,}5}{1 + 2{,}5 \cdot (-2)}\right| = 48{,}4°$$

c) Der Schnittwinkel in einem Berührpunkt beträgt stets 0°.
Die beiden Schaubilder besitzen hier ja die gleiche Steigung.

14 Rosner - ISBN 978-3-8120-0383-4

Aufgabe 20

a) Ansatz: $f(0) = 0{,}25 \cdot 0^4 - 2 \cdot 0^3 + 4 \cdot 0^2 - 1$
$= -1$
$\rightarrow S_y(0|-1)$

b) $f(x) = 0{,}25x^4 - 2x^3 + 4x^2 - 1$
$f'(x) = x^3 - 6x^2 + 8x$
$f''(x) = 3x^2 - 12x + 8$

1. Schritt:

$$f'(x) = 0$$
$$x^3 - 6x^2 + 8x = 0$$
$$x \cdot (x^2 - 6x + 8) = 0$$

S. v. Nullpr.

$x_1 = 0 \qquad x^2 - 6x + 8 = 0$

$$x_{2/3} = \frac{-(-6) \pm \sqrt{(-6)^2 - 4 \cdot 1 \cdot 8}}{2 \cdot 1} = \frac{6 \pm \sqrt{36-32}}{2} = \frac{6 \pm 2}{2}$$
$$x_2 = \frac{6-2}{2} = 2; \quad x_3 = \frac{6+2}{2} = 4$$

2. Schritt:

$f''(0) = 3 \cdot 0^2 - 12 \cdot 0 + 8 = 8 \quad > 0 \quad \rightarrow T$
$f''(2) = 3 \cdot 2^2 - 12 \cdot 2 + 8 = -4 \quad < 0 \quad \rightarrow H$
$f''(4) = 3 \cdot 4^2 - 12 \cdot 4 + 8 = 8 \quad > 0 \quad \rightarrow T$

3. Schritt:

$f(0) = 0{,}25 \cdot 1^4 - 2 \cdot 1^3 + 4 \cdot 1^2 - 1 = -1 \rightarrow T(0|-1)$
$f(2) = 0{,}25 \cdot 2^4 - 2 \cdot 2^3 + 4 \cdot 2^2 - 1 = 3 \rightarrow H(2|3)$
$f(4) = 0{,}25 \cdot 4^4 - 2 \cdot 4^3 + 4 \cdot 4^2 - 1 = -1 \rightarrow T(4|-1)$

c) 1. Schritt:

$$f''(x) = 0$$
$$3x^2 - 12x + 8 = 0$$

$$x_{1/2} = \frac{-(-12) \pm \sqrt{(-12)^2 - 4 \cdot 3 \cdot 8}}{2 \cdot 3} = \frac{12 \pm \sqrt{48}}{6}$$
$$x_1 = \frac{12 - \sqrt{48}}{6} \approx 0{,}85; \quad x_2 = \frac{12 + \sqrt{48}}{6} \approx 3{,}15$$

2. Schritt:

$f'''(x) = 6x - 12$
$f'''(0{,}85) \approx 6 \cdot 0{,}85 - 12 = -6{,}9 \quad \neq 0 \quad \rightarrow W$
$f'''(3{,}15) \approx 6 \cdot 3{,}15 - 12 = 6{,}9 \quad \neq 0 \quad \rightarrow W$

3. Schritt:

$f(0{,}85) = 0{,}25 \cdot 0{,}85^4 - 2 \cdot 0{,}85^3 + 4 \cdot 0{,}85^2 - 1$
$\approx 0{,}79 \qquad \rightarrow W_1(0{,}85|0{,}78)$
$f(3{,}15) = 0{,}25 \cdot 3{,}15^4 - 2 \cdot 3{,}15^3 + 4 \cdot 3{,}15^2 - 1$
$\approx 0{,}79 \qquad \rightarrow W_2(3{,}15|0{,}78)$

d) Steigungen in den Wendepunkten:
$f'(3{,}15) = 3{,}15^3 - 6 \cdot 3{,}15^2 + 8 \cdot 3{,}15 \approx -3{,}08 < 0$
$f'(0{,}85) = 0{,}85^3 - 6 \cdot 0{,}85^2 + 8 \cdot 0{,}85 \approx 3{,}08 > 0$
somit muss Wendetangente in $W_1(0{,}85|0{,}79)$ berechnet werden:

1. Berührpunkt: $W_1(0{,}85|0{,}79)$

2. Tangentensteigung berechnen
$f'(0{,}85) = 0{,}85^3 - 6 \cdot 0{,}85^2 + 8 \cdot 0{,}85 \approx 3{,}08 (= m_t)$

3. Tangentengleichung berechnen

$y = m_t \cdot x + b$
$0{,}79 = 3{,}08 \cdot 0{,}85 + b$
$0{,}79 = 2{,}62 + b \qquad |-2{,}62$
$-1{,}83 = b$
$\Rightarrow$ Tangente: $y = 3{,}08x - 1{,}83$

Aufgabe 21

a) Ansatz: $\frac{1}{3}x^3 - x^2 = 0$

$$x^2 \cdot \left(\frac{1}{3}x - 1\right) = 0$$

S. v. Nullpr.

$x^2 = 0 \quad |\sqrt{\ } \qquad \frac{1}{3}x - 1 = 0 \quad |+1$
$x_{1/2} = 0 \qquad \frac{1}{3}x = 1 \quad |\cdot 3$
$x_3 = 3$
$\rightarrow N_{1/2}(0|0); N_3(3|0)$

b) Ansatz: $f(0) = \frac{1}{3} \cdot 0^3 - 0^2 = 0$
$\rightarrow S_y(0|0)$

c)

$f(x) = \frac{1}{3}x^3 - x^2$

$f'(x) = x^2 - 2x$

$f''(x) = 2x - 2$

1. Schritt:

$$\begin{aligned} f'(x) &= 0 \\ x^2 - 2x &= 0 \\ x \cdot (x-2) &= 0 \end{aligned}$$

S. v. Nullpr.

$x_1 = 0 \qquad x - 2 = 0 \quad |+2$

$x_2 = 2$

2. Schritt:

$f''(0) = 2 \cdot 0 - 2 = -2 < 0 \quad \rightarrow \text{H}$

$f''(2) = 2 \cdot 2 - 2 = 4 - 2 = 2 > 0 \rightarrow \text{T}$

3. Schritt:

$f(0) = \frac{1}{3} \cdot (-1)^3 - 0^2 \quad \rightarrow \text{H}(0\,|\,0)$

$$\begin{aligned} f(2) &= \frac{1}{3} \cdot 2^3 - 1 \cdot 2^2 \\ &= \frac{8}{3} - 4 = -\frac{4}{3} \quad \rightarrow \text{T}\left(2\,|-\frac{4}{3}\right) \end{aligned}$$

d) 1. Schritt:

$$\begin{aligned} f''(x) &= 0 \\ 2x - 2 &= 0 \quad |+2 \\ 2x &= 2 \quad |:2 \\ x &= 1 \end{aligned}$$

2. Schritt:

$f'''(x) = 2$

$f'''(1) = 2 \neq 0 \rightarrow \text{W}$

3. Schritt:

$f(1) = \frac{1}{3} \cdot 1^3 - 1^2 = \frac{1}{3} - 1 = -\frac{2}{3} \rightarrow \text{W}\left(1\,|-\frac{2}{3}\right)$

Aufgabe 22

Untersuchung auf Extrempunkte:

$f(x) = -2e^{-x} - 4x$

$f'(x) = -2e^{-x} \cdot (-1) - 4 = 2e^{-x} - 4$

$f''(x) = -2e^{-x}$

1. Schritt:

$$\begin{aligned} f'(x) &= 0 \\ 2e^{-x} - 4 &= 0 \quad |+4 \\ 2e^{-x} &= 4 \quad |:2 \\ e^{-x} &= 2 \quad |\ln \\ -x &= \ln(2) \quad |\cdot(-1) \\ x &= -\ln(2) \approx -0{,}69 \end{aligned}$$

2. Schritt:

$$\begin{aligned} f''(-\ln(2)) &= -2e^{-(-\ln(2))} = -2e^{\ln(2)} \\ &= -2 \cdot 2 = -4 \quad < 0 \rightarrow \text{H} \end{aligned}$$

3. Schritt:

$$\begin{aligned} f(-\ln(2)) &= -2e^{-(-\ln(2))} - 4 \cdot (-\ln(2)) \\ &= -2e^{\ln(2)} + 4 \cdot \ln(2) = -2 \cdot 2 + 4 \cdot \ln(2) \\ &= -4 + 4 \cdot \ln(2) \approx -1{,}23 \end{aligned}$$

$\rightarrow \text{H}(-\ln(2)\,|-4+4\cdot\ln(2)) \approx \text{H}(-0{,}69\,|-1{,}23)$

Untersuchung auf Wendepunkte:

1. Schritt:

$$\begin{aligned} f''(x) &= 0 \\ -2e^{-x} &= 0 \quad |:(-2) \\ e^{-x} &= 0 \quad |\ln \end{aligned}$$

keine Lösung

Schaubild hat also keinen Wendepunkt

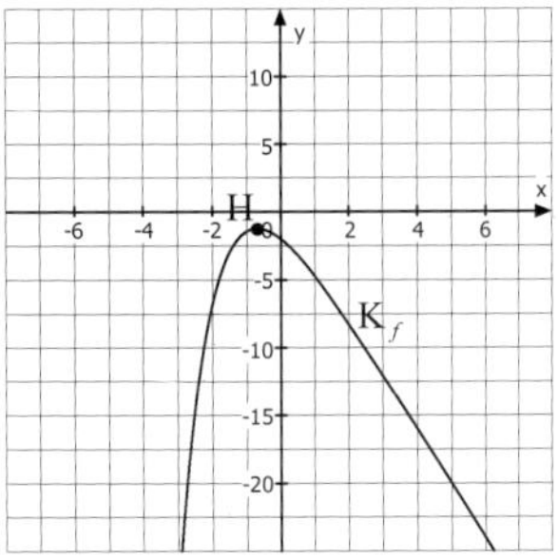

Aufgabe 23

Vorgehen: Da der x-Wert des Sattelpunktes gegeben ist, können die Eigenschaften eines Sattelpunktes $\left(f'(x)=0 \text{ und } f''(x)=0 \text{ und } f'''(x)\neq 0\right)$ schnell nachgewiesen werden:

$f(x)=\sin(x)+x$
$f'(x)=\cos(x)+1$
$f''(x)=-\sin(x)$
$f'''(x)=-\cos(x)$

Nachweis:
$f'(\pi)=\cos(\pi)+1=-1+1 \quad =0$
$f''(\pi)=-\sin(\pi) \quad =0$
$f'''(\pi)=-\cos(\pi)=-(-1)=1 \neq 0$
Somit liegt hier ein Sattelpunkt vor.

Aufgabe 24

Vorgehen:
Die ausführliche Version des Zusammenhanges zwischen den Schaubildern von Funktion und Ableitung enthält im Gegensatz zur NEW NEW NEW-Regel auch Informationen zu einem Sattelpunkt. Dies kann bei b) verwendet werden.

a)

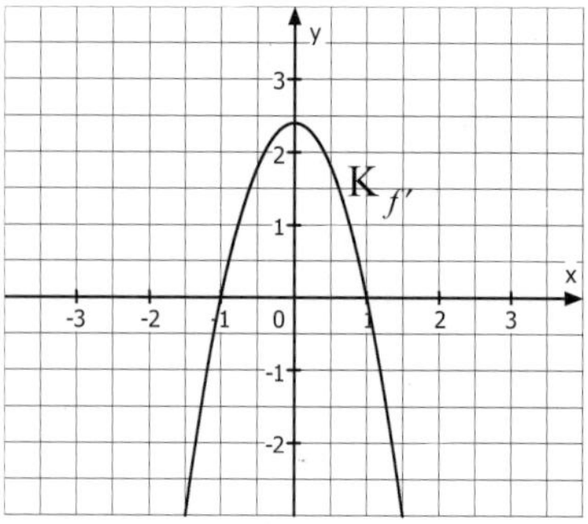

b)

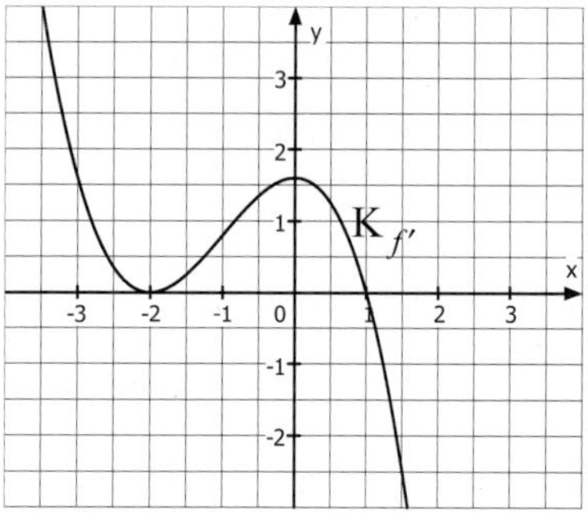

Aufgabe 25

a) wahr; Schaubild von f besitzt einen Sattelpunkt

b) wahr; Schaubild von f besitzt 2 Wendepunkte

c) falsch; das Schaubild von f müsste hier dann einen Wendepunkt aufweisen

d) falsch; das Schaubild von f hat hier eine negative Steigung

e) wahr; das Schaubild von f hat hier eine negative Steigung

f) richtig; das Schaubild von f hat hier einen Wendepunkt

g) falsch; das Schaubild von f ist hier linksgekrümmt (Fahrradfahrer). Deshalb gilt: $f''(-0,5)>0$

h) falsch; hierfür müsste das Schaubild von f symmetrisch zur y-Achse sein (S. 48)

Aufgabe 26

a) richtig; da das Schaubild von f' drei Nullstellen (mit Vorzeichenwechsel) aufweist.

b) falsch; das Schaubild von f' müsste dann 3 Extrempunkte aufweisen (bei Funktion 3. Grades unmöglich)

c) falsch; das Schaubild von f' müsste in diesem Fall einen Extrempunkt auf der x-Achse bzw. eine doppelte Nullstelle aufweisen

d) Ablesen aus Schaubild: $f'(0) = 0$, somit hat das Schaubild von f hier Steigung 0.

e) wahr; das Schaubild von f' verläuft hier im positiven Bereich, es gilt also: $f'(-1) > 0$.

f) richtig; das Schaubild von f' verläuft zwischen $x = -2$ und $x = -1$ im positiven Bereich. Somit ist das Schaubild von f hier ansteigend. Deshalb liegt bei $x = -1$ ein höherer y-Wert vor als bei $x = -2$.

g) falsch; hierfür müsste das Schaubild von $f'(x)$ symmetrisch zum Ursprung sein (S. 48)

Aufgabe 27

Ablesen: $N_{1/2/3}(0\,|\,0)$; $N_4(4\,|\,0)$; $P(-1\,|\,0{,}5)$

$f(x) = a \cdot x^3 \cdot (x-4)$

Weiteren Punkt $P(-1\,|\,0{,}5)$ einsetzen:

$$\begin{aligned} 0{,}5 &= a \cdot (-1)^3 \cdot (-1-4) \\ 0{,}5 &= a \cdot (-1) \cdot (-5) \\ 0{,}5 &= 5a \qquad |:5 \\ 0{,}1 &= a \end{aligned}$$

$\Rightarrow f(x) = 0{,}1 \cdot x^3 \cdot (x-4)$

Aufgabe 28

Allg. Ansatz: $f(x) = ax^4 + cx^2 + e$
(nur gerade Hochzahlen, da symmetrisch zur y-Achse)

$$\begin{aligned} f'(x) &= 4ax^3 + 2cx \\ f''(x) &= 12ax^2 + 2c \end{aligned}$$

$P(0\,|\,2)$ (*Punktprobe*): $f(0) = 2$
$e = 2$

$T(1\,|\,0)$ (*Punktprobe*): $f(1) = 0$
$a + c + e = 0 \Rightarrow a + c = -2$

$T(1\,|\,0)$ (*Bed.* $f'(x) = 0$): $f'(1) = 0$
$4a + 2c = 0$

LGS für die Unbekannen a und c:

$$\left(\begin{array}{cc|c} 1 & 1 & -2 \\ 4 & 2 & 0 \end{array}\right) \sim \left(\begin{array}{cc|c} 1 & 1 & -2 \\ 0 & 2 & -8 \end{array}\right)$$

$$\begin{aligned} \text{II}: \; 2c &= -8 \\ c &= -4 \end{aligned}$$

$$\begin{aligned} \text{in I}: \; a + (-4) &= -2 \\ a &= 2 \end{aligned}$$

Man erhält: $f(x) = 2x^4 - 4x^2 + 2$

Aufgabe 29

Allg. Ansatz: $f(x) = ax^3 + cx$
(nur ungerade Hochzahlen, da symmetrisch zum Ursprung)

$$\begin{aligned} f'(x) &= 3ax^2 + c \\ f''(x) &= 6ax \end{aligned}$$

Steigung 4 *im* Ursprung: $f'(0) = 4$
$3a \cdot 0^2 + c = 4 \Rightarrow c = 4$

$P(-2\,|\,0)$ (*Punktprobe*): $f(-2) = 0$

$$\begin{aligned} a \cdot (-2)^3 + c \cdot (-2) &= 0 \\ -8a - 2c &= 0 \end{aligned}$$

Einsetzen von $c = 4$: $-8a - 2 \cdot 4 = 0 \Leftrightarrow$
$-8a = 8 \Rightarrow a = -1$

Man erhält: $f(x) = -x^3 + 4x$

Aufgabe 30

Schaubild besitzt an der Stelle 2 eine waagrechte Tangente:
$f'(2) = 0$

Schaubild besitzt den Wendepunkt $W(1\,|\,-2)$:
$f(1) = -2$ und $f''(1) = 0$

Schaubild besitzt den Sattelpunkt $S(-4\,|\,5)$:
$f(-4) = 5$ und $f'(-4) = 0$ und $f''(-4) = 0$

Schaubild berührt an der Stelle 2 die x-Achse:
$f(2)=0$ und $f'(2)=0$

Schaubild ist achsensymmetrisch zur y-Achse:
$f(x)$ enthält nur gerade Hochzahlen

Schaubild besitzt an der Stelle 2 eine Steigung von 4: $f'(2)=4$

Schaubild schneidet das Schaubild der bekannten Funktion $g(x)$ an der Stelle 2:
$f(2)=g(2)$

Schaubild verläuft an der Stelle 3 parallel zur Geraden $y=-2x+3$:
$f'(3)=-2$

Aufgabe 31

a) Hier sollte eine Exponentialfunktion verwendet werden, da ein starker Wachstumsprozess mit einem (für große x-Werte) sehr steilen Schaubild vorliegt. Zudem ist das Kennzeichen eines exponentiellen Wachstumsprozesses anzutreffen:
Je mehr Computer schon infiziert sind (y-Wert), desto größer ist der Zuwachs an infizierten Computern (Steigung).

b) Regression am WTR führt (näherungsweise) zu:
$f(x)=0{,}9626\cdot 3{,}0148^x$
($f(x)=0{,}9626\cdot e^{1{,}1035\cdot x}$, da $\ln(3{,}0148)\approx 1{,}1035$)

c) Das Bestimmtheitsmaß bewertet die Güte der Regression, also wie gut die Kurve zur Punktwolke „passt".
Der Wert von r^2 liegt nahe bei 1, somit „passt" die Kurve in diesem Fall sehr gut zu den Punkten.

Aufgabe 32

1. Skizze machen.

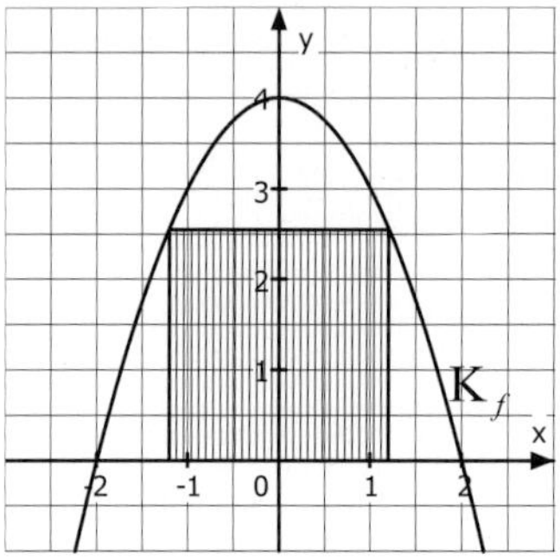

2. Koordinaten möglichst vieler relevanter Punkte (eventuell in Abhängigkeit von u) angeben.

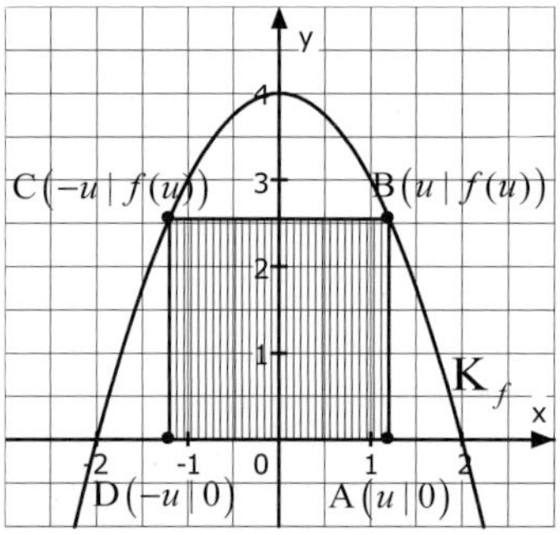

3. Allgemeine Zielfunktion bestimmen.
$U=2\cdot a+2\cdot b$

4. Benötigte Strecken $(a,\ b)$ für die Formel in die Skizze einzeichnen.

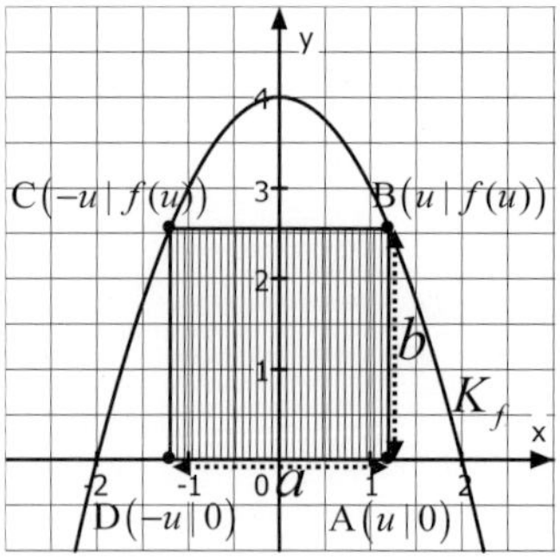

5. Streckenlängen durch die Koordinaten der Punkte aus 2. ausdrücken.

Hierbei beachten:
- horizontale Streckenlänge: $x_{\text{rechts}} - x_{\text{links}}$
- vertikale Streckenlänge: $y_{\text{oben}} - y_{\text{unten}}$

Funktionsterm aus Aufgabe einsetzen.

$$\begin{aligned} U(u) &= 2 \cdot a + 2 \cdot b \\ &= 2 \cdot (u - (-u)) + 2 \cdot (f(u) - 0) \\ &= 2 \cdot (u + u) + 2 \cdot (-u^2 + 4) \\ &= 2 \cdot (2u) - 2u^2 + 8 \\ &= 4u - 2u^2 + 8 \\ &= -2u^2 + 4u + 8 \text{ (Konkrete Zielfunktion)} \end{aligned}$$

6. Schaubild der Konkreten Zielfunktion auf Hochpunkt untersuchen:

$U'(u) = -4u + 4;$
$U''(u) = -4$

$$\begin{aligned} U'(u) &= 0 \\ -4u + 4 &= 0 \\ u &= 1 \end{aligned}$$

$U''(1) = -4 < 0 \rightarrow H$

$U(1) = -2 \cdot 1^2 + 4 \cdot 1 + 8 = 10 \rightarrow H(1 \mid 10)$

7. Randwertuntersuchung

Die Randwerte für u sind in der Aufgabenstellung nicht explizit genannt, ergeben sich aber aus der Beschreibung:

$u > 0$ (sonst verschwindet Rechtecksseite a)
$u < 2$ (sonst befinden sich die Eckpunkte nicht zwischen den Schnittpunkten von K_f mit der x-Achse)

Wenn u gegen 0 strebt, strebt $U(u)$ gegen 8 (< 10!).
($u = 0$ darf nicht in die Zielfunktion eingesetzt werden, da $u > 0$ gilt.
Stattdessen: $U(0{,}0001) = 8{,}0004$)

Wenn u gegen 2 strebt, strebt $U(u)$ gegen 8 (< 10!).
($U(1{,}999) = 8{,}0004$)

8. Antwortsatz

Für $u = 1$ wird der Umfang des Rechtecks maximal. Dieser beträgt dann 10 Längeneinheiten.

Aufgabe 33

1. Extremwertaufgabe hat zugehörige Zielfunktion:
E: $u \cdot f(u)$
(Formel für den Flächeninhalt eines Rechtecks:
$A = a \cdot b$)

2. Extremwertaufgabe hat zugehörige Zielfunktion:
C: $\sqrt{(u-1)^2 + (f(u))^2}$
(Formel für Abstand zwischen zwei Punkten:
$\overline{PQ} = \sqrt{(x_2 - x_1)^2 + (y_2 - y_1)^2}$)

3. Extremwertaufgabe hat zugehörige Zielfunktion:
A: $\frac{1}{2} \cdot (u-1) \cdot f(u) \quad (u > 1)$
(Formel für Flächeninhalt eines rechtwinkligen Dreiecks: $A = \frac{1}{2} \cdot a \cdot b$)

4. Extremwertaufgabe hat zugehörige Zielfunktion:
B: $f(u) - g(u)$
(Formel für Abstand zwischen zwei übereinanderliegenden Punkten: $\overline{PQ} = y_{\text{oben}} - y_{\text{unten}}$)

5. Extremwertaufgabe hat zugehörige Zielfunktion:
D: $\frac{1}{2} \cdot u \cdot (f(u) - 1) \quad (f(u) > 1)$
(Formel für Flächeninhalt eines rechtwinkligen Dreiecks: $A = \frac{1}{2} \cdot a \cdot b$)

6. Extremwertaufgabe hat zugehörige Zielfunktion:
F: $2 \cdot u + 2 \cdot f(u)$
(Formel für den Umfang eines Rechtecks:
$U = 2a + 2b$)

4. Integralrechnung

Aufgabe 34

a) $F(x) = -\frac{1}{4}x^4 + x$

(Ebenso wäre z.B. $F(x) = -\frac{1}{4}x^4 + x + 4$ eine zugehörige Stammfunktion, da der hintere Summand beim Ableiten verschwindet.)

b) $F(x) = \frac{1}{10}x^5 - \frac{1}{2}x^2 + x$

c) $F(x) = 2e^{x-3} - 4x$

d) $F(x) = 2e^{2x-3} \cdot \frac{1}{2} - 4x = e^{2x-3} - 4x$

e) $F(x) = \sin(4x-4) \cdot \frac{1}{4} = \frac{1}{4}\sin(4x-4)$

f) $F(x) = \frac{1}{5} \cdot (1-4x)^5 \cdot \frac{1}{-4} = -\frac{1}{20} \cdot (1-4x)^5$

g) $F(x) = \frac{1}{3} \cdot x^3 + 2e^{2x} \cdot \frac{1}{2} = \frac{1}{3}x^3 + e^{2x}$

h) $F(x) = -\cos(3x-5) \cdot \frac{1}{3} = -\frac{1}{3}\cos(3x-5)$

i) $F(x) = \frac{1}{5} \cdot (3x-2)^5 \cdot \frac{1}{3} = \frac{1}{15} \cdot (3x-2)^5$

j) $F(x) = \frac{0,5}{6}x^6 - \frac{2}{4}x^4 - \frac{1}{2} \cdot x^2$

$= \frac{1}{12}x^6 - \frac{1}{2}x^4 - \frac{1}{2}x^2$

k) $F(x) = -\frac{1}{4}x^4 - 2x + \frac{1}{2}x^2$

l) $F(x) = -e^{-2x} \cdot \frac{1}{-2} - x^2 = \frac{1}{2}e^{-2x} - x^2$

m) $F(x) = \cos(6x) \cdot \frac{1}{6} = \frac{1}{6}\cos(6x)$

n) $F(x) = -\frac{2}{5}x^5 + e^x$

o) $F(x) = -\frac{1}{4}x^4 + x^2$

p) $F(x) = x^4 - e^{-x} \cdot \frac{1}{-1} = x^4 + e^{-x}$

q) $F(x) = -e^{1-2x} \cdot \frac{1}{-2} + \frac{1}{2}x^2 = \frac{1}{2}e^{1-2x} + \frac{1}{2}x^2$

r) $F(x) = e^{ax+b} \cdot \frac{1}{a} = \frac{1}{a}e^{ax+b}$

s) $F(x) = \cos(2ax-b) \cdot \frac{1}{2a}$

t) $f(x) = x \cdot (1-x) = x - x^2$;

$F(x) = \frac{1}{2}x^2 - \frac{1}{3}x^3$

u) $F(x) = \frac{1}{5} \cdot (ax-b)^5 \cdot \frac{1}{a} = \frac{1}{5a} \cdot (ax-b)^5$

Aufgabe 35

a) Die Funktionsterme aller Stammfunktionen unterscheiden sich nur durch den Wert des „hinteren Summanden“ (Integrationskonstante). Dieser verschwindet jedoch beim Ableiten.

b) Die Integrationskonstante verschiebt die Schaubilder der Stammfunktionen nur nach oben bzw. unten.
An jedem x-Wert weisen jedoch alle Schaubilder die gleiche Steigung auf.

c) Die allg. Stammfunktion von $f(x) = x^2 - 8x$ lautet: $F(x) = \frac{1}{3}x^3 - \frac{8}{2}x^2 + c.$
Die Punktprobe mit $P(3 \mid -31)$ führt zum benötigten Wert der Integrationskonstanten:

$-31 = \frac{1}{3} \cdot 3^3 - \frac{8}{2} \cdot 3^2 + c$

$-31 = 9 - 36 + c$

$-4 = c \qquad \Rightarrow F(x) = \frac{1}{3}x^3 - \frac{8}{2}x^2 - 4$

Aufgabe 36

- S. 48 für den Zusammenhang zwischen den Schaubildern der Stammfunktion $F(x)$ und der Funktion $f(x)$.

- An jedem x-Wert, an welchem das Schaubild von $F(x)$ einen Extrempunkt aufweist, besitzt das Schaubild von $f(x)$ eine Nullstelle.

Links: K_H Mitte: K_F Rechts: K_G

Aufgabe 37

a) $A = \int_0^2 f(x)\,dx = \int_0^2 \left(-2x^3 + 4x^2\right)dx$

$= \left[-\frac{2}{4}x^4 + \frac{4}{3}x^3\right]_0^2 = -\frac{2}{4}\cdot 2^4 + \frac{4}{3}\cdot 2^3 - \left(-\frac{2}{4}\cdot 0^4 + \frac{4}{3}\cdot 0\right)$

$= \frac{8}{3} - 0 = \frac{8}{3}$ FE

b) $A = \int_{-1,5}^{1,5} (-f(x))\,dx = \int_{-1,5}^{1,5} \left(-\left(-2\cos\left(\frac{\pi}{3}x\right)\right)\right)dx$

$\int_{-1,5}^{1,5} \left(2\cos\left(\frac{\pi}{3}x\right)\right)dx = \left[2\sin\left(\frac{\pi}{3}x\right)\cdot\frac{1}{\frac{\pi}{3}}\right]_{-1,5}^{1,5}$

$= \left[2\sin\left(\frac{\pi}{3}x\right)\cdot\frac{3}{\pi}\right]_{-1,5}^{1,5} = \left[\frac{6}{\pi}\sin\left(\frac{\pi}{3}x\right)\right]_{-1,5}^{1,5}$

$= \frac{6}{\pi}\sin\left(\frac{\pi}{3}\cdot 1,5\right) - \left(\frac{6}{\pi}\sin\left(\frac{\pi}{3}\cdot(-1,5)\right)\right)$

$\approx 1,91 - (-1,91) \approx 3,82$ FE

c) Zusammengesetzte Fläche

1. Nullstelle bestimmen

$f(x) = 0$

$-e^{0,5x+1} + 2 = 0 \quad | +e^{0,5x+1}$

$2 = e^{0,5x+1} \quad | \ln(\,)$

$\ln(2) = 0,5x + 1 \quad | -1$

$-0,31 \approx 0,5x \quad | :0,5$

$-0,62 \approx x$

2. Teilflächeninhalte bestimmen und 3. Gesamtflächeninhalt bestimmen

$A \approx A_1 + A_2 \approx \int_{-3}^{-0,62} f(x)\,dx + \int_{-0,62}^{1} -f(x)\,dx$

$\approx \int_{-3}^{-0,62} \left(-e^{0,5x+1} + 2\right)dx + \int_{-0,62}^{1} \left(-\left(-e^{0,5x+1} + 2\right)\right)dx$

$\approx \left[-e^{0,5x+1}\cdot\frac{1}{0,5} + 2x\right]_{-3}^{-0,62} + \left[e^{0,5x+1}\cdot\frac{1}{0,5} - 2x\right]_{-0,62}^{1}$

$\approx -e^{0,5\cdot(-0,62)+1}\cdot\frac{1}{0,5} + 2\cdot(-0,62) -$

$\left(-e^{0,5\cdot(-3)+1}\cdot\frac{1}{0,5} + 2\cdot(-3)\right) + e^{0,5\cdot 1+1}\cdot\frac{1}{0,5} - 2\cdot 1 -$

$\left(e^{0,5\cdot(-0,62)+1}\cdot\frac{1}{0,5} - 2\cdot(-0,62)\right)$

$\approx -5,22 - (-7,21) + 6,96 - 5,22$

$\approx 1,99 + 1,74 \approx 3,73$ FE

d) $A = \int_0^{2,5} (g(x) - f(x))\,dx$

$= \int_0^{2,5} \left(0,5x^3 - 1,25x^2 + 1 - \left(2x^2 - 5x + 1\right)\right)dx$

$= \int_0^{2,5} \left(0,5x^3 - 1,25x^2 + 1 - 2x^2 + 5x - 1\right)dx$

$= \int_0^{2,5} \left(0,5x^3 - 3,25x^2 + 5x\right)dx$

$= \left[\frac{0,5}{4}x^4 - \frac{3,25}{3}x^3 + \frac{5}{2}x^2\right]_0^{2,5}$

$= \frac{0,5}{4}\cdot 2,5^4 - \frac{3,25}{3}\cdot 2,5^3 + \frac{5}{2}\cdot 2,5^2 -$

$\left(\frac{0,5}{4}\cdot 0^4 - \frac{3,25}{3}\cdot 0^3 + \frac{5}{2}\cdot 0^2\right)$

$\approx 3,58$ FE

e) Zusammengesetzte Fläche

1. Schnittstellen bestimmen

$f(x) = g(x)$

$0,5x^3 = 0,3x^2 + 1,08x$

$0,5x^3 - 0,3x^2 - 1,08x = 0$

$x\cdot\left(0,5x^2 - 0,3x - 1,08\right) = 0$

S. v. Nullpr.

$x_1 = 0 \qquad 0,5x^2 - 0,3x - 1,08 = 0$

$x_{2/3} = \frac{-(-0,3) \pm \sqrt{(-0,3)^2 - 4\cdot 0,5\cdot(-1,08)}}{2\cdot 0,5}$

$= \frac{0,3 \pm \sqrt{2,25}}{1}$

$= 0,3 \pm 1,5$

$x_2 = 0,3 + 1,5 = 1,8;$

$x_3 = 0,3 - 1,5 = -1,2$

2. Teilflächeninhalte bestimmen und
3. Gesamtflächeninhalt bestimmen

$A = A_1 + A_2$

$= \int_{-1,2}^{0} (f(x) - g(x))\,dx + \int_0^{1,8} (g(x) - f(x))\,dx$

$= \int_{-1,2}^{0} \left(0,5x^3 - \left(0,3x^2 + 1,08x\right)\right)dx +$

$\int_0^{1,8} \left(0,3x^2 + 1,08x - \left(0,5x^3\right)\right)dx$

$= \int_{-1,2}^{0} \left(0,5x^3 - 0,3x^2 - 1,08x\right)dx +$

$\int_0^{1,8} \left(0,3x^2 + 1,08x - 0,5x^3\right)dx$

$$=\left[\frac{0,5}{4}x^4-\frac{0,3}{3}x^3-\frac{1,08}{2}x^2\right]_{-1,2}^{0}+$$
$$\left[\frac{0,3}{3}x^3+\frac{1,08}{2}x^2-\frac{0,5}{4}x^4\right]_{0}^{1,8}$$
$$=\frac{0,5}{4}\cdot 0^4-\frac{0,3}{3}\cdot 0^3-\frac{1,08}{2}\cdot 0^2-$$
$$\left(\frac{0,5}{4}\cdot(-1,2)^4-\frac{0,3}{3}\cdot(-1,2)^3-\frac{1,08}{2}\cdot(-1,2)^2\right)+$$
$$\frac{0,3}{3}\cdot 1,8^3+\frac{1,08}{2}\cdot 1,8^2-\frac{0,5}{4}\cdot 1,8^4-$$
$$\left(\frac{0,3}{3}\cdot 0^3+\frac{1,08}{2}\cdot 0^2-\frac{0,5}{4}\cdot 0^4\right)$$
$$\approx 0-(-0,35)+1,02-0\approx 0,35+1,02\approx 1,37\text{ FE}$$

Aufgabe 38

a) $\int_{0,7}^{2,9}(f(x)-g(x))\,dx=1,5\text{ FE}$

Inhalt der Fläche A_2 wird berechnet.

b) $\int_{2,9}^{4,9}(f(x)-g(x))\,dx=-1,7$

Problem: Falsche Reihenfolge der Funktionen.

c) $\int_{-1,8}^{2,9}(f(x)-g(x))\,dx=-4,1+1,5=-2,6$

Problem: Es wird über eine Schnittstelle hinwegintegriert.

d) $\int_{-1,8}^{4,9}(g(x)-f(x))\,dx=4,1-1,5+1,7=4,3\text{ FE}$

Problem: Es wird über zwei Schnittstellen hinwegintegriert.

e) $\int_{-1,8}^{0,7}(g(x)-f(x))\,dx+\int_{0,7}^{2,9}(f(x)-g(x))\,dx$
$+\int_{2,9}^{4,9}(g(x)-f(x))\,dx=4,1+1,5+1,7=7,3\text{ FE}$

Inhalt der Fläche $A_1+A_2+A_3$ wird berechnet.

f) $\int_{-1,8}^{2,9}g(x)-f(x)\,dx=4,1-1,5=2,6\text{ FE}$

Problem: Es wird über eine Schnittstelle hinwegintegriert.

g) $\int_{4,9}^{2,9}(g(x)-f(x))\,dx=-1,7$

Problem: Grenzen wurden vertauscht.

Aufgabe 39

a) $V_{rot}=\pi\cdot\int_0^2(f(x))^2\,dx=\pi\cdot\int_0^2\left(-\frac{3}{4}x^2+3\right)^2dx$

$$=\pi\cdot\int_0^2\left(3-\frac{3}{4}x^2\right)^2dx$$
$$=\pi\cdot\int_0^2\left(9-\frac{9}{2}x^2+\frac{9}{16}x^4\right)dx\ \text{(2. Binomische Formel)}$$
$$=\pi\cdot\left[9x-\frac{9}{6}x^3+\frac{9}{80}x^5\right]_0^2$$
$$=\pi\cdot\left(9\cdot 2-\frac{9}{6}\cdot 2^3+\frac{9}{80}\cdot 2^5-\left(9\cdot 0-\frac{9}{6}\cdot 0^3+\frac{9}{80}\cdot 0^5\right)\right)$$
$$=\pi\cdot\left(\frac{48}{5}-(0)\right)\approx 30,16\text{ VE}$$

b) $V_{rot}=\pi\cdot\int_0^{1,5}(f(x))^2\,dx-\pi\cdot\int_0^{1,5}(g(x))^2\,dx$

$$=\pi\cdot\int_0^{1,5}\left(-\frac{3}{4}x^2+3\right)^2dx-\pi\cdot\int_0^{1,5}\left(\frac{7}{8}x\right)^2dx$$
$$=\pi\cdot\int_0^{1,5}\left(3-\frac{3}{4}x^2\right)^2dx-\pi\cdot\int_0^{1,5}\left(\frac{7}{8}x\right)^2dx$$
$$=\pi\cdot\int_0^{1,5}\left(9-\frac{9}{2}x^2+\frac{9}{16}x^4\right)dx-\pi\cdot\int_0^{1,5}\left(\frac{49}{64}x^2\right)dx$$
$$=\pi\cdot\left[9x-\frac{9}{6}x^3+\frac{9}{80}x^5\right]_0^{1,5}-\pi\cdot\left[\frac{49}{192}x^3\right]_0^{1,5}$$
$$=\pi\cdot\left(9\cdot 1,5-\frac{9}{6}\cdot 1,5^3+\frac{9}{80}\cdot 1,5^5-\left(9\cdot 0-\frac{9}{6}\cdot 0^3+\frac{9}{80}\cdot 0^5\right)\right)$$
$$-\pi\cdot\left(\frac{49}{192}\cdot 1,5^3-\left(\frac{49}{192}\cdot 0^3\right)\right)$$
$$\approx\pi\cdot(9,29-0)-\pi\cdot(0,86-0)$$
$$\approx 29,19-2,70\approx 26,49\text{ VE}$$

Aufgabe 40

Vase wird um 90° nach rechts gedreht;

a) $V_{rot}=\pi\cdot\int_0^{14}(f(x))^2\,dx=\pi\cdot\int_0^{14}\left(\sqrt{x+2}\right)^2dx$

$$=\pi\cdot\int_0^{14}(x+2)\,dx=\pi\cdot\left[\frac{1}{2}x^2+2x\right]_0^{14}$$
$$=\pi\cdot\left(\frac{1}{2}\cdot 14^2+2\cdot 14-\left(\frac{1}{2}\cdot 0^2+2\cdot 0\right)\right)$$
$$=126\pi\approx 395,84\text{ VE}$$

b) $g(x)=\sqrt{x+2}+1$

c) $V_{rot}=\pi\cdot\int\limits_0^{14}(g(x))^2\,dx-\pi\cdot\int\limits_0^{14}(f(x))^2\,dx$

Aufgabe 41

a) Hierzu wird der Mittelwert der Funktion mit Hilfe der Integralrechnung berechnet.

$$\overline{m}=\frac{1}{2-(-1)}\cdot\int\limits_{-1}^{2}(f(x))\,dx=\frac{1}{2+1}\cdot\int\limits_{-1}^{2}(2\sin(x))\,dx$$
$$=\frac{1}{3}\cdot[-2\cos(x)]_{-1}^{2}=\frac{1}{3}\cdot(-2\cos(2)-(-2\cos(-1)))$$
$$\approx\frac{1}{3}\cdot(0{,}83-(-1{,}08))\approx\frac{1}{3}\cdot(1{,}91)\approx0{,}64$$

b) Bereich: $x=-\pi$ bis $x=\pi$
Grund: Positive und negative y-Werte gleichen sich hier genau aus. Der mittlere y-Wert ist also 0.

c) $f'(x)=2\cos(x)$

Lösungsweg 1 (S. 64)
Zur Berechnung der mittleren Steigung wird der Mittelwert der Ableitungsfunktion berechnet.

$$\text{Mittlere Steigung}=\frac{1}{2-(-1)}\cdot\int\limits_{-1}^{2}(f'(x))\,dx$$
$$=\frac{1}{2+1}\cdot\int\limits_{-1}^{2}(2\cos(x))\,dx=\frac{1}{3}\cdot[2\sin(x)]_{-1}^{2}$$
$$=\frac{1}{3}\cdot(2\sin(2)-(2\sin(-1)))$$
$$=\frac{1}{3}\cdot(1{,}82-(-1{,}68))=\frac{1}{3}\cdot(3{,}5)=1{,}17$$

Lösungsweg 2 (S. 64)
Alternativ kann die Sekantensteigung berechnet werden.

$$\text{Mittlere Steigung}=\frac{y_2-y_1}{x_2-x_1}=\frac{f(2)-f(-1)}{2-(-1)}$$
$$=\frac{2\sin(2)-2\sin(-1)}{2-(-1)}=\frac{1{,}82-(-1{,}68)}{3}=1{,}17$$

d) Bereich: $x=0$ bis $x=\pi$
Grund: Positive und negative Steigungswerte gleichen sich hier genau aus. Die mittlere Steigung ist also 0.

e) $\text{Mittlere Abweichung}=\frac{1}{1{,}5-0}\cdot\int\limits_0^{1{,}5}(f(x)-g(x))\,dx$

$$=\frac{1}{1{,}5}\cdot\int\limits_0^{1{,}5}(2\sin(x)-x)\,dx=\frac{1}{1{,}5}\cdot\left[-2\cos(x)-\frac{1}{2}x^2\right]_0^{1{,}5}$$
$$=\frac{1}{1{,}5}\cdot\left(-2\cos(1{,}5)-\frac{1}{2}\cdot1{,}5^2-\left(-2\cos(0)-\frac{1}{2}\cdot0^2\right)\right)$$
$$\approx\frac{1}{1{,}5}\cdot(-1{,}27-(-2))\approx0{,}49$$

Aufgabe 42

a) Hierzu wird der Mittelwert der Funktion mithilfe der Integralrechnung berechnet.

$$\overline{m}=\frac{1}{24-0}\cdot\int\limits_0^{24}(f(t))\,dt$$
$$=\frac{1}{24}\cdot\int\limits_0^{24}\left(-0{,}008x^3+0{,}18x^2+5\right)dt$$
$$=\frac{1}{24}\cdot\left[-\frac{0{,}008}{4}x^4+\frac{0{,}18}{3}x^3+5x\right]_0^{24}$$
$$=\frac{1}{24}\cdot\left(-\frac{0{,}008}{4}\cdot24^4+\frac{0{,}18}{3}\cdot24^3+5\cdot24-\right.$$
$$\left.\left(-\frac{0{,}008}{4}\cdot0^4+\frac{0{,}18}{3}\cdot0^3+5\cdot0\right)\right)$$
$$\approx\frac{1}{24}\cdot(285{,}89-0)\approx11{,}91\,°C$$

b)

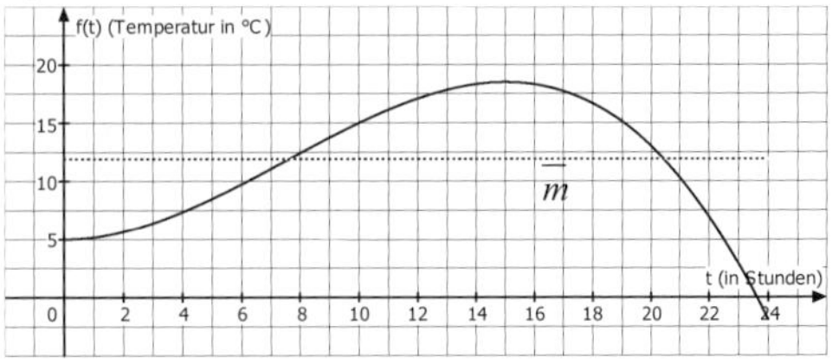

Aufgabe 43

Die linke Grenze liegt „unendlich weit links", somit liegt hier ein uneigentliches Integral vor.

1. Unbekannte Grenze als b bezeichnen, damit Flächeninhalt A(b) bestimmen

$$A(b)=\int_b^1 (f(x)-g(x))\,dx=\int_b^1 \left(e^{0,75x}+0,5x-(0,5x)\right)dx$$

$$=\int_b^1 \left(e^{0,75x}\right)dx=\left[e^{0,75x}\cdot\frac{1}{0,75}\right]_b^1=\left[\frac{4}{3}e^{0,75x}\right]_b^1$$

$$=\frac{4}{3}e^{0,75\cdot 1}-\left(\frac{4}{3}e^{0,75\cdot b}\right)=\frac{4}{3}e^{0,75}-\left(\frac{4}{3}e^{0,75\cdot b}\right)$$

$$\approx 2,82-\frac{4}{3}e^{0,75\cdot b}$$

2. A(b) untersuchen, wenn b gegen $-\infty$ strebt

(z.B. $b=-1000$

$A(-1000)=2,82-\frac{4}{3}e^{0,75\cdot(-1000)}\approx 2,82-0\approx 2,82$)

$b\rightarrow-\infty$:

$$A(b)=2,82-\frac{4}{3}e^{0,75\cdot b}=2,82-0=2,82 \text{ FE}$$

(ganz genau: A(b) strebt gegen $\frac{4}{3}e^{0,75}$ FE)

5. Anwendungsorientierte Aufgaben

Aufgabe 44

a) $f(3)=0,5\cdot 3^3-6,5\cdot 3^2+20\cdot 3+42=57$

Zu diesem Zeitpunkt liegt ein Kurs von 57 Punkten vor.

b) $f(t)=36$

(Gleichung ist nicht „von Hand" lösbar.)

Ablesen: $t_1=6$; $t_2\approx 7,3$

c) $f(t)=40$

Gleichung ist nicht „von Hand" lösbar.)

Ablesen: $t_1\approx 5,3$; $t_2\approx 7,8$

Zeitraum: $7,8-5,3=2,5$

Über einen Zeitraum von ca. $2,5\ s$ liegt ein Kurs von weniger als 40 Punkten vor.

d) Am Tiefpunkt des Schaubildes liegt der geringste Aktienkurs vor:

$f(t)=0,5t^3-6,5t^2+20t+42$

$f'(t)=1,5t^2-13t+20$

$f''(t)=3t-13$

1. Schritt:

$$f'(t)=0$$

$$1,5t^2-13t+20=0$$

$$t_{1/2}=\frac{-(-13)\pm\sqrt{(-13)^2-4\cdot 1,5\cdot 20}}{2\cdot 1,5}$$

$$=\frac{13\pm\sqrt{49}}{3}=\frac{13\pm 7}{3}$$

$$t_1=\frac{13+7}{3}=\frac{20}{3};$$

$$t_2=\frac{13-7}{3}=\frac{6}{3}=2$$

2. Schritt:

$$f_t''\left(\frac{20}{3}\right)=3\cdot\frac{20}{3}-13=7>0 \quad\rightarrow \text{T}$$

$$\left(f_t''(2)\ =3\cdot 2-13=-7<0 \quad\rightarrow \text{H}\right)$$

3. Schritt:

$$f\left(\frac{20}{3}\right)=0,5\cdot\left(\frac{20}{3}\right)^3-6,5\cdot\left(\frac{20}{3}\right)^2+20\cdot\left(\frac{20}{3}\right)+42$$

$$=34,59 \quad\rightarrow \text{T}\left(\frac{20}{3}\,|\,34,59\right)$$

Nach $\frac{20}{3}\approx 6,67\ s$ liegt der geringste Aktienkurs von 34,59 Punkten vor.

e) Die Zu- bzw. Abnahme des Aktienkurses wird durch die Steigung des Schaubildes dargestellt. Die Ableitungsfunktion gibt also die Änderung des Aktienkurses an.

Mit Hilfe der Ableitungsfunktion wird die Steigung an den beiden t-Werten verglichen.

$f'(1)=1,5\cdot 1^2-13\cdot 1+20=8,5$

$f'(7,7)=1,5\cdot 7,7^2-13\cdot 7,7+20=8,84$

Somit nimmt der Kurs zum Zeitpunkt $7,7\ s$ stärker zu.

f) Hierzu muss der Tiefpunkt der Ableitungsfunktion bestimmt werden (Wendepunkt von $f(t)$).

$f'(t)=1,5t^2-13t+20$

$f''(t)=3t-13$ (1. Ableitung der Funktion $f'(t)$)

$f'''(t)=3$ (2. Ableitung der Funktion $f'(t)$)

1. Schritt:

$$f''(t) = 0$$
$$3t - 13 = 0 \quad |+13$$
$$3t = 13 \quad |:3$$
$$t = \frac{13}{3} \approx 4,33$$

2. Schritt:

$$f'''\left(\frac{13}{3}\right) = 3 > 0 \quad \rightarrow \text{T}$$

Zum Zeitpunkt 4,33 s nimmt der Kurs am stärksten ab.

g) Hierzu wird der Mittelwert der Funktion mit Hilfe der Integralrechnung berechnet.

$$\overline{m} = \frac{1}{7-1} \cdot \int_1^7 (f(t))\, dt$$
$$= \frac{1}{6} \cdot \int_1^7 \left(0,5t^3 - 6,5t^2 + 20t + 42\right) dt$$
$$= \frac{1}{6} \cdot \left[\frac{0,5}{4}t^4 - \frac{6,5}{3}t^3 + \frac{20}{2}t^2 + 42t\right]_1^7$$
$$= \frac{1}{6} \cdot \left(\frac{0,5}{4} \cdot 7^4 - \frac{6,5}{3} \cdot 7^3 + \frac{20}{2} \cdot 7^2 + 42 \cdot 7 - \left(\frac{0,5}{4} \cdot 1^4 - \frac{6,5}{3} \cdot 1^3 + \frac{20}{2} \cdot 1^2 + 42 \cdot 1\right)\right)$$
$$= \frac{1}{6} \cdot (340,96 - 49,96) = 48,5$$

Der mittlere Kurs in diesem Zeitraum beträgt 48,5 Punkte.

h) Die Ableitungsfunktion gibt die Änderung des Aktienkurses an.

Lösungsweg 1:

Zur Berechnung der mittleren Abnahme wird der Mittelwert der Ableitungsfunktion berechnet.

$$\overline{m} = \frac{1}{6-2} \cdot \int_2^6 (f'(t))\, dt$$
$$= \frac{1}{4} \cdot \int_2^6 \left(1,5t^2 - 13t + 20\right) dt$$
$$= \frac{1}{4} \cdot \left[\frac{1,5}{3}t^3 - \frac{13}{2}t^2 + 20t\right]_2^6$$
$$= \frac{1}{4} \cdot \left(\frac{1,5}{3} \cdot 6^3 - \frac{13}{2} \cdot 6^2 + 20 \cdot 6 - \left(\frac{1,5}{3} \cdot 2^3 - \frac{13}{2} \cdot 2^2 + 20 \cdot 2\right)\right)$$
$$= \frac{1}{4} \cdot (-6 - 18) = \frac{1}{4} \cdot (-24) = -6$$

Die durchschnittliche Abnahme der Kurses in diesem Zeitraum beträgt 6 Punkte pro Sekunde.

Lösungsweg 2:

Die mittlere Abnahme (Steigung) des Schaubildes kann auch über die Sekantensteigung (S. 64) berechnet werden:

$$\overline{m} = \frac{f(b) - f(a)}{b - a} = \frac{f(6) - f(2)}{6 - 2} = \frac{36 - 60}{4} = \frac{-24}{4} = -6$$

Aufgabe 45

a) $f(3) = -0,05 \cdot 3^3 + 0,8 \cdot 3^2 - 2,95 \cdot 3 + 2,2 = -0,8$

Zu diesem Zeitpunkt liegt ein Abfluss von 0,8 Litern pro Sekunde vor.

$f(9) = -0,05 \cdot 9^3 + 0,8 \cdot 9^2 - 2,95 \cdot 9 + 2,2 = 4$

Zu diesem Zeitpunkt liegt ein Zufluss von 4 Litern pro Sekunde vor.

b) - Zufluss bis zum Zeitpunkt 1 *s*
- Dann Abfluss bis zum Zeitpunkt 4 *s*
- Dann Zufluss bis zum Zeitpunkt 10 *s*

c) An 2 Zeitpunkten gilt: $f(t) = 1$

(Ungefähres Ablesen: $t_1 \approx 0,5$; $t_2 \approx 4,9$)

d) Der stärkste Wasserzufluss liegt am Hochpunkt des Schaubildes vor.

$$f(t) = -0,05t^3 + 0,8t^2 - 2,95t + 2,2$$
$$f'(t) = -0,15t^2 + 1,6t - 2,95$$
$$f''(t) = -0,3t + 1,6$$

1. Schritt:

$$f'(t) = 0$$
$$-0,15t^2 + 1,6t - 2,95 = 0$$
$$t_{1/2} = \frac{-1,6 \pm \sqrt{1,6^2 - 4 \cdot (-0,15) \cdot (-2,95)}}{2 \cdot (-0,15)}$$
$$= \frac{-1,6 \pm \sqrt{0,79}}{-0,3} \approx \frac{-1,6 \pm 0,89}{-0,3}$$
$$t_1 \approx \frac{-1,6 + 0,89}{-0,3} = 2,37;$$
$$t_2 \approx \frac{-1,6 - 0,89}{-0,3} = 8,3$$

2. Schritt:

$(f''(2{,}37) = -0{,}3\cdot 2{,}37 + 1{,}6 = 0{,}89 > 0 \;\rightarrow\; \text{T})$

$f''(8{,}3) = -0{,}3\cdot 8{,}3 + 1{,}6 = -0{,}89 < 0 \;\rightarrow\; \text{H}$

3. Schritt:

$f(8{,}3) = -0{,}05\cdot 8{,}3^3 + 0{,}8\cdot 8{,}3^2 - 2{,}95\cdot 8{,}3 + 2{,}2$

$= 4{,}24 \quad \rightarrow \text{H}(8{,}3\,|\,4{,}24)$

Nach 8,3 Sekunden liegt der stärkste Gaszufluss von 4,24 Litern pro Sekunde vor.

e) Hierzu wird der Mittelwert der Funktion mit Hilfe der Integralrechnung berechnet.

$$\overline{m} = \frac{1}{10-5}\cdot\int_5^{10}(f(t))\,dt$$

$$= \frac{1}{5}\cdot\int_5^{10}\left(-0{,}05t^3 + 0{,}8t^2 - 2{,}95t + 2{,}2\right)dt$$

$$= \frac{1}{5}\cdot\left[-\frac{0{,}05}{4}t^4 + \frac{0{,}8}{3}t^3 - \frac{2{,}95}{2}t^2 + 2{,}2t\right]_5^{10}$$

$$= \frac{1}{5}\cdot\left(-\frac{0{,}05}{4}\cdot 10^4 + \frac{0{,}8}{3}\cdot 10^3 - \frac{2{,}95}{2}\cdot 10^2 + 2{,}2\cdot 10 - \left(-\frac{0{,}05}{4}\cdot 5^4 + \frac{0{,}8}{3}\cdot 5^3 - \frac{2{,}95}{2}\cdot 5^2 + 2{,}2\cdot 5\right)\right)$$

$$\approx \frac{1}{5}\cdot\left(16{,}17 - (-0{,}35)\right) \approx \frac{1}{5}\cdot 16{,}52 \approx 3{,}3$$

Der mittlere Gaszufluss beträgt also ca. 3,3 Liter pro Sekunde.

f) Zwischen der 1. und der 4. Sekunde fließt Gas ab. Der Inhalt der Fläche zwischen dem Schaubild und der x-Achse im Abflusszeitraum gibt den gesamten Gasabfluss an.

$$\int_1^4(-f(t))\,dt$$

$$= \int_1^4\left(-\left(-0{,}05t^3 + 0{,}8t^2 - 2{,}95t + 2{,}2\right)\right)dt$$

$$= \int_1^4\left(0{,}05t^3 - 0{,}8t^2 + 2{,}95t - 2{,}2\right)dt$$

$$= \frac{0{,}05}{4}\cdot 4^4 - \frac{0{,}8}{3}\cdot 4^3 + \frac{2{,}95}{2}\cdot 4^2 - 2{,}2\cdot 4 - \left(\frac{0{,}05}{4}\cdot 1^4 - \frac{0{,}8}{3}\cdot 1^3 + \frac{2{,}95}{2}\cdot 1^2 - 2{,}2\cdot 1\right)$$

$$\approx 0{,}93 - (-0{,}98) \approx 1{,}91$$

Es sind also insgesamt ca. 1,91 Liter abgeflossen.

g) $\int_2^7(f(t))\,dt = \int_2^7\left(-0{,}05t^3 + 0{,}8t^2 - 2{,}95t + 2{,}2\right)dt$

$$= \int_2^7\left(-0{,}05t^3 + 0{,}8t^2 - 2{,}95t + 2{,}2\right)dt$$

$$= \left[-\frac{0{,}05}{4}t^4 + \frac{0{,}8}{3}t^3 - \frac{2{,}95}{2}t^2 + 2{,}2t\right]_2^7$$

$$= -\frac{0{,}05}{4}\cdot 7^4 + \frac{0{,}8}{3}\cdot 7^3 - \frac{2{,}95}{2}\cdot 7^2 + 2{,}2\cdot 7 - \left(-\frac{0{,}05}{4}\cdot 2^4 + \frac{0{,}8}{3}\cdot 2^3 - \frac{2{,}95}{2}\cdot 2^2 + 2{,}2\cdot 2\right)$$

$$\approx 4{,}58 - 0{,}43 \approx 4{,}15$$

Interpretation:

Da über die Nullstelle des Schaubildes „hinwegintegriert“ wird, wird der negative Flächeninhalt im Abflusszeitraum mit dem positiven Flächeninhalt im Zuflusszeitraum verrechnet.

Der Zufluss überwiegt um 4,15 Liter. Die Gasmenge im Speicher ist also nach 7 Sekunden um 4,15 Liter größer als nach 2 Sekunden.

h) Die gesuchte Funktion ist die Stammfunktion von $f(t)$. Über diese ist bekannt, dass ihr Schaubild durch den Punkt P(3 | 50) verläuft. Hierdurch wird der Wert der Integrationskonstante berechnet.

$$\text{F}(t) = -\frac{0{,}05}{4}t^4 + \frac{0{,}8}{3}t^3 - \frac{2{,}95}{2}t^2 + 2{,}2t + c$$

$$= -\frac{1}{80}t^4 + \frac{4}{15}t^3 - \frac{59}{40}t^2 + 2{,}2t + c$$

Punktprobe mit P(3 | 50):

$$50 = -\frac{1}{80}\cdot 3^4 + \frac{4}{15}\cdot 3^3 - \frac{59}{40}\cdot 3^2 + 2{,}2\cdot 3 + c$$

$$50 = -\frac{39}{80} + c \qquad \Big|+\frac{39}{80}$$

$$\frac{4039}{80} = c \quad \text{(entspricht auch dem Anfangsbestand)}$$

$$\Rightarrow \text{F}(t) = -\frac{1}{80}t^4 + \frac{4}{15}t^3 - \frac{59}{40}t^2 + 2{,}2t + \frac{4039}{80}$$

i) Da F(t) zu jedem Zeitpunkt den aktuellen Wasserbestand angibt, werden einfach der Wasserstand zum Beginn und zum Ende des Abflusszeitraumes verglichen.

$$\text{F}(1) = -\frac{1}{80}\cdot 1^4 + \frac{4}{15}\cdot 1^3 - \frac{59}{40}\cdot 1^2 + 2{,}2\cdot 1 + \frac{4039}{80}$$

$$= 51{,}467\; l$$

$$\text{F}(4) = -\frac{1}{80}\cdot 4^4 + \frac{4}{15}\cdot 4^3 - \frac{59}{40}\cdot 4^2 + 2{,}2\cdot 4 + \frac{4039}{80}$$

$$= 49{,}554\,l$$

Abfluss insgesamt: $51{,}467\; l - 49{,}554\; l = 1{,}913\; l$

Aufgabe 46

a) Hier liegt exponentieller Zerfall vor, da sich der Bestand von Zeitschritt zu Zeitschritt stets um den gleichen Faktor bzw. Prozentsatz ändert.
Der Bestand strebt langfristig gegen Null.

b) Mit dem gegebenen Anfangsbestand erhält man: $f(t) = 350 \cdot \left(\frac{2}{3}\right)^t$

(Anfangsbestand: 350; jährlich bleiben $\frac{2}{3}$ des Bestands übrig.)

c) $f(t) = 350 \cdot e^{\ln\left(\frac{2}{3}\right) \cdot t} \approx 350 \cdot e^{-0{,}405 \cdot t}$

d)

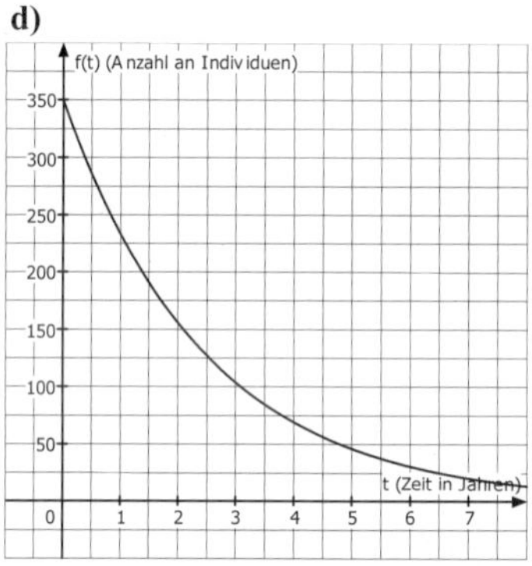

e) Formel für die Halbwertszeit:

$$t_h = \frac{\ln(0,5)}{k} = \frac{\ln(0,5)}{\ln\left(\frac{2}{3}\right)} \approx 1{,}71 \text{ Jahre}$$

f) Restbestand: $0{,}1 \cdot 350 = 35$
Für $f(t)$ einsetzen:

$$\begin{aligned} 35 &= 350 \cdot e^{-0{,}405 \cdot t} && |:350 \\ 0{,}1 &= e^{-0{,}405 \cdot t} && |\ln \\ \ln(0{,}1) &= -0{,}405 \cdot t && |:(-0{,}405) \\ 5{,}68 &\approx t && \text{Nach ca. 5,68 Jahren.} \end{aligned}$$

g) Lösungsweg 1
Zur Berechnung der durchschnittlichen Zerfallsgeschwindigkeit wird die mittlere Steigung (Sekantensteigung; durchschnittliche Änderungsrate) berechnet:

$$\text{Mittlere Steigung} = \frac{y_2 - y_1}{x_2 - x_1} = \frac{f(3) - f(0)}{3 - 0}$$

$$= \frac{350 \cdot e^{-0{,}405 \cdot 3} - \left(350 \cdot e^{-0{,}405 \cdot 0}\right)}{3 - 0}$$

$$\approx \frac{103{,}85 - 350}{3} \approx -82{,}05$$

Somit 82,05 Individuen pro Jahr.

Lösungsweg 2
Mittelwert der Ableitungsfunktion wird berechnet.

$$\begin{aligned} f'(t) &= 350 \cdot e^{-0{,}405 \cdot t} \cdot (-0{,}405) \\ &= -141{,}75 \cdot e^{-0{,}405 \cdot t} \end{aligned}$$

$$\text{Mittlere Steigung} = \frac{1}{3 - 0} \cdot \int_0^3 \left(f'(t)\right) dt$$

$$= \frac{1}{3} \cdot \int_0^3 \left(-141{,}75 \cdot e^{-0{,}405 \cdot t}\right) dt$$

$$= \frac{1}{3} \cdot \left[-141{,}75 \cdot e^{-0{,}405 \cdot t} \cdot \frac{1}{-0{,}405}\right]_0^3$$

$$= \frac{1}{3} \cdot \left[350 \cdot e^{-0{,}405 \cdot t}\right]_0^3$$

$$= \frac{1}{3} \cdot \left(350 \cdot e^{-0{,}405 \cdot 3} - \left(350 \cdot e^{-0{,}405 \cdot 0}\right)\right)$$

$$= \frac{1}{3} \cdot (103{,}85 - 350)$$

$$\approx -82{,}05$$

Somit 82,05 Individuen pro Jahr.

h) Momentane Zerfallsgeschwindigkeit:

$$\begin{aligned} f(t) &= 350 \cdot e^{-0{,}405 \cdot t} \\ f'(t) &= 350 \cdot e^{-0{,}405 \cdot t} \cdot (-0{,}405) \\ &= -141{,}75 \cdot e^{-0{,}405 \cdot t} \end{aligned}$$

Die höchste mom. Zerfallsgeschw. liegt zu Beginn vor: $f'(0) = 141{,}75 \cdot e^{-0{,}405 \cdot 0} = 141{,}75$;
141,75 Individuen pro Tag

i) Mittelwert von $f(t)$: $\overline{m} = \frac{1}{5 - 0} \cdot \int_0^5 \left(f(t)\right) dt$

Aufgabe 47

a)

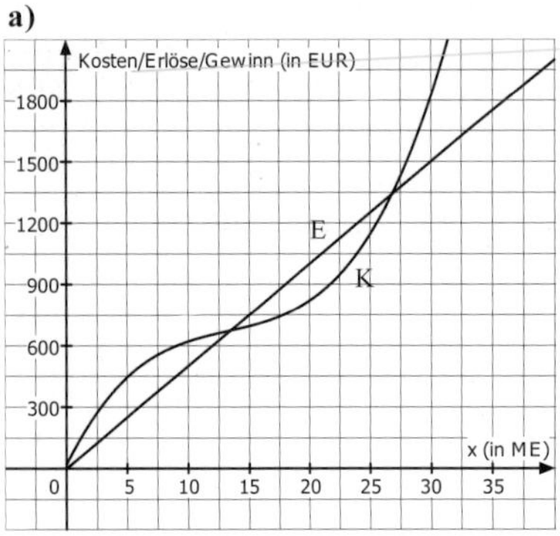

b) Aus $E(x) = 50x$ lässt sich der Preis pro Mengeneinheit in Höhe von 50 EUR ablesen.

c) Aus $K(x) = 0,2x^3 - 8x^2 + 120x + 20$ lassen sich die fixen Kosten in Höhe von 20 EUR ablesen. (Fixe Kosten fallen immer an, unabhängig wie viel produziert wird. Z.B. Kosten für Hallenbeleuchtung.)

d) Als Grenzkostenfunktion wird die Ableitungsfunktion von $K(x)$ bezeichnet.

$K(x) = 0,2x^3 - 8x^2 + 120x + 20$

$K'(x) = 0,6x^2 - 16x + 120$

e) Die Gewinnzone liegt zwischen den (positiven) Nullstellen der Gewinnfunktion bzw. zwischen den (positiven) Schnittstellen von Erlös- und Kostenfunktion.

Berechnung der Gewinnfunktion:

$$\begin{aligned} G(x) &= E(x) - K(x) = 50x - (0,2x^3 - 8x^2 + 120x + 20) \\ &= 50x - 0,2x^3 + 8x^2 - 120x - 20 \\ &= -0,2x^3 + 8x^2 - 70x - 20 \end{aligned}$$

Untersuchung, ob $x = 13,47$ und $x = 26,8$ die Nullstellen der Gewinnfunktion darstellen:

$G(13,47) \approx 0$

$G(26,8) \approx 0$

Somit stellt $x = 13,47$ die Nutzenschwelle und $x = 26,8$ die Nutzengrenze dar. Dazwischen liegt die Gewinnzone des Betriebes.

Schaubild der Gewinnfunktion:

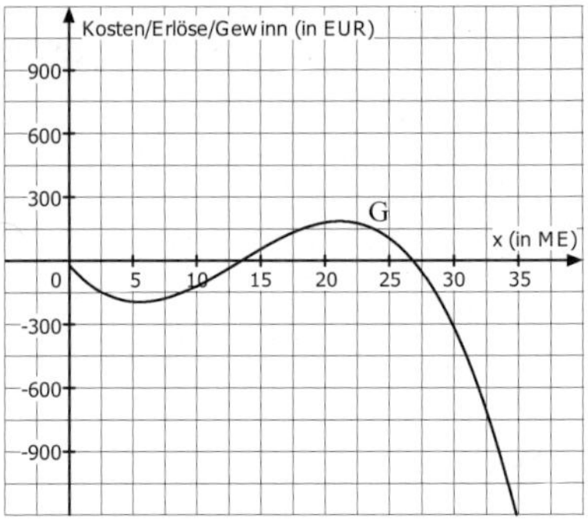

f) $G(x) = -0,2x^3 + 8x^2 - 70x - 20$

$G'(x) = -0,6x^2 + 16x - 70$

$G''(x) = -1,2x + 16$

1. Schritt:

$$G'(x) = 0$$

$$-0,6x^2 + 16x - 70 = 0$$

$$x_{1/2} = \frac{-16 \pm \sqrt{16^2 - 4 \cdot (-0,6) \cdot (-70)}}{2 \cdot (-0,6)} = \frac{-16 \pm \sqrt{88}}{-1,2} \approx \frac{-16 \pm 9,38}{-1,2}$$

$x_1 \approx \frac{-16 + 9,38}{-1,2} \approx \frac{-6,62}{-1,2} \approx 5,52;$

(nicht relevant, da außerhalb der Gewinnzone)

$x_2 \approx \frac{-16 - 9,38}{-1,2} \approx \frac{-25,38}{-1,2} \approx 21,15$

2. Schritt:

$G''(21,15) = -1,2 \cdot 21,15 + 16 = -3,28 < 0 \rightarrow H$

3. Schritt:

$$\begin{aligned} G(21,15) &= -0,2 \cdot 21,15^3 + 8 \cdot 21,15^2 - 70 \cdot 21,15 - 20 \\ &= 185,91 \rightarrow H(21,15 \mid 185,91) \end{aligned}$$

Bei einer Menge von 21,15 ME macht der Betrieb einen maximalen Gewinn in Höhe von 185,91 EUR.